ATOMTHEORIE

IN ELEMENTARER DARSTELLUNG

VON

ARTHUR HAAS

DR. PHIL.

A. O. PROFESSOR AN DER UNIVERSITÄT WIEN

MIT 56 FIGUREN IM TEXT UND AUF ZWEI TAFELN

BERLIN UND LEIPZIG 1924

WALTER DE GRUYTER & CO.

VORMALS G. J. GÖSCHEN'SCHE VERLAGSHANDLUNG • J. GUTTENTAG, VERLAGS-BUCHHANDLUNG • GEORG REIMER • KARL J. TRÜBNER • VEIT & COMP.

ATOMTHEORIE

IN ELEMENTARER DARSTELLUNG

VON

ARTHUR HAAS

DR. PHIL.

A. O. PROFESSOR AN DER UNIVERSITÄT WIEN

MIT 56 FIGUREN IM TEXT UND AUF ZWEI TAFELN

BERLIN UND LEIPZIG 1924

WALTER DE GRUYTER & CO.

VORMALS G. J. GÖSCHEN'SCHE VERLAGSHANDLUNG * J. GUTTENTAG, VERLAGSBUCHHANDLUNG * GEORG REIMER * KARL J. TRÜBNER * VEIT & COMP.

Druck von Metzger & Wittig in Leipzig.

FREDERICK GEORGE DONNAN

Dr. phil.

Professor der Chemie an der Londoner Universität

Fellow of the Royal Society of London

g e w i d m e t

Vorwort.

Das vorliegende Buch ist aus Vorlesungen entstanden, die ich an der Wiener Universität gehalten habe. Ihr Ziel war, die Grundideen und die wichtigsten Ergebnisse der modernen Atomtheorie übersichtlich in einer elementaren Weise darzustellen, die eine Benutzung höherer Mathematik vermeidet. Da auch in physikalischer Hinsicht in diesem Buche nicht mehr Kenntnisse vorausgesetzt werden, als etwa im Gymnasium vermittelt werden, so hoffe ich, daß dieses Buch nicht bloß von Physikern wird benutzt werden können, sondern auch von Chemikern und vielleicht auch von Laien, die sich etwas eingehender mit der Atomtheorie zu beschäftigen wünschen.

Für viele wertvolle Ratschläge, die mir bei der Abfassung dieses Buches zuteil wurden, bin ich Herrn Universitätsdozent Dr. Adolf Smekal und Herrn Universitätsassistent Dr. Otto Halpern in Wien zu großem Danke verpflichtet. Aufrichtigst danke ich auch Herrn Dr. Harry Schmidt, Professor am Polytechnikum in Cöthen, und Herrn cand. phil. Franz Urbach in Wien für die gründliche Durchsicht der Korrekturbogen.

Wien, im Juni 1924.

Arthur Haas.

Inhaltsverzeichnis.

V. Kapitel. Allgemeine Theorie der Spektren und des Atombaus.

Anhang.

Vorbemerkung.

Die in der Atomphysik vorkommenden Größen werden sowohl in absoluten als auch in praktischen Einheiten angegeben. Die Grundeinheiten des absoluten Maßsystems sind g, cm und sec. Aus ihnen wird als Einheit der Kraft die Dyne abgeleitet, die der Masseneinheit von 1 g in 1 sec einen Geschwindigkeitszuwachs von 1 cm pro sec erteilt; eine Dyne ist gleich dem Gewicht von 1,0198 mg (unter 45° Breite). Die Arbeit, die eine Kraft von einer Dyne auf dem Wege von 1 cm verrichtet, wird als Erg bezeichnet und stellt die Energieeinheit dar. $4{,}186 \cdot 10^7$ Erg sind gleichbedeutend mit der Wärmeeinheit, der Grammkalorie, die 1 g Wasser von 15° auf 16° zu erwärmen vermag.

Die elektrostatische Einheit ist diejenige Elektrizitätsmenge, die auf eine gleich große in der Entfernung von 1 cm gemäß dem COULOMBschen Gesetz eine Kraft von 1 Dyne ausübt. Die Kraft, die an einer beliebigen Stelle eines elektrischen Feldes eine beliebige Elektrizitätsmenge erfährt, ergibt, durch die Elektrizitätsmenge dividiert, die elektrische Feldstärke an der betreffenden Stelle. In analoger Weise wie die elektrostatische Einheit und die elektrische Feldstärke werden die Einheit der Magnetismusmenge und die magnetische Feldstärke definiert.

Die absolute Einheit des elektrischen Potentials ist (im sogenannten elektrostatischen Maß) durch den Potentialunterschied gegeben, bei dessen Zurücklegung seitens einer elektrostatischen Einheit eine Arbeit von 1 Erg verrichtet wird. Der dreihundertste Teil dieser absoluten Potentialeinheit stellt die praktische Einheit der elektrischen Spannung, das sogenannte Volt, dar. Die absolute Einheit der Stromstärke ist (im elektrostatischen Maß) durch einen Strom gegeben, dessen Querschnitt in der Sekunde von einer elektrostatischen Einheit passiert wird. Eine $3 \cdot 10^9$ mal so große Stromstärke stellt die praktische Einheit, das sogenannte Ampère, dar.

Als Längeneinheit wird in der Spektroskopie das Mikron und die ÅNGSTRÖM-Einheit benutzt; es ist $1\,\mu$ gleich 10^{-4} cm und eine Å.-E. gleich 10^{-8} cm.

I. Kapitel.

Die Elementarquanten.

§ 1. Das elektrische Elementarquantum.

So alt wie alle theoretische Physik ist auch der Gedanke, daß die Materie eine individuelle Zusammensetzung besitze, daß sie aus winzig kleinen, unsichtbaren, einzelnen Teilchen bestehe. Dieser Gedanke ist schon im Altertum von dem griechischen Philosophen Demokrit begründet worden, der die unsichtbaren kleinsten Teilchen, in die er die Materie auflöste, als Atome bezeichnete. Dieser Ausdruck wird auch von der modernen Naturwissenschaft für die kleinsten Teilchen der chemischen Grundstoffe beibehalten; auf die Zusammenfügung der Atome zu sogenannten Molekeln führt ja die neuere, von Dalton begründete Chemie die Mannigfaltigkeit der chemischen Verbindungen zurück.

Eine Fülle physikalischer Erscheinungen offenbart es aber nun, daß die Atome jedenfalls elektrische Ladungen enthalten müssen. Vor allem zeigt die Tatsache der Elektrolyse, daß die Atome durch elektrische Kräfte beeinflußt werden. Auch das altbekannte Phänomen der durch die Materie bewirkten Dispersion des Lichtes konnte seit dem Bestehen der elektromagnetischen Lichttheorie nicht anders gedeutet werden als durch die Annahme einer Wechselwirkung zwischen elektromagnetischen Wellen und elektrischen Ladungen, die in den Atomen der Materie enthalten sind. Die Vorstellung einer atomistischen Struktur der Materie führte so mit Notwendigkeit zu der Vorstellung eines Atomismus der Elektrizität, also zu dem Begriff eines Elementarquantums der Elektrizitätsmenge. Doch nicht allein theoretische Erwägungen leiteten zu dieser für die moderne Atomtheorie fundamentalen Annahme; sie findet eine unmittelbare empirische Bestätigung in Versuchen von Millikan, die auch eine direkte, sehr genaue Bestimmung des elektrischen Elementarquantums ermöglichten.

Millikans Versuche beziehen sich auf einzelne kleine Materieteilchen, die schwache elektrische Ladungen tragen und deren Bewegungen unter dem zweifachen Einfluß der eigenen Schwere und eines vertikal nach aufwärts gerichteten Feldes mittels eines Mikroskopes untersucht werden. Diese Methode der sogenannten „Individualbeobachtung"[1] wurde im Jahre 1909 von Ehrenhaft und etwas später auch von Millikan ersonnen und in den folgenden Jahren weiter ausgebildet und verwertet.[2]

Millikan experimentierte mit Öltröpfchen, die einen Durchmesser von ungefähr 10^{-4} cm hatten; gegenüber Teilchen aus anderem Material haben die Öltröpfchen den Vorzug, daß sie nicht durch Verdunstung ihre Größe ändern. Mittels eines Zerstäubers wird ein feiner Sprühregen von Öl in eine Kammer geblasen, aus der durch eine kleine, im Boden angebrachte Öffnung bisweilen ein Tröpfchen in einen unterhalb der Kammer befindlichen Kondensator eintritt, der von zwei parallelen, horizontalen Platten gebildet wird. Infolge der bei dem Zerstäuben eintretenden Reibung ist ein solches Tröpfchen fast immer elektrisch geladen. Durch einen Umschalter können die Platten des Kondensators an eine Akkumulatorenbatterie von etwa 10000 Volt Spannung angeschlossen werden. Das im Kondensator befindliche Teilchen wird durch starke Lichtquellen von der Seite her beleuchtet und zugleich durch ein in dem Kondensator angebrachtes Fenster mittels eines Mikroskopes betrachtet; es erscheint dann, ohne daß seine wahre Gestalt kenntlich würde, als heller Punkt auf schwarzem Hintergrund. Ist das elektrische Feld nicht eingeschaltet, so sinkt ein solches Tröpfchen infolge seiner Schwere und der starken Reibung mit konstanter Geschwindigkeit langsam zu Boden; wird hingegen durch Umschaltung die Spannung der Batterie angelegt, so bewegt sich das Teilchen, und zwar ebenfalls mit konstanter Geschwindigkeit, langsam nach aufwärts, woferne die elektrische Kraft nicht allzusehr über die Schwere überwiegt. (Bei der angegebenen Tropfengröße und der angegebenen Spannung besteht gerade das richtige Verhältnis.) Indem man immer im richtigen Augenblick umschaltet, kann man derart ein Tröpfchen beliebig oft zwischen den beiden Kondensatorplatten hin und her wandern lassen.

Infolge der starken Reibung ist sowohl bei der Abwärts- als auch bei der Aufwärtsbewegung die Geschwindigkeit der einwirkenden Kraft proportional, wie dies sowohl aus mechanischen Beziehungen folgt als auch durch die Versuche unmittelbar bestätigt wird. Bezeichnen wir also die Geschwindigkeit der Abwärtsbewegung mit v_1 und die der Aufwärtsbewegung mit v_2, bezeichnen wir ferner die Masse des Tröpfchens mit m und seine Ladung mit Q, die Beschleunigung der Erdschwere mit g

[1] Das wesentlich Neue an dieser Methode war eben, daß sie sich auf einzelne Teilchen bezog, während frühere Methoden sich immer nur auf die Mittelwerte der Ladungen einer großen Zahl von Teilchen bezogen hatten.

[2] Millikan hat über seine Forschungen zusammenhängend in seinem Buche berichtet „The electron, its isolation and measurement", Chicago 1917; deutsch von K. Stöckel, Braunschweig 1922 (Sammlung „Die Wissenschaft", Verlag Vieweg, Band 69). — Millikans erste Mitteilung erfolgte im August 1909 (in den Berichten der britischen Naturforscherversammlung zu Winnipeg), Ehrenhafts erste Mitteilung im März 1909 (im Anzeiger der Wiener Akademie).

und die elektrische Feldstärke (also den Quotienten aus Spannung und Plattenabstand) mit E, so muß daher die Beziehung bestehen

$$\frac{v_2}{v_1} = \frac{QE - mg}{mg}\,. \tag{1}$$

Die Geschwindigkeit wird nun einfach bestimmt, indem man die Zeit mißt, die das Teilchen braucht, um die Strecke zwischen zwei Querfäden im Beobachtungsfernrohr zurückzulegen. Tab. I gibt in Sekunden die Werte wieder, die Millikan bei einem Versuche für die Zeit t_1 der Abwärts- und die Zeit t_2 der Aufwärtsbewegung zwischen den Querfäden erhielt; dem Abstand der Querfäden entsprach dabei eine wirkliche Fallstrecke von 0,5222 cm.

Tabelle I.

t_1	t_2	t_1	t_2
13,6	12,5	13,8	34,6
13,8		13,7	
13,4	12,4	13,8	34,8
13,4	21,8	13,6	16,0
13,6		13,5	34,8
13,6	34,8	13,4	34,6
13,7	84,5	13,8	21,9
13,5		13,4	
13,5	85,5	Mittelwert: 13,595	

Wie die Tabelle zeigt, erfolgt die Abwärtsbewegung des Teilchens bei der gegebenen Batteriespannung immer mit derselben Geschwindigkeit; hingegen nimmt die Größe t_2 (und somit auch die Größe v_2) abwechselnd verschiedene Werte an, wobei im Verlaufe der Hin- und Herbewegung frühere Werte später wiederkehren.

Die sprunghaften Änderungen des Wertes von t_2 müssen nun offenbar darauf zurückgeführt werden, daß das positiv elektrische Öltröpfchen **Luftionen einfängt** und daß sich dadurch eben die Ladung des bewegten Teilchens ändert. Die Anlagerung eines negativen Ions hat eine Verzögerung der Aufwärtsbewegung, also eine Vergrößerung des Wertes von t_2 zur Folge, während eine Verminderung des Wertes von t_2 in der Anlagerung eines positiven Ions oder in der Abstoßung eines negativen ihre Ursache hat.

Bezeichnen wir nun die Ladung des Ions mit Q' und die Geschwindigkeit der Aufwärtsbewegung nach Anlagerung des Ions mit v_2', so muß nach Gl. 1 die Beziehung gelten

$$\frac{v_2'}{v_1} = \frac{QE + Q'E - mg}{mg}\,. \tag{2}$$

Subtrahieren wir die Gl. 1 von der Gl. 2, so finden wir somit

$$\frac{v_2' - v_2}{v_1} = \frac{Q'E}{mg}\,. \tag{3}$$

In Tab. II sind nun in der ersten Vertikalrubrik die Werte eingetragen, die sich für die Geschwindigkeit der Aufwärtsbewegung ergeben, wenn die Fallstrecke von 0,5222 cm durch die der Tab. I entnommenen Werte von t_2 dividiert wird.[3] Die zweite Vertikalrubrik verzeichnet zunächst die Differenzen zwischen den in der ersten Vertikalrubrik aufeinander folgenden Zahlen.

Tabelle II.

Geschwindigkeit der Aufwärtsbewegung	Unterschied
$\frac{0,5222}{12,45} = 0,04196$	
	$\frac{0,01806}{2} = 0,00903$
$\frac{0,5222}{21,8} = 0,02390$	
	$\frac{0,00885}{1} = 0,00885$
$\frac{0,5222}{34,7} = 0,01505$	
	$\frac{0,00891}{1} = 0,00891$
$\frac{0,5222}{85,0} = 0,00614$	
	$\frac{0,00891}{1} = 0,00891$
$\frac{0,5222}{34,7} = 0,01505$	
	$\frac{0,01759}{2} = 0,00880$
$\frac{0,5222}{16,0} = 0,03264$	
	$\frac{0,01759}{2} = 0,00880$
$\frac{0,5222}{34,7} = 0,01505$	
	$\frac{0,00891}{1} = 0,00891$
$\frac{0,5222}{21,85} = 0,02396$	

Wie die Tab. II zeigt, ergibt diese Differenz aber nun stets denselben Wert oder gerade den doppelten Betrag (oder auch bei anderen Versuchen den dreifachen oder vierfachen). Da für ein gegebenes Tröpfchen bei gegebener Spannung die Größen m, v_1, E und g als Konstante anzusehen sind, so folgt also hieraus gemäß Gl. 3, daß die Ladung der Luftionen stets ein ganzzahliges Vielfaches einer elementaren Ladung darstellen muß. Die Daten der Tab. II bilden so einen unmittelbaren experimentellen Beweis für die atomistische Struktur der Elektrizität.

Auch die eigentliche Tröpfchenladung Q läßt sich ohne weiteres mit der Ionenladung Q' und somit mit dem Elementarquantum vergleichen. Wir brauchen hierzu nur von der Gl. 1 auszugehen, aus der die Beziehung folgt

$$\frac{v_2 + v_1}{v_1} = \frac{QE}{mg} \tag{4}$$

[3] Wenn in der Tab. I zwei nahezu gleiche Werte von t_2 aufeinander folgen, wurde in Tab. II der Mittelwert benutzt.

oder in Verbindung mit Gl. 3

$$\frac{v_2 + v_1}{v_2' - v_2} = \frac{Q}{Q'} . \tag{5}$$

Da die Geschwindigkeiten v_1, v_2 und v_2' gemessen werden können, kann somit die Ladung Q mit der kleinsten Ladung verglichen werden, als deren ganzzahlige Vielfache sich die Ionenladungen offenbaren. MILLIKAN fand, daß sich auch die Tröpfchenladung stets als ein genau ganzzahliges Vielfaches jener Elementarladung erweist. Alle ganzzahligen Vielfachen der Elementarladung bis etwa fünfzig konnte MILLIKAN mit größter Genauigkeit nachweisen und bis etwa 150 immerhin noch die Elementarquanten zählen, die einem Öltröpfchen anhaften. Mit zunehmender Vervielfachungszahl nimmt natürlich die Genauigkeit der Zählung ab, weil die Fehlergrenze bei dieser Methode etwa ein halbes Prozent beträgt und somit bei einer Ladung von mehr als 200 Elementarquanten bereits mehr als ein Elementarquantum ausmacht.

Es ist nun klar, daß gemäß der Gl. 1 auch die absolute Größe des elektrischen Elementarquantums ermittelt werden kann, wofern man das Gewicht eines Tröpfchens kennt. Dieses läßt sich aber wiederum auf Grund der Beziehung bestimmen, die die konstante Fallgeschwindigkeit mit dem Halbmesser des Teilchens verknüpft. Wie schon STOKES im Jahre 1845 gefunden hatte, ist die Fallgeschwindigkeit einer Kugel vom Halbmesser a und der Dichte ϱ in einem Mittel von der Dichte ϱ' und dem inneren Reibungskoeffizienten η durch die Formel gegeben

$$v = \frac{2}{9} \frac{g a^2 (\varrho - \varrho')}{\eta} . \tag{6}$$

MILLIKAN und seine Mitarbeiter richteten nun die Versuche, die der Bestimmung des Tropfengewichtes dienten, so ein, daß dabei nach Möglichkeit auf das exakteste die Voraussetzungen erfüllt waren, an die die Gültigkeit des STOKESschen Gesetzes geknüpft ist.[4] Soweit diese Voraussetzungen aber nicht vollkommen erfüllt werden konnten, untersuchten MILLIKAN und seine Mitarbeiter wieder genau die durch die Unvollkommenheiten bewirkten Abweichungen. Mittels des von ihnen derart modifizierten Fallgesetzes[5] vermochten sie den Halbmesser der Tröpfchen mit größter Genauigkeit zu ermitteln, und damit war bei der bekannten Dichte auch deren genaues Gewicht gegeben.

Jahrelange Messungen an vielen Tausenden von Tropfen ermöglichten es derart MILLIKAN, den Wert des heute allgemein mit e bezeichneten elektrischen Elementarquantums mit einer Genauigkeit von ein Promille zu bestimmen; als Mittel der Messungsergebnisse fand MILLIKAN

$$e = 4{,}774 \cdot 10^{-10} \text{ elektrostat. Einh. } (\pm 0{,}004 \cdot 10^{-10}). \tag{7}$$

[4] Von besonderer Wichtigkeit war es, daß die Öltröpfchen vollkommene Kugelgestalt hatten, was durch besondere Kunstgriffe erreicht wurde.

[5] Näheres hierüber in dem erwähnten Buche von MILLIKAN.

Ein näheres Eingehen auf die MILLIKANschen Messungsmethoden erscheint hier deshalb überflüssig, weil in späteren Abschnitten noch verschiedene andere Methoden werden behandelt werden, die ganz unabhängig von MILLIKANS Forschungen auf indirekten Wegen zu ganz demselben Werte von e führen.[6]

In historischer Hinsicht sei noch bemerkt, daß die ersten direkten Bestimmungen des elektrischen Elementarquantums in den Jahren 1897 und 1898 von TOWNSEND und J. J. THOMSON durchgeführt wurden. Diese Untersuchungen, die für e einen Wert von etwa $3 \cdot 10^{-10}$ elektrostat. Einh. ergaben, bezogen sich aber nicht auf einzelne Materieteilchen, sondern auf langsam fallende Nebelwolken, in denen die Kondensationskerne der Wassertropfen von Luftionen gebildet werden. Aus der Fallgeschwindigkeit der Nebelwolke konnte auf Grund des STOKESschen Fallgesetzes der Radius der Wassertropfen und somit bei festgestelltem Gewicht der Wolke die Zahl der Tropfen ermittelt werden. Da andererseits auch die gesamte elektrische Ladung der Wolke gemessen werden konnte, konnte so die Ladung eines einzelnen Ions berechnet werden.[7] Indem diese Ladung willkürlich einem Elementarquantum gleichgesetzt wurde, ergab sich für dieses ein in der Größenordnung richtiger Wert.

---

[6] Daraus folgt auch, daß Einwände, die gegen die MILLIKANsche Methode erhoben wurden, keinesfalls die Existenz eines elektrischen Elementarquantums in Frage zu stellen vermögen, die durch zahlreiche andere Methoden sicher erwiesen erscheint. — Einwände wurden gegen MILLIKANS Arbeiten von EHRENHAFT und seinen Schülern erhoben, die mit kugelförmigen Teilchen aus verschiedenem Material (Quecksilber, Silber, Gold, Öl u. a) in verschiedenen chemisch inerten Gasen (Stickstoff, Argon) experimentierten; die Teilchen hatten Radien von etwa 5.10^{-5} cm bis hinab zu etwa 5.10^{-6} cm (der Grenze der Beobachtbarkeit). Aus diesen Versuchen, die zum Teil schon vor MILLIKANS erster Veröffentlichung publiziert worden waren, schloß EHRENHAFT, daß mit abnehmendem Radius (also mit abnehmender elektrostatischer Kapazität) auch die Ladung der Teilchen derart abnehme, daß das Elementarquantum dabei wesentlich unterschritten werde. — Überdies fand EHRENHAFT später, daß die Teilchen, wenn sie einen Gehalt an radioaktiver Substanz hatten, die Geschwindigkeit ihrer Vertikalbewegungen trotz der Konstanz des elektrischen Feldes kontinuierlich änderten. Darin erblickt EHRENHAFT einen weiteren Beweis gegen die Annahme einer ausnahmslos sprunghaften Änderung einer Ladung von der Größenordnung des Elementarquantums. — Von anderer Seite wurden die von EHRENHAFT entdeckten Unterschreitungen des elektrischen Elementarquantums auf vermutliche Dichteänderungen zurückgeführt, die ihre Ursache in einer schwammigen oder flockigen Struktur besonders kleiner Teilchen (von geringerer Größe als die MILLIKANschen Öltröpfchen) oder in einer Gasadsorption haben könnten. Vgl. die zusammenfassenden Arbeiten von EHRENHAFT in den Annalen der Physik *56*, 1918, S. 1—80 und *63*, 1920, S. 773—815, ferner TH. SEXL, Zeitschr. f. Physik, *16*, 1923, S. 34—41. Bezüglich des gegnerischen Standpunktes vgl. die in der Zeitschrift „Die Naturwissenschaften" erschienenen zusammenfassenden Berichte von R. BÄR (*10*, 1922, S. 322 u. 344) und E. REGENER (*11*, 1923, S. 17).

[7] Näheres hierüber z. B. im III. Kapitel des MILLIKANschen Buches.

§ 2. Die Elektrolyse und die Masse des Wasserstoffatoms.

Schon lange, bevor den Physikern die absoluten Werte der Atommassen bekannt waren, waren die Chemiker in der Lage, die relativen Gewichte der Atome, d. h. die Verhältnisse zwischen ihren Massen zu ermitteln, und zwar auf Grund des von Dalton im Jahre 1805 entdeckten Gesetzes der sogenannten multiplen Proportionen. Wie Dalton fand und in diesem bekannten Gesetze lehrte, läßt sich jedem Grundstoff eine bestimmte, für ihn charakteristische Zahl derart zuordnen, daß die in einer chemischen Verbindung enthaltenen Mengen der Grundstoffe sich untereinander so verhalten wie ganzzahlige Vielfache der für die betreffenden Elemente charakteristischen Zahlen.

Indem man die für den Sauerstoff charakteristische Zahl in konventioneller Weise genau gleich 16 setzt, ergeben sich derart die sogenannten Atomgewichte der Grundstoffe. Das kleinste hat der Wasserstoff mit 1,008 (genauer 1,0077), das größte das Uran mit 238,2. Auf die bekannten Methoden, mittels deren die Chemie die Atogemwichte ermittelt, braucht hier wohl nicht näher eingegangen zu werden.

Die Zahl nun, durch die man die Atomgewichtszahlen dividieren muß, um die absoluten Massen der Atome in Grammen zu erhalten, wird heute allgemein als die Loschmidtsche Zahl bezeichnet. Sie heißt so zu Ehren des Physikers, der zuerst (im Jahre 1865) mittels einer (hier nicht näher zu erörternden) gastheoretischen Methode die absolute Größe der Atome ungefähr ermittelte. Bezeichnen wir die in Grammen gemessene Masse des Wasserstoffatoms mit m_H und die Loschmidtsche Zahl mit L, so ist also

$$(1) \qquad m_H = \frac{1,0077}{L} \text{ Gramm.}$$

In analoger Weise erhalten wir die Masse jedes beliebigen Atoms, indem wir das Atomgewicht des betreffenden Grundstoffs durch die Loschmidtsche Zahl dividieren. Die Masse eines Stoffes, die soviel Gramm beträgt, wie das Atom- oder Molekulargewicht des Stoffes ist, wird entweder als ein Grammatom oder als ein Mol (eine Gramm-Molekel) des betreffenden Stoffes bezeichnet. Es ist also zum Beispiel ein Grammatom Sauerstoff 16 g, ein Mol Wasser rund 18 g und so fort. Die Loschmidtsche Zahl gibt demnach für jeden beliebigen Stoff die Zahl der Atome im Grammatom oder der Molekeln im Mol an. Ist nun erst einmal das elektrische Elementarquantum bekannt, so können wir daraus auch die Loschmidtsche Zahl sehr genau auf Grund elektrochemischer Messungsergebnisse berechnen.

Schon im Jahre 1833 hatte nämlich Faraday aus seinen Beobachtungen über die Elektrolyse das Grundgesetz der Elektrochemie abgeleitet. Darnach ist die in einer bestimmten Zeit elektrolytisch ausgeschiedene Menge eines bestimmten Stoffes vollkommen durch die Stromstärke bestimmt und ihr direkt proportional. Andererseits sind die Mengen, die von einem Strome von bestimmter Stärke aus verschiedenen Elektrolyten abgeschieden werden, „chemisch äquivalent“, d. h. sie verhalten sich wie die Quotienten aus Atomgewicht und chemischer Wertigkeit. Ein Strom, der in der Zeiteinheit 1,008 g des einwertigen Wasserstoffs absondert, scheidet daher in der Zeiteinheit 8 g des zweiwertigen Sauerstoffs vom Atomgewicht 16 ab, und so fort.

Das elektrochemische Grundgesetz findet nun eine sehr einfache Erklärung, wenn man annimmt, daß in einem Elektrolyten die Molekeln ganz oder zum Teile in entgegengesetzt elektrisch geladene Bestandteile, in sogenannte Ionen, gespalten oder dissoziiert sind und daß der Leitungsstrom im Elektrolyten auf einem Transport solcher Ionen beruht. Die positiven Ionen würden dann in der Richtung des Stroms zu dessen Austrittsstelle, zur sogenannten Kathode, die negativen in der entgegengesetzten Richtung zur Eintrittsstelle, der sogenannten Anode, wandern. Das Faradaysche Gesetz ergibt sich derart aber ohne weiteres mittels der Hypothese, daß die Ladung bei allen einwertigen Ionen ein elektrisches Elementarquantum betrage, bei den zweiwertigen Ionen zwei, bei den dreiwertigen Ionen drei Elementarquanten, und so fort.

Bezeichnen wir nämlich die Zahl der Atome, die in der Zeiteinheit etwa an der Kathode abgeschieden werden, mit N und die Wertigkeit mit z, so ist die Stromstärke als die in der Zeiteinheit die Kathode passierende Elektrizitätsmenge

$$J = N z e . \tag{2}$$

Andererseits ist aber, wenn wir das Atomgewicht mit A bezeichnen, die Masse des einzelnen Atoms gegeben durch den Quotienten aus Atomgewicht und Loschmidtscher Zahl, also durch die Größe A/L. Die in der Zeiteinheit abgeschiedene Menge des betreffenden Stoffes ist also durch die Beziehung bestimmt

$$M = \frac{NA}{L} . \tag{3}$$

Hierfür können wir nach Gl. 2 auch schreiben

$$M = \frac{A}{z} \frac{J}{Le} . \tag{4}$$

Diese Gleichung drückt aber in der Tat das elektrochemische Grundgesetz aus. Da L und e universelle Konstanten sind, folgt nämlich aus dieser Gleichung einerseits, daß bei gegebenem Stoffe, also bei gegebenen Werten von A und z, die in der Zeiteinheit abgeschiedene Masse M der Stromstärke J proportional ist; andererseits folgt aus der Gl. 4, daß bei gegebenem Strom die Größe M proportional ist dem Quotienten aus Atomgewicht und Wertigkeit.

Da nach dem früher Gesagten die Größe M/A die Zahl der Grammatome bedeutet, so erkennen wir auch aus der Gl. 4, daß das Produkt aus der LOSCHMIDTschen Zahl und dem elektrischen Elementarquantum nichts anderes darstellt als die in elektrostatischem Maß gemessene Stromstärke, bei der in der Zeiteinheit ein Grammatom eines einwertigen Grundstoffes ausgeschieden wird.

Sehr genaue Messungen, die man vor allem an Silber angestellt hat, haben nun ergeben, daß ein Grammatom eines einwertigen Stoffes in der Zeiteinheit bei einer Stromstärke von 96494 Ampère ausgeschieden würde. Um diese Stromstärke in elektrostatischem Maß auszudrücken, müssen wir noch mit dem zehnten Teil der Lichtgeschwindigkeit multiplizieren. Da die Lichtgeschwindigkeit gleich ist $2{,}999 \cdot 10^{10}$ cm sec^{-1}, so finden wir derart

(5) $$L e = 2{,}894 \cdot 10^{14} \text{ elektrostat. Einh.}$$

Hieraus folgt bei Benutzung des schon früher angegebenen Wertes des elektrischen Elementarquantums für die LOSCHMIDTsche Zahl

(6) $$L = 6{,}062 \cdot 10^{23},$$

wobei der mögliche Fehler kaum mehr als ein Promille betragen dürfte.

Nach Gl. 1 ergibt sich somit die Masse des Wasserstoffatoms zu

(7) $$m_H = 1{,}662 \cdot 10^{-24} \text{ g}.$$

Für das Verhältnis zwischen Ladung und Masse, also für die sogenannte spezifische Ladung des ionisierten Wasserstoffatoms finden wir nach Gl. 1

(8) $$\frac{e}{m_H} = \frac{L e}{1{,}0077}$$

oder nach Gl. 5

(9) $$\frac{e}{m_H} = 2{,}871 \cdot 10^{14} \text{ abs. Einh.}$$

§ 3. Die negative Korpuskularstrahlung und das negative Elektron.

Im Jahre 1858 hat PLÜCKER merkwürdige Strahlen entdeckt, die in stark evakuierten GEISSLERschen Röhren von der Kathode ausgehen und die deshalb allgemein als Kathodenstrahlen bezeichnet werden. Ihre Eigenschaften sind namentlich von HITTORF (1869) und von CROOKES (1879) näher untersucht worden. Beide machten die überraschende Feststellung, daß die im allgemeinen sich geradlinig ausbreitenden Strahlen durch einen Magneten sehr leicht abgelenkt werden. Überdies wies GOLDSTEIN (1876) nach, daß die Kathodenstrahlen auch in einem elektrischen Felde eine Ablenkung erfahren.[1]

[1] Wesentlich gefördert wurde das Studium der Kathodenstrahlen durch einen Kunstgriff LENARDS, der durch eine dünne, in die Röhrenwand eingefügte Metallfolie die Kathodenstrahlen aus der Röhre austreten ließ.

Alle diese Eigenschaften der Kathodenstrahlen lassen sich nun, wie zuerst J. J. THOMSON und KAUFMANN (1897) erkannten, leicht erklären, wenn man annimmt, daß die Kathodenstrahlen aus rasch bewegten, elektrisch geladenen Teilchen bestehen, die zugleich eine träge Masse besitzen. Aus ihrer Trägheit folgt ihre geradlinige Ausbreitung, aus ihrer elektrischen Ladung ergeben sich mit Notwendigkeit die beobachteten Ablenkungen sowohl im magnetischen als auch im elektrischen Felde; der Sinn der Ablenkung zeigt in beiden Fällen, daß die Ladung negativ sein muß. Die Kathodenstrahlen stellen also nicht wie die Licht- oder Wärmestrahlen elektromagnetische Wellenstrahlen dar, sondern eine sogenannte korpuskulare Strahlung, die aus einem Strom träger Massenteilchen besteht.

Nun folgt aus der Elektrizitätstheorie ohne Zuhilfenahme irgendwelcher atomistischer Vorstellungen, daß eine bewegte, elektrisch geladene Masse in einem transversalen, homogenen Magnetfeld mit konstanter Geschwindigkeit eine kreisförmige Bahn beschreiben muß, und zwar in einer zu den magnetischen Kraftlinien senkrechten Ebene; für den Radius der Kreisbahn gilt dabei die einfache Beziehung

(1) $$r = \frac{c v}{\gamma H},$$

wenn H der Betrag der magnetischen Feldstärke ist, γ die spezifische Ladung der bewegten Masse und v ihre Geschwindigkeit.

Ebenso folgt aus der Elektrizitätstheorie (ohne Zuhilfenahme irgendwelcher atomistischer Anschauungen), daß in einem transversalen, homogenen elektrischen Felde ein bewegter geladener Körper eine Parabel beschreibt, deren Krümmung außer von der elektrischen Feldstärke nur von der spezifischen Ladung und der Geschwindigkeit abhängt. Wählen wir nämlich die ursprüngliche Bahnrichtung als x-Achse und die Richtung der elektrischen Kraft als z-Achse und wählen wir den Koordinatenursprung so, daß sich zur Zeit $t = 0$ der bewegte Körper in dem Ursprung befindet, so gilt die Beziehung

(2) $$\frac{z}{x^2} = \frac{1}{2} \frac{\gamma}{v^2} E,$$

wenn E der Betrag der elektrischen Feldstärke ist.[2]

Die Kathodenstrahlteilchen bewegen sich nun in der Tat, wie die Beobachtung zeigt, im transversalen Magnetfeld in einer kreisförmigen, im transversalen elektrischen Feld in einer parabolischen Bahn. In den beiden Gleichungen können wir also, indem wir sie auf die Kathodenstrahlteilchen anwenden, γ und v als Unbekannte ansehen und aus den durch Messungen bekannten Werten der magnetischen und der elektrischen Feldstärke derart die Geschwindigkeit und die spezifische Ladung der Kathodenstrahlteilchen ermitteln.

[2] Die exakte Ableitung der Gl. 1 und 2 findet der Leser z. B. in des Verfassers „Einführung in die theoretische Physik“, 3. u. 4. Aufl., Bd. I, § 71.

Für die Geschwindigkeit ergeben sich außerordentlich große Werte, nahezu von der Größenordnung der Lichtgeschwindigkeit, bis zu einem Drittel davon. Im übrigen hängt die Geschwindigkeit natürlich von der Spannung der Kathodenröhre ab (nämlich von dem Potentialunterschied, den die Teilchen durchlaufen). Ist die Röhrenspannung V und die Ladung eines Kathodenstrahlteilchens Q, so muß ja das Produkt $Q\,V$ gleich sein der kinetischen Energie, die das Kathodenstrahlteilchen bei dem Verlassen der Röhre besitzt, also gleich sein $\frac{1}{2} m v^2$. Daraus folgt

$$v = \sqrt{2\gamma V}\,. \tag{3}$$

Es ist also die Geschwindigkeit proportional der Quadratwurzel aus der Röhrenspannung.

Für die spezifische Ladung ergibt sich aus den Messungen gemäß Gl. 1 und 2 der Wert

$$\gamma = 5{,}3 \cdot 10^{17} \text{ elektrostat. Einh./Gramm.} \tag{4}$$

Vergleichen wir diesen Wert mit demjenigen, der für die spezifische Ladung des ionisierten Wasserstoffatoms gilt, so sehen wir, daß er ungefähr 1800mal größer ist. Machen wir die sehr naheliegende Annahme, daß die Ladung eines Kathodenstrahlteilchens ein elektrisches Elementarquantum betrage, so müssen wir also den Kathodenstrahlteilchen eine Masse zuschreiben, die 1800mal kleiner ist als die des Wasserstoffatoms.

Eine solche Annahme erschien, als sie zuerst geäußert wurde, den Physikern zunächst sehr überraschend, da bis gegen das Ende des 19. Jahrhunderts die Masse des Wasserstoffatoms als die kleinste überhaupt mögliche Masse gegolten hatte. Indessen führte zu derselben Annahme auch der im Jahre 1896 entdeckte (später näher zu besprechende) Zeeman-Effekt (die Zerlegung von Spektrallinien in einem Magnetfeld), und durch die späteren Fortschritte der theoretischen Physik schienen auch alle Folgerungen durchaus bestätigt, die sich aus der Annahme kleinster Teilchen ergeben, deren Masse noch etwa 1800mal kleiner ist als die des Wasserstoffatoms. Solche Teilchen mit der negativen Ladung eines elektrischen Elementarquantums bezeichnet man heute allgemein als negative Elektronen oder auch als Elektronen schlechthin.[3] Für ihre Masse, die in der Atomtheorie allgemein mit m bezeichnet wird, folgt aus der Gl. 4 und dem bekannten Werte des elektrischen Elementarquantums

$$m = 9{,}0 \cdot 10^{-28}\ \text{g}\,. \tag{5}$$

Die Geschwindigkeit der Kathodenstrahlen hängt, wie schon erwähnt, von der Röhrenspannung ab; und da diese nicht nach Belieben gesteigert werden kann, so ist dadurch für die Geschwindigkeit der

[3] Der Name Elektron stammt von Stoney (1881).

Kathodenstrahlen eine obere Grenze gegeben, die von dem Stande der Experimentaltechnik abhängt. Außer den künstlich hervorgerufenen negativen Korpuskularstrahlen kennt die Physik aber auch spontan auftretende, die ebenfalls aus negativen Elektronen zusammengesetzt sind, jedoch eine viel größere Geschwindigkeit besitzen; diese Strahlen sind in der Strahlung enthalten, die von den sogenannten radioaktiven Substanzen ausgeht.

Im Jahre 1896 machte BECQUEREL die überraschende Entdeckung, daß Uranerze ohne jede äußere Einwirkung ständig Strahlen aussenden, die imstande sind, eine photographische Platte durch eine undurchsichtige Hülle hindurch zu schwärzen sowie die Luft zu ionisieren und dadurch leitend zu machen, so daß ein in der Nähe aufgestelltes Elektroskop seine Ladung verliert. Zwei Jahre später, im Jahre 1898, fanden PIERRE und MARYA CURIE, daß die sogenannten BECQUEREL-Strahlen, wie man sie ursprünglich nannte, in der Tat vor allem von einem in der Pechblende enthaltenen, damals noch unbekannten Metalle ausgehen, das sie nach mühevollen Untersuchungen aus der Pechblende isolierten und als Radium bezeichneten.[4] Die nähere Untersuchung der von dem Radium und anderen Substanzen ausgehenden „radioaktiven Strahlung" zeigte nun, daß sie in der Tat aus drei ganz verschiedenen Strahlenarten besteht, die man als Alpha-, Beta- und Gammastrahlen unterscheidet; die Trennung der drei Strahlenarten wird durch ihr verschiedenes Verhalten im Magnetfeld möglich. Während nämlich die γ-Strahlen überhaupt nicht abgelenkt werden und somit als elektromagnetische Wellenstrahlen anzusehen sind, erweisen sich die α- und β-Strahlen als Korpuskularstrahlen, die durch einen Magneten abgebogen werden; und zwar zeigt es sich, daß die (später zu besprechenden) α-Strahlen positive, die β-Strahlen hingegen negative Ladungen mitführen.

Geschwindigkeit und spezifische Ladung konnten für die Betastrahlen nach derselben Methode wie bei den Kathodenstrahlen ermittelt werden. Für die spezifische Ladung wurde derselbe Wert wie bei den Kathodenstrahlen gefunden, wodurch es erwiesen erschien, daß die β-Strahlen ebenfalls aus negativen Elektronen bestehen. Sie sind also den Kathodenstrahlen durchaus wesensgleich; sie unterscheiden sich aber von ihnen durch eine größere Geschwindigkeit, für die Werte von 30 bis zu 99,8% der Lichtgeschwindigkeit ermittelt wurden.

Die Bewegung der β-Teilchen ist die rascheste materielle Bewegung, die die Physik kennt, und in der Tat offenbaren sich bei dieser ungeheueren Geschwindigkeit, die der Lichtgeschwindigkeit bereits so nahe kommt[5], deutlich die Abweichungen von der klassischen

[4] Die Gewinnung des metallischen Radiums ist Frau CURIE allerdings erst im Jahre 1910 gelungen; bis dahin waren nur die Salze des Radiums bekannt.

[5] Geschwindigkeiten, die größer als die Lichtgeschwindigkeit sind, erscheinen nach der Relativitätstheorie, wie auch die Gl. 6 zeigt, unmöglich.

Mechanik, die nach der Relativitätstheorie bei so raschen Bewegungen zu erwarten sind. Nach der Relativitätstheorie hängt nämlich die Masse von der Geschwindigkeit nach der Beziehung ab

$$(6) \qquad m = \frac{m_0}{\sqrt{1 - \frac{v^2}{c^2}}},$$

wenn m_0 den Wert der Masse für Geschwindigkeiten bedeutet, die gegen die Lichtgeschwindigkeit c klein sind. Nach dieser Formel muß bei einer Geschwindigkeit von $v = c/2$ die Masse bereits etwa 1,15mal so groß sein wie m_0, bei einer Geschwindigkeit von 99,8% der Lichtgeschwindigkeit aber bereits etwa 16mal so groß. Messungen von KAUFMANN und anderen Forschern haben in der Tat die von der Relativitätstheorie geforderte Zunahme der Masse mit wachsender Geschwindigkeit erwiesen und dabei die Gl. 6 auch quantitativ bestätigt.[6]

Mit den Kathoden- und β-Strahlen stimmen in ihrem Wesen auch die negativen Korpuskularstrahlen überein, die eine Folge des sogenannten lichtelektrischen Effektes sind. Im Anschluß an eine frühere Arbeit von HERTZ entdeckte im Jahre 1888 HALLWACHS die bedeutungsvolle Tatsache, daß eine mit ultraviolettem Licht bestrahlte Metallplatte sich positiv auflädt. LENARD hat als Ursache dieser Erscheinung eine negative Korpuskularstrahlung erkannt, die von dem belichteten Metalle ausgeht. Für die spezifische Ladung dieser Strahlung ergab sich derselbe Wert wie bei den Kathodenstrahlen, so daß sie also offenbar auch aus negativen Elektronen bestehen müssen. Ihre Geschwindigkeit ergab sich hingegen viel kleiner als die der Kathodenstrahlen, zu nur einigen Tausendsteln der Lichtgeschwindigkeit.

Jeder korpuskularen Strahlung von bestimmter Geschwindigkeit und bestimmter spezifischer Ladung können wir nun einen bestimmten Wert eines elektrischen Potentials zuordnen, der als die äquivalente Spannung bezeichnet werden möge und der, mit dem elektrischen Elementarquantum multipliziert, die kinetische Energie des Strahlteilchens ergibt. Die Zuordnung erfolgt also gemäß der Gl. 3 durch die Beziehung

$$(7) \qquad V = \frac{v^2}{2\gamma}$$

oder, wenn wir die Spannung in Volt ausdrücken,

$$(8) \qquad V = 150\frac{v^2}{\gamma} \text{ (} V \text{ in Volt, } \gamma \text{ in elektrostat. Maß).}$$

Für die Kathodenstrahlen erhalten wir natürlich als äquivalente Spannung die Röhrenspannung, also bei Geschwindigkeiten von einem Drittel der Lichtgeschwindigkeit etwa 30000 Volt. Den raschesten

[6] Die Zunahme der Masse ist gleichbedeutend mit einer Abnahme von γ.

β-Strahlen würde (da für sie v fast gleich c und γ infolge der Massenzunahme 16mal kleiner als bei den Kathodenstrahlen ist) eine Spannung von etwa vier Millionen Volt entsprechen. Die Strahlen, die durch ultraviolettes Licht ausgelöst werden, haben hingegen eine äquivalente Spannung von nur einigen wenigen Volt.

§ 4. Die positive Korpuskularstrahlung.

Das Gegenstück zu der bisher besprochenen negativen stellt die positive Korpuskularstrahlung dar. Sie wurde im Jahre 1886 von Goldstein in der Form der sogenannten Kanalstrahlen entdeckt. Diese gehen ebenso wie die Kathodenstrahlen von der Kathode einer hoch evakuierten Geisslerschen Röhre aus, aber in entgegengesetzter Richtung wie die Kathodenstrahlen.[1] Auch von der Anode selbst gehen, wie später entdeckt wurde, positive Strahlen aus, die man Anodenstrahlen nennt.[2]

Zwischen den Kanalstrahlen und den Anodenstrahlen besteht sonst aber kein wesentlicher Unterschied. Die Geschwindigkeit und die spezifische Ladung können nach derselben Methode bestimmt werden wie bei den negativen Korpuskularstrahlen, wobei der Sinn der Ablenkung es eben deutlich zeigt, daß die Teilchen der Kanal- und der Anodenstrahlen positiv geladen sind. Die Geschwindigkeit ergibt sich zu einigen Tausendsteln der Lichtgeschwindigkeit.

Für die spezifische Ladung ergibt die Messung viel kleinere Werte als bei den negativen Strahlen; und zwar hängt der Wert der spezifischen Ladung davon ab, von welchen Gasen in der evakuierten Röhre Überreste enthalten sind. Den größten Wert der spezifischen Ladung erhält man, wenn die Röhre vor der Evakuierung mit Wasserstoff gefüllt war; und zwar stimmt dieser Wert mit demjenigen überein, der sich aus den elektrolytischen Erscheinungen für die spezifische Ladung des Wasserstoffions ergibt. War die Röhre vor ihrer Evakuierung mit Quecksilberdampf gefüllt, so ergibt sich für die spezifische Ladung ein 200mal kleinerer Wert, entsprechend der Tatsache, daß das Atomgewicht des Quecksilbers 200 beträgt. In den Teilchen der positiven Korpuskularstrahlen müssen wir also elektrisch geladene Atome erblicken, deren Ladung ein oder bisweilen auch mehrere Elementarquanten beträgt.[3]

Nun müssen aber die Teilchen von korpuskularen Strahlen in einem transversalen elektrischen Feld parabolische Bahnen beschreiben, die (nach Gl. 2 des § 3) um so stärker gekrümmt sind, je größer die Masse der Teilchen ist. Wenn daher in einer positiven Strahlung Atome ver-

---

[1] Damit die Strahlen aus der Kathode austreten können, muß die Kathode in der Form kleiner Kanäle durchlöchert sein; daher rührt der Name „Kanalstrahlen".

[2] Die Anodenstrahlen wurden 1906 von Gehrcke und Reichenheim entdeckt.

[3] Neben geladenen Atomen können natürlich auch geladene Atomkomplexe auftreten, z. B. Chlorwasserstoffmolekeln, die eine positive Ladung von einem Elementarquantum aufweisen, und so fort.

schiedener Masse enthalten sind, so müssen sie Parabeln von verschiedener Krümmung beschreiben, und auf dieser Tatsache beruht die zuerst von J. J. Thomson erkannte und verwertete Möglichkeit einer Analyse von positiven Strahlen.

Zu einer der wichtigsten experimentellen Forschungsmethoden der Atomphysik ist die Methode der Strahlenanalyse von Aston (1919) ausgestaltet worden. Aston gelang durch einen glücklichen Kunstgriff die Überwindung einer großen Schwierigkeit. Die Krümmung der Parabeln hängt ja außer von der Masse der Teilchen auch von deren Geschwindigkeit ab; und diese ist im allgemeinen auch für Teilchen derselben Masse verschieden. Aston schaltete nun hinter das elektrische Feld noch ein magnetisches derart ein, daß alle Teilchen von gleicher Masse auch bei verschiedener Geschwindigkeit wiederum in demselben Punkte oder in derselben Linie zusammentreffen, die sich, falls sie auf einer photographischen Platte liegt, auf dieser scharf abbildet. Derart können die Massen beliebiger Teilchen untereinander genau verglichen werden; und abgesehen von anderen, sehr wichtigen Forschungsergebnissen, die erst später eingehend besprochen werden sollen, brachten Astons Untersuchungen den sehr bedeutungsvollen Nachweis, daß die Massen beliebiger positiver Strahlteilchen immer ganzzahlige Vielfache der Masse des Wasserstoffatoms sind.

Ebenso wie die Kathodenstrahlen sind auch die Kanal- und die Anodenstrahlen künstliche Erzeugnisse der experimentellen Physik. Als natürliche Strahlung stellen das Gegenstück zu den negativen β-Strahlen die positiven Alphastrahlen dar, die, wie schon erwähnt, gleich den β-Strahlen von radioaktiven Substanzen ausgehen. Ihr positiv elektrischer Charakter ist dadurch erwiesen, daß sie von einem Magneten abgelenkt werden, aber in entgegengesetztem Sinne wie die β-Strahlen.

Für die Geschwindigkeit der α-Strahlen ergeben sich je nach dem chemischen Charakter der radioaktiven Substanz Werte zwischen etwa fünf und sieben Prozent der Lichtgeschwindigkeit. Für die spezifische Ladung aber folgt aus den Messungen der Wert

(1) $$\gamma = 1{,}44 \cdot 10^{14} \text{ elektrostat. Einh./Gramm.}$$

Die spezifische Ladung der α-Teilchen ist also halb so groß wie die des ionisierten Wasserstoffatoms.

Von großer Wichtigkeit ist es nun, daß die von einer radioaktiven Substanz ausgesandten α-Teilchen gezählt werden können, wodurch wiederum die Ladung eines einzelnen α-Teilchens direkt bestimmt werden kann. Dies gelingt auf Grund einer merkwürdigen Erscheinung, die als Szintillation bezeichnet wird. Bringt man nämlich in die Nähe eines radioaktiven Präparats einen fluoreszierenden Schirm (aus Zinkblende oder sehr dünn geschliffenem Diamanten), dann zeigt sich ein ständiges Aufblitzen diskreter Lichtpunkte; es liegt die Annahme nahe, daß jeder einzelne Lichtblitz durch das Auftreffen eines einzelnen

α-Teilchens verursacht wird.[4] Man kann nun vor das radioaktive Präparat eine die α-Strahlung absorbierende Blende mit kleiner Öffnung bringen, die nur einen kleinen, genau berechenbaren Bruchteil der gesamten, von dem Präparat ausgehenden α-Strahlung hindurchläßt. Diesen Bruchteil der Strahlung läßt man auf einen kleinen Teil des Schirmes auftreffen, den man unter dem Mikroskop betrachtet. Derart kann man die in einer bestimmten Zeit auftretenden Szintillationen bequem zählen und so bei bekannter Blendenöffnung feststellen, wieviel α-Teilchen ein bestimmtes Präparat in einer Sekunde emittiert. Derartige Bestimmungen sind zuerst von Rutherford und Geiger (1908) durchgeführt worden.

Andererseits kann man eine Metallplatte durch radioaktive Bestrahlung positiv aufladen, wenn man die gleichzeitig mit den α-Strahlen ausgesandten β-Strahlen durch magnetische Ablenkung ausschaltet. Die gesamte Ladung, die die Platte in einer bestimmten Zeit empfängt, braucht man nun nur durch die bekannte Zahl der α-Teilchen zu dividieren, die in derselben Zeit auf die Platte auftreffen; die Division ergibt dann die elektrische Ladung eines einzelnen α-Teilchens. Die Messungen von Rutherford und Geiger ergaben so für die Ladung des α-Teilchens einen Wert, der gerade doppelt so groß ist wie der des elektrischen Elementarquantums. Da andererseits die spezifische Ladung nur halb so groß ist wie bei dem ionisierten Wasserstoffatom, so müssen wir somit den α-Teilchen eine Masse von vier Wasserstoffatomen bei einer positiven Ladung von zwei Elementarquanten zuschreiben.

Bei dem Durchgang durch gewöhnliche Materie werden die α-Strahlen viel stärker absorbiert als die β-Strahlen; aber auch die Art der Absorption ist eine ganz andere. Während nämlich die β-Strahlen von der Materie nach einem Exponentialgesetz absorbiert werden, hört die Wirkung der α-Strahlen (also die Schwärzung einer photographischen Platte oder die Ionisierung der Luft) ganz plötzlich auf, wenn die Strahlen in einem bestimmten Mittel eine bestimmte Entfernung zurückgelegt haben; diese Entfernung wird als die Reichweite bezeichnet. Sie hängt von dem chemischen Charakter des α-Strahlers und auch von der Natur des absorbierenden Mittels ab. Je größer die Anfangsgeschwindigkeit der α-Strahlen bei ihrem Austritt aus der radioaktiven Substanz ist, desto größer ist auch die Reichweite, und zwar ist sie, wie Geiger auf empirischem Wege gefunden hat, der dritten Potenz der Anfangsgeschwindigkeit proportional. In gewöhnlicher Luft betragen die Reichweiten der bekannten α-Strahlen zwischen 2,7 und 11,3 cm; in Wasserstoff haben die schnellsten α-Strahlen (bei Zimmertemperatur und gewöhnlichem Druck) eine Reichweite von 24 cm. Eine Aluminiumplatte von 0,06 mm vermag auch die schnellsten α-

[4] Diese Annahme findet, wie später gezeigt werden wird, ihre Bestätigung darin, daß sich die Zerfallskonstante des Radiums nach anderen Methoden ebenso groß ergibt, wie nach der Szintillationsmethode.

Strahlen vollkommen zu absorbieren, während β-Strahlen auch Aluminiumplatten von einigen Millimetern noch zu durchdringen vermögen.

Der Durchgang der α-Strahlen durch die Materie ist mit besonderem Erfolge von C. T. R. Wilson (1912) untersucht worden. Seine Experimente gründeten sich auf die bekannte Tatsache, daß sich in übersättigtem Wasserdampf um elektrisch geladene Teilchen Tröpfchen kondensieren. Indem nun Wilson ein radioaktives Präparat in die Nähe eines Kästchens brachte, das übersättigten Wasserdampf enthielt, konnte er die Ansammlung der Wassertröpfchen photographieren, die

Fig. 1.
Bahnen von α-Strahlen.

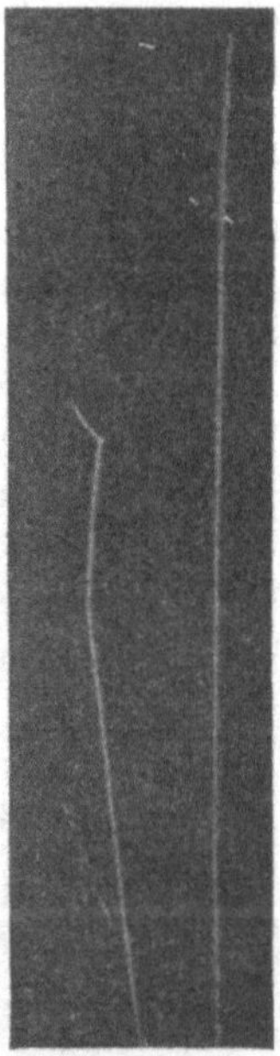

Fig. 2.
Bahnen von α-Strahlen.

ein α-Teilchen auf seinem Wege erzeugt. Die Photographie der so entstandenen Nebelstreifen bildet zugleich die Bahnen der α-Teilchen selbst ab. Die Photographien (Figg. 1 und 2) zeigen nun im allgemeinen gerade Linien, von denen jedoch manche am Ende um ziemlich große Winkel geknickt erscheinen. Diese Tatsache ist, wovon später noch ausführlich die Rede sein wird, von fundamentaler Bedeutung für die moderne Atomtheorie.

Neben den Kanal-, Anoden- und α-Strahlen kennt die Physik als eine vierte Art positiver Korpuskularstrahlen noch die sogenannten H-Strahlen, die im Jahre 1914 von Marsden entdeckt wurden. Als nämlich Marsden die von Radium C herrührenden α-Strahlen durch

Wasserstoff hindurchsandte, in dem sie eine Reichweite von 24 cm haben, konnte er Szintillationen auf einem Schirme noch bis zu Entfernungen von 80 cm wahrnehmen. Es war klar, daß diese Szintillationen nicht von den α-Strahlen herrühren konnten, sondern nur von anderen Strahlen, die wiederum durch die α-Teilchen erzeugt werden. Die Bestimmung der spezifischen Ladung ergab für die neu entdeckten Strahlen denselben Wert wie die elektrolytischen Messungen für die Wasserstoffionen. Daher werden diese Strahlen nach dem chemischen Symbol des Wasserstoffs als H-Strahlen bezeichnet.

Auch für die positive Korpuskularstrahlung können leicht die äquivalenten Spannungen angegeben werden. Für die α-Strahlen, deren Geschwindigkeit, wie schon erwähnt, etwa 5 bis 7% der Lichtgeschwindigkeit beträgt, folgt aus Gl. 1 sowie aus Gl. 8 des § 3 ein Wert von etwa zwei bis vier Millionen Volt. Wollen wir die kinetische Energie eines raschen α-Teilchens von $2 \cdot 10^9$ cm/sec in Erg ausdrücken, so haben wir seine halbe Masse (also die doppelte Wasserstoffatommasse) mit dem Geschwindigkeitsquadrat zu multiplizieren. Wir finden so

$$(2) \qquad E_{\text{kin}} = 1{,}3 \cdot 10^{-5} \text{ erg} .$$

Für die raschesten β-Teilchen ist allerdings die Geschwindigkeit noch etwa 15 mal, das Geschwindigkeitsquadrat also etwa 200 mal größer; dagegen ist die Masse etwa 7000 mal kleiner, und selbst wenn wir bei der ungeheuren Geschwindigkeit von 99,8% der Lichtgeschwindigkeit das Anwachsen der Masse auf das 16 fache berücksichtigen, ist die Masse noch immer einige hundertmal kleiner. Die kinetische Energie der β-Teilchen bleibt also hinter der der α-Teilchen wesentlich zurück.

§ 5. Das elementare Wirkungsquantum.

Bei der Untersuchung des lichtelektrischen Effekts hat bereits Lenard im Jahre 1902 die merkwürdige Tatsache entdeckt, daß die Geschwindigkeit der durch ultraviolettes Licht ausgelösten Elektronen ganz unabhängig ist von der Intensität des auslösenden Lichtes. Die Geschwindigkeit kann nicht gesteigert werden durch Erhöhung der Intensität, sondern nur durch Erhöhung der Frequenz des auslösenden Lichtes. Die Erhöhung der Intensität vermehrt nur die Zahl der ausgelösten Elektronen, nicht aber deren Geschwindigkeit.

Die quantitativen Messungen des lichtelektrischen Effektes gründen sich auf die Tatsache, daß man den Austritt der negativen Elektronen aus der bestrahlten Metallplatte verhindern kann, indem man diese positiv auflädt. Für eine Platte aus bestimmtem Metall kann man bei gegebener Frequenz des einfallenden Lichtes derart eine ganz bestimmte Gegenspannung ermitteln, bei deren Erreichung der Austritt der Elektronen eben völlig aufhört. Nennen wir die Gegenspannung V, so zeigt nun die experimentelle Beobachtung, daß V genau linear mit der Frequenz des Lichtes wächst. Es kann gesetzt werden

(1) $$V = C\nu - P\,,$$

wobei C und P positive Konstanten sind. Dabei zeigt die experimentelle Beobachtung, daß nur die Konstante P von der Natur des Metalls abhängt[1], daß hingegen die Konstante C auch hiervon unabhängig ist und somit eine universelle Konstante darstellen muß. Nun bedeutet andererseits das Produkt eV die kinetische Energie, die die raschesten ausgelösten Elektronen haben. Es liegt daher der Gedanke nahe, die Gl. 1 noch mit e zu multiplizieren. Wir wollen das Produkt Ce mit h bezeichnen; dann nimmt die Gl. 1 die Form an

(2) $$e(V + P) = h\nu\,.$$

Da das Produkt eV eine Arbeit, also eine Energie darstellt, eine Frequenz aber die Dimension einer reziproken Zeit hat, so muß die Konstante h die Dimension eines Produktes aus Energie und Zeit haben. Da ein solches Produkt in der Mechanik Wirkung genannt wird, so bezeichnet man die Konstante h als das elementare Wirkungsquantum. Die Konstante h tritt als viertes Elementarquantum zu dem elektrischen Elementarquantum und den Massen des negativen Elektrons und des Wasserstoffatoms hinzu. Ihre Größe ergibt sich aus den Ausmessungen des lichtelektrischen Effektes zu

(3) $$h = 6{,}55 \cdot 10^{-27}\ \text{erg sec}\,.$$

Die Hypothese des elementaren Wirkungsquantums ist in die theoretische Physik von Planck im Jahre 1900 eingeführt worden. Durch diese Hypothese gelangte (worauf hier nicht näher eingegangen werden soll) Planck zu der Lösung eines schwierigen Grundproblems in der Theorie der Wärmestrahlung. Planck nahm dazu an, daß die Aussendung von Wellenstrahlung diskontinuierlich erfolge, derart, daß dabei Energieelemente von der Größe $h\nu$ eine Rolle spielen.

In Erweiterung der Planckschen Idee schuf Einstein im Jahre 1905 die Vorstellung der Lichtquanten, deren Energie eben durch das Produkt $h\nu$ bestimmt sein soll, wenn ν die Frequenz des Lichtes ist.[2] Einstein stellte das Gesetz auf, daß alle wechselseitige Umwandlung zwischen Wellenstrahlung und Korpuskularstrahlung so vor sich gehe, daß dabei entweder ein einzelnes Lichtquantum zu der Loslösung eines einzelnen Elektrons aufgebraucht wird oder aber im umgekehrten Fall ein einzelnes Lichtquantum durch die Energie eines einzelnen Elektrons erzeugt wird.

---

[1] Einen großen Einfluß hat allerdings auch das Vorhandensein adsorbierter oder okkludierter Gase.

[2] Den Wert von h hatte bereits Planck aus seiner Theorie der Wärmestrahlung ermitteln können.

Der erste Fall liegt bei dem lichtelektrischen Effekt vor, bei dem Wellenstrahlung in korpuskulare Strahlung umgesetzt wird; und in der Tat zeigt sich bei dem lichtelektrischen Effekt das EINSTEINsche Gesetz genau erfüllt, wie spätere exakte Messungen von MILLIKAN zeigten. In der empirisch gewinnbaren Gl. 2 ist ja ein Lichtquantum des auslösenden Lichtes gleichgesetzt der Summe aus der größten kinetischen Energie $e V$, mit der ein ausgelöstes Elektron das bestrahlte Metall verläßt, und aus der Arbeit $e P$, die das Elektron bei seinem Austritt aus dem Metall verrichten muß. Die ebenfalls ein Potential darstellende Konstante P mißt also, mit dem elektrischen Elementarquantum multipliziert, die Austrittsarbeit, und es wird dadurch verständlich, daß der Wert von P in der Größenordnung übereinstimmt mit der „Kontaktdifferenz" zwischen zwei entfernteren Metallen in der bekannten VOLTAschen Spannungsreihe. Der für die verschiedenen Metalle verschiedene Wert der als „Kontaktpotential" bezeichneten Größe P beträgt einige wenige Volt. Am kleinsten ist die Konstante P für Kalium, bei dem ja auch bekanntlich der lichtelektrische Effekt am stärksten auftritt. Durch den Ausdruck $e P/h$ ist nach Gl. 2 die Grenzfrequenz bestimmt, bei deren Unterschreitung die lichtelektrische Erregbarkeit des Metalls aufhört.[3]

Das dem lichtelektrischen Effekt entgegengesetzte Phänomen, die Umwandlung von korpuskularer Strahlung in Wellenstrahlung, soll erst später besprochen werden; auch dieses Phänomen bestätigt das EINSTEINsche Lichtquantengesetz. Aber auch eine Beziehung, die für die Umwandlung von primärer in sekundäre Wellenstrahlung gilt, findet durch die EINSTEINsche Hypothese eine einfache Deutung. Nach dem EINSTEINschen Gesetz müßte je ein sekundäres Lichtquantum aus je einem primären entstehen. Ist dies aber der Fall, so kann nach dem Energieprinzip die sekundäre Frequenz nicht größer sein als die primäre. Sie muß kleiner sein, wenn bei der Umwandlung Energie noch anderweitig verbraucht wird. Die sekundäre Wellenstrahlung wird als Fluoreszenzlicht bezeichnet. In der Tat hat schon im Jahre 1852 STOKES die nach ihm benannte Regel aufgestellt, daß das Fluoreszenzlicht längerwellig ist als das erregende Licht.[4]

---

[3] Diese Grenze konnte für viele Substanzen bestimmt werden. Sie liegt z. B. bei Kupfer bei etwa 3000 Å.-E., bei Natrium bei etwa 6000 Å.-E. Bei Kalium ist die Grenzwellenlänge jedenfalls größer als 10000 Å.-E.

[4] Wegen scheinbarer Ausnahmen vgl. § 36.

II. Kapitel.

Theorie des Wasserstoffatoms.

§ 6. Das Kernatom.

Die Erscheinungen der korpuskularen Strahlung offenbaren, wie gezeigt wurde, einerseits die Existenz von Teilchen, die bei einer negativen Ladung von einem elektrischen Elementarquantum immer dieselbe Masse von dem 1800sten Teil der Wasserstoffatommasse besitzen; andererseits aber die Existenz von Gebilden, die eine positive Ladung von einem oder von einigen wenigen Elementarquanten haben und zugleich eine Masse, die stets ein ganzzahliges Vielfaches der Wasserstoffatommasse ist.

Aus diesen negativen und positiven Gebilden müssen sich wohl jedenfalls die Atome zusammensetzen; und über die Art dieser Zusammensetzung gewähren nun wichtige Aufschlüsse die bereits besprochenen Beobachtungen über den Durchgang von Alphastrahlen durch Materie. Diese Beobachtungen zeigen ja, daß ein α-Teilchen in Luft Wege von einigen Zentimetern geradlinig zurücklegen kann. Nun sind aber in einem Kubikzentimeter Luft (wie aus der bekannten Dichte und dem bekannten Werte der Loschmidtschen Zahl folgt) ungefähr $5 \cdot 10^{19}$ Atome enthalten.[1] Andererseits war es schon lange aus der Gastheorie bekannt, daß der Durchmesser der Atome ungefähr von der Größenordnung 10^{-8} cm sein müsse, so daß also in einem Luftvolumen ungefähr der 100000ste Teil von den Atomen ausgefüllt ist und eine Linie von 1 cm Länge somit durch Tausende von Atomen hindurchgeht. Ein α-Teilchen vermag demnach viele Tausende von Atomen zu durchqueren, ohne eine merkliche Änderung seiner Richtung zu erfahren. Bisweilen aber ruft, wie die Wilsonschen Photographien zeigen, ein einziges Atom eine Ablenkung des α-Teilchens um sehr große Winkel hervor.

Diese merkwürdige Tatsache läßt sich auf Grund des Coulombschen Gesetzes nun leicht durch die Annahme erklären, daß die Ablenkung die Folge einer elektrischen Kraft ist, die auf das positiv elektrische α-Teilchen ein Atomkern ausübt, dessen Volumen nur einen sehr geringen Teil des gesamten Volumens des Atoms

[1] Halb so groß ist die Zahl der Molekeln.

bildet. Die elektrische Kraft könnte dabei von vornherein sowohl als anziehende wie auch als abstoßende gedacht, der Atomkern also sowohl negativ als auch positiv angenommen werden.

Nun folgt aber aus dem Prinzip der Gleichheit von Aktion und Reaktion, daß die tatsächlich beobachteten, außerordentlich großen Ablenkungen der α-Strahlen nur möglich sind, wenn die Masse des Kernes wesentlich größer ist als die Masse des abgelenkten α-Teilchens. In der Tat zeigen die Beobachtungen, daß die Größe der starken Ablenkungen mit dem Atomgewicht der ablenkenden Substanz zunimmt. Wir müssen daher annehmen, daß im wesentlichen die Masse des Atoms im Kern konzentriert ist.

Da nun die Masse der negativen Elektronen verschwindend klein ist gegenüber der Masse der positiv elektrischen Teilchen, so müssen wir somit wohl annehmen, daß die Kerne der Atome positiv elektrisch sind. Weil die Atome nach außen hin im allgemeinen elektrisch neutral sind, so muß diese positive Ladung durch negative Ladungen kompensiert sein; und da man in den Kathoden- und β-Strahlen negative Teilchen nur als negative Elektronen kennt, so muß offenbar die positive Kernladung durch negative Elektronen kompensiert sein, die den Kern umgeben. Woferne sich diese Elektronen genügend rasch um den Kern bewegen, wäre die elektrische Anziehung, die sonst zu ihrer Vereinigung mit dem Kerne führen müßte, durch die Zentrifugalkraft aufgehoben.

Diese Überlegungen führen zu einem Modell des Atoms, das zuerst von Rutherford im Jahre 1911 in die theoretische Physik eingeführt worden ist; danach bestehen die Atome aus positiv elektrischen Kernen, um die negative Elektronen nach einem häufig gebrauchten Bilde ähnlich kreisen wie die Planeten um die Sonne.[2]

Das einfachste überhaupt denkbare Atommodell ist nun jedenfalls ein solches, bei dem sich ein einziges negatives Elektron um einen Atomkern bewegt, dessen Ladung ein positives Elementarquantum beträgt. Es liegt der Gedanke nahe, dieses Modell dem leichtesten aller Atome, dem Wasserstoffatom, zuzuschreiben, und

[2] Rutherford gründete sein Atommodell, das er bereits ein Jahr vor Wilsons Versuchen schuf, auf eigene Beobachtungen über den Durchgang von α-Strahlen durch Metallfolien. — Lediglich eine historische Bedeutung kommt heute dem seinerzeit viel beachteten Atommodell von J. J. Thomson zu. Thomson dachte sich das Atom aus einer gleichmäßig dichten, kugelförmigen Volumladung von positiver Elektrizität bestehend, innerhalb deren die negativen Elektronen kreisförmige Bahnen um den Kugelmittelpunkt beschreiben. Die auf ein Elektron wirkende Kraft ist dann dem Abstand vom Zentrum direkt proportional (weil ja auf das Elektron immer nur ein Teil der Kugelladung wirkt). Die Annahme solcher Kräfte erwies sich wohl als sehr fruchtbar für die Deutung der Dispersion und der magneto-optischen Phänomene; doch mußte das Thomsonsche Atommodell aufgegeben werden, als die Beobachtungen über den Durchgang der α-Strahlen durch die Materie die Unhaltbarkeit dieses Atommodells erwiesen.

in der Tat zeigen sich alle Folgerungen, die aus dieser Annahme theoretisch gewonnen werden können, durch die Erfahrung vollauf bestätigt. Statt von positiven Elektronen können wir daher auch von Wasserstoffkernen sprechen.[3]

§ 7. Das Bohrsche Modell des Wasserstoffatoms.

Bei dem zuletzt besprochenen Rutherfordschen Modell des Wasserstoffatoms mußte es zunächst unverständlich bleiben, wodurch denn eigentlich der Radius des Atoms, genauer gesagt also der Halbmesser der von dem negativen Elektron beschriebenen Bahn, bestimmt sein sollte.[1] Die Beantwortung dieser Frage gelang Bohr im Jahre 1913 durch die Verknüpfung der Rutherfordschen Atomtheorie mit der Hypothese des elementaren Wirkungsquantums.

Nach der fundamentalen Annahme von Bohr soll der mit 2π multiplizierte Drehimpuls des normalen Wasserstoffatoms dem elementaren Wirkungsquantum gleich sein; durch diese Beziehung soll der normale Halbmesser des Wasserstoffatoms bestimmt sein. Der Drehimpuls ist aber nach einer bekannten Beziehung der Mechanik gegeben durch das Produkt aus der Masse des negativen Elektrons (m), seiner Bahngeschwindigkeit (v) und seinem Bahnhalbmesser (a).

Neben dem Normalzustand sollen indessen noch ganz bestimmte andere Zustände möglich sein, für die der mit 2π multiplizierte Drehimpuls einem ganzzahligen Vielfachen des elementaren Wirkungsquantums gleich ist. Diese abnormalen Zustände werden als höherquantig bezeichnet, und die betreffende ganze Zahl wird die Quantenzahl des Zustandes genannt. Man spricht daher von einem zweiquantigen, dreiquantigen, vierquantigen Zustand, und so fort; die Grundbahn des negativen Elektrons ist also im Wasserstoffatom einquantig.

Wir wollen nun für einen Zustand von beliebiger Quantenzahl für das Bohrsche Atommodell die Werte des Bahnhalbmessers und der Energie berechnen. Doch wollen wir außer dem eigentlichen Wasserstoffatom mit Rücksicht auf spätere Anwendungen auch gleich den allgemeineren Fall betrachten, daß der Kern, um den ein einziges negatives Elektron kreise, eine positive Ladung von z elektrischen Elementarquanten aufweise; ein solches Atom wird als wasserstoffähnlich bezeichnet. Es kann, da z größer als Eins ist, natürlich nicht neutral sein, sondern muß als positives Ion wirken.

Auf das kreisende Elektron wirkt einerseits die elektrische Anziehung seitens des Kernes, andererseits die Fliehkraft. Nach

[3] Für die positiven Elektronen hat Rutherford die Bezeichnung „Protonen" vorgeschlagen. Unter Elektronen schlechthin versteht man gewöhnlich negative Elektronen.

[1] Für das Thomsonsche Atommodell, das eine Kugel von gegebenem Radius benutzte, bestand diese Schwierigkeit natürlich nicht.

dem dritten NEWTONschen Bewegungsgesetz müssen beide Kräfte einander gleich sein. Die Anziehung ist nach dem COULOMBschen Gesetz gleich $z e^2/a^2$; die Fliehkraft ist, wenn die Masse des negativen Elektrons mit m bezeichnet wird, $m v^2/a$.

Aus der Gleichsetzung der beiden Ausdrücke folgt die Beziehung

$$m v^2 a = z e^2 . \tag{1}$$

Andererseits muß in einer quantentheoretisch ausgezeichneten Bahn, da der mit 2π multiplizierte Drehimpuls ein ganzzahliges Vielfaches des elementaren Wirkunsquantums sein soll, die Beziehung erfüllt sein

$$m a v = \frac{n h}{2\pi} . \tag{2}$$

Ist die Quantenzahl n gegeben, so enthalten die Gl. 1 und 2 als Unbekannte nur den Bahnhalbmesser a und die lineare Geschwindigkeit v, so daß aus den beiden Gleichungen diese beiden Größen ermittelt werden können. Die Werte, die diesen Größen in dem n-quantigen Zustande zukommen, mögen mit dem Index n bezeichnet werden. Den Wert von a_n findet man, indem man die Gl. 2 quadriert und durch die Gl. 1 dividiert; es ergibt sich so

$$a_n = \frac{n^2 h^2}{4\pi^2 z e^2 m} . \tag{3}$$

Die Radien der quantentheoretisch ausgezeichneten Bahnen verhalten sich also wie die Quadrate der Quantenzahlen.

Die Geschwindigkeit in der n-quantigen Bahn finden wir, indem wir die Gl. 2 durch die Gl. 3 dividieren; es ist

$$v = \frac{2\pi z e^2}{n h} . \tag{4}$$

Die linearen Geschwindigkeiten verhalten sich also umgekehrt wie die Quantenzahlen. Setzen wir in den Gl. 3 und 4 sowohl z als auch n gleich Eins, betrachten wir also das normale Wasserstoffatom, so finden wir bei dem Einsetzen der bekannten Werte von e, h und m für den Bahnhalbmesser ungefähr $5 \cdot 10^{-9}$ cm und für die Geschwindigkeit ungefähr $2 \cdot 10^8$ cm/sec, also etwas weniger als den hundertsten Teil der Lichtgeschwindigkeit.

Schließlich wollen wir noch die Energie berechnen, die in der n-quantigen Bahn dem kreisenden Elektron zukommt. Diese Energie setzt sich zusammen aus der kinetischen und der potentiellen. Die kinetische Energie finden wir, indem wir das halbe Geschwindigkeitsquadrat mit der Masse m multiplizieren. Die potentielle Energie ist nach dem COULOMBschen Gesetz

$$E_{\text{pot}} = -\frac{z e^2}{a} . \tag{5}$$

Das Vorzeichen muß dabei deshalb negativ gewählt werden, weil eine Vergrößerung der Entfernung a (wegen der Anziehung zwischen

Kern und Elektron) eine Energiezufuhr erfordert, die Energie aber nur dann zugleich mit a zunimmt, wenn sie mit entgegengesetztem Vorzeichen zu a umgekehrt proportional ist. Natürlich ist trotz des negativen Vorzeichens die Energie selbst nicht negativ, weil ja in der Gl. 5 noch eine positive Konstante hinzukommt, die für alle Zustände denselben Wert hat. Im übrigen stellt die potentielle Energie die Arbeit dar, die notwendig wäre, um das Elektron, falls es ruhen würde, von seiner Stelle bis in das Unendliche zu entfernen.

Vergleichen wir die Gl. 5 mit der Gl. 1, so finden wir

$$E_{\text{pot}} = -m v^2 . \tag{6}$$

Die potentielle Energie ist also entgegengesetzt doppelt so groß wie die kinetische; daher ist die gesamte Energie als Summe aus der kinetischen und der potentiellen

$$E_n = -\frac{m v_n^2}{2} \tag{7}$$

oder nach Gl. 4

$$E_n = -\frac{2 \pi^2 \varkappa^2 e^4 m}{n^2 h^2} . \tag{8}$$

Die Energiewerte, die den verschiedenquantigen Bahnen zukommen, verhalten sich also umgekehrt wie die Quadrate der Quantenzahlen.

§ 8. Die Spektralformel von Bohr.

In dem Bohrschen Atommodell erscheint jeder Übergang zwischen zwei verschiedenquantigen Bahnen mit einer Änderung der Atomenergie verbunden. Der größeren Quantenzahl entspricht dabei (wegen des negativen Vorzeichens in Gl. 8 des § 7) der größere Wert der Energie. Wird durch den Übergang die Quantenzahl erniedrigt, so wird daher Energie frei. Umgekehrt ist ein Übergang, der die Quantenzahl erhöht, nur bei Energiezufuhr möglich.

Nach einer fundamentalen Annahme von Bohr soll nun durch das Freiwerden von Energie bei einem derartigen Übergang stets ein einzelnes Lichtquantum erzeugt und umgekehrt bei dem entgegengesetzten Übergang die Energiezufuhr stets durch Aufnahme eines einzelnen Lichtquantums bewerkstelligt werden. Betrachten wir also zwei Bahnen, denen die Quantenzahlen n und s zukommen mögen, wobei $n > s$ sei, so wird bei dem Übergang von der n-quantigen in die s-quantige Bahn Strahlung von einer bestimmten Frequenz ν emittiert, bei dem umgekehrten Übergang aber Strahlung von derselben Frequenz ν absorbiert. Die Frequenz aber bestimmt sich nach der vorhin angegebenen sogenannten Bohrschen Frequenzbedingung dadurch, daß sie, mit dem elementaren Wirkungsquantum multipliziert, dem Energieunterschied gleich ist. Es ist also

$$h \nu = E_n - E_s . \tag{1}$$

Setzen wir für die Energie den Wert aus der Gl. 8 des § 7 ein, so nimmt die Frequenzbedingung die Gestalt der von BOHR im Jahre 1913 abgeleiteten Spektralformel an

$$(2)\qquad \nu = \frac{2\pi^2 \varkappa^2 e^4 m}{h^3}\left(\frac{1}{s^2} - \frac{1}{n^2}\right).$$

Da sowohl s als auch n die Reihe der ganzen Zahlen durchlaufen kann, ergibt sich somit eine doppelte Mannigfaltigkeit von Frequenzwerten. Diese zweifache Mannigfaltigkeit wird als das Linienspektrum des Atoms definiert. Es kann als Emissionsspektrum oder als Absorptionsspektrum auftreten. Es setzt sich aus Serien zusammen, die ihrerseits einfache Mannigfaltigkeiten darstellen und die sich ergeben, wenn der einen Quantenzahl (s) ein fester Wert gegeben wird, während die andere Quantenzahl (n) die Reihe der ganzen Zahlen durchläuft.

Aus der BOHRschen Frequenzbedingung folgt ohne weiteres die Termdarstellung der Spektrallinien. Denn die Frequenz jeder Linie muß nach Gl. 1 als Differenz zweier Terme darstellbar sein, deren jeder einen der möglichen Energiewerte, noch dividiert durch das elementare Wirkungsquantum, repräsentiert. Sämtliche Linien des Spektrums können somit auf eine einfache Mannigfaltigkeit von Termen zurückgeführt werden. Jede Serie kann daher aufgefaßt werden als Differenz zwischen einem festen Term und einem sogenannten Laufterm, dessen Laufzahl die Reihe der ganzen Zahlen durchläuft. Durch den festen Term ist dann die Frequenz der Seriengrenze festgelegt, der sich die Linien der Serie mit wachsender Laufzahl immer mehr nähern.

Sind nun n, r und s drei beliebige ganze Zahlen, so muß natürlich die Identität gelten

$$(3)\qquad (E_n - E_s) = (E_n - E_r) + (E_r - E_s)\,.$$

Diese Identität können wir andererseits auch in der Form schreiben

$$(4)\qquad (E_r - E_s) = (E_n - E_s) - (E_n - E_r)\,.$$

Ersetzen wir in diesen Gleichungen die Energiedifferenzen durch die äquivalenten Frequenzwerte, so erkennen wir ohne weiteres, wie es möglich sein kann, durch additive oder subtraktive Kombination aus bereits bekannten Spektrallinien neue abzuleiten. Bezeichnen wir beispielsweise die Spektrallinie, die bei der Emission durch Übergang aus der fünfquantigen in die dreiquantige Bahn entsteht, mit $\nu_{3,5}$ usw., so kann man, wenn die Spektrallinien $\nu_{3,5}$ und $\nu_{2,3}$ gegeben sind, daraus auf die Existenz einer Linie schließen

$$\nu_{3,5} + \nu_{2,3}\ (= \nu_{2,5})\ ;$$

ebenso, wenn etwa die Linien $\nu_{2,3}$ und $\nu_{2,4}$ gegeben sind, auf die Existenz einer Linie

$$\nu_{2,4} - \nu_{2,3}\ (= \nu_{3,4})\,,$$

und so fort. Dieses sogenannte Kombinationsprinzip wurde bereits vor der Begründung der BOHRschen Theorie von RITZ im Jahre 1908 aufgestellt.

Was die Intensität der Spektrallinien betrifft, so hängt sie offenbar von der Häufigkeit des Überganges ab, durch den sie hervorgerufen wird.

§ 9. Das Linienspektrum des Wasserstoffs.

Wenn in der BOHRschen Spektralformel die sogenannte Kernladungszahl z gleich Eins gesetzt wird, so müßte die so spezialisierte Formel das Linienspektrum des Wasserstoffs darstellen. In der Tat ergibt sich eine vollkommene Übereinstimmung zwischen dieser rein theoretisch gewonnenen Formel und den empirischen Ergebnissen der experimentellen Spektroskopie.

Unter den Linien des Wasserstoffs sind am längsten vier bekannt, die dem kleinen Bereich von Wellenlängen angehören, der von dem menschlichen Auge als Licht empfunden wird. Diese Linien, die bereits

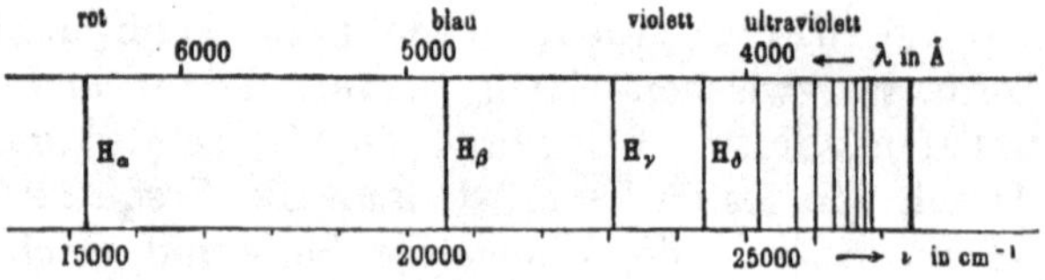

Fig. 3. Die optische Wasserstoffserie.

FRAUNHOFER (1814) als Absorptionslinien des Sonnenspektrums entdeckt und die KIRCHHOFF und BUNSEN bei der Begründung der Spektralanalyse (1860) als dem Wasserstoff eigentümlich erkannt haben, werden nach dem chemischen Symbol des Wasserstoffs mit H_α, H_β, H_γ und H_δ bezeichnet. Die erste und stärkste Linie liegt im Rot, die zweite im Blaugrün, die dritte und vierte im Violett (Fig. 3). Sie bilden die ersten Glieder einer Serie, die sich mit abnehmender Intensität im Ultravioletten fortsetzt und bei einer Wellenlänge von etwa 3600 Å.-E. ihre Grenze findet.

Schon im Jahre 1885 hat nun BALMER die höchst bedeutungsvolle Entdeckung gemacht, daß zwischen den Wellenlängen der einzelnen Linien dieser Serie sehr einfache zahlenmäßige Beziehungen bestehen. Die Frequenzen der einzelnen Linien sind nämlich durch die sogenannte BALMERsche Formel darstellbar

$$\nu = R\left(\frac{1}{4} - \frac{1}{n^2}\right), \tag{1}$$

wobei für n der Reihe nach die ganzen Zahlen von drei an zu setzen sind;

R aber bedeutet eine konstante Schwingungszahl, die sich aus den beobachteten Frequenzen der Linien zu

$$R = 3{,}291 \cdot 10^{15}\,\mathrm{sec}^{-1} \tag{2}$$

ergibt. Da die Wellenlänge mit der Frequenz durch die einfache Beziehung zusammenhängt

$$\nu = \frac{c}{\lambda}, \tag{3}$$

so kann die Gl. 1 auch in der Form geschrieben werden[1]

$$\frac{1}{\lambda} = \frac{R}{c}\left(\frac{1}{4} - \frac{1}{n^2}\right). \tag{4}$$

Die Balmersche Formel ist ungemein genau erfüllt, und andererseits sind auch spektroskopische Messungen mit einer außerordentlichen Genauigkeit durchführbar, die bis zu etwa einem Millionstel des gemessenen Wertes reicht. So konnte aus den spektroskopischen Messungen auch die Konstante R sehr genau ermittelt werden, und derart fand man aus dem Wasserstoffspektrum, was durch Hinzufügung des Index H ausgedrückt werde[2],

$$\frac{R_H}{c} = 109677{,}69\,\mathrm{cm}^{-1}\,(\pm\,0{,}06). \tag{5}$$

Von der durch die Balmersche Formel dargestellten sogenannten optischen Serie des Wasserstoffs wurden im Emissionsspektrum die ersten zwanzig Linien[3] in Geisslerschen Röhren nachgewiesen, weitere dreizehn in den Spektren von Nebelsternen, in denen die Materie offenbar noch viel dünner ist als in den höchst evakuierten Geisslerschen Röhren. In dem Absorptionsspektrum wurden hingegen auch bei Laboratoriumsversuchen bis zu fünfzig Linien festgestellt.

Auf Grund des von ihm aufgestellten Kombinationsprinzips vermutete nun bereits Ritz, daß es neben der bisher besprochenen optischen Serie des Wasserstoffs jedenfalls noch eine weitere im Ultraroten geben müsse, deren Frequenzen durch die Formel darstellbar wären

$$\nu = R\left(\frac{1}{9} - \frac{1}{n^2}\right) \quad (n = 4, 5 \ldots). \tag{6}$$

In der Tat sind die ersten zwei Linien dieser von Ritz vorausgesagten Serie von Paschen im Jahre 1909 entdeckt worden.

Aus der Bohrschen Theorie folgt, daß die optische Serie bei der Emission durch Übergang in den zweiquantigen, die ultrarote Serie durch

---

[1] Balmer selbst gab seiner Formel die Gestalt

$$\lambda = C\frac{n^2}{n^2 - 4},$$

wobei C eine Konstante bedeutet, die sich gleich $4\,c/R$ erweist.

[2] Der in Gl. 5 angegebene Wert gründet sich auf Messungen von Paschen.

[3] also bis $n = 22$.

Übergang in einen dreiquantigen Endzustand entsteht. Nach der BOHRschen Theorie ist daher jedenfalls auch die Existenz einer Serie zu erwarten, die bei der Emission durch Übergang in den einquantigen Normalzustand entsteht. Diese Serie wäre durch die Formel darstellbar

$$\nu = R\left(1 - \frac{1}{n^2}\right) \quad (n = 2, 3 \ldots). \tag{7}$$

In der Tat ist diese Serie im Jahre 1914 von LYMAN entdeckt worden. Sie liegt ziemlich weit im Ultraviolett und hat die Konstante R zur Seriengrenze. Ihre erste Linie ist diejenige, die durch Übergang aus dem zweiquantigen Zustand in den einquantigen Normalzustand entsteht und die insoferne unter allen Spektrallinien aller Grundstoffe eine ganz besonders ausgezeichnete Sonderstellung einnimmt, als sie durch den denkbar einfachsten Übergang in dem einfachsten aller Atome entsteht. Ihre Schwingungszahl ist gleich dreiviertel R; ihre Wellenlänge daher 1215,7 Å.-E. Tatsächlich erscheint diese Linie sehr scharf in sämtlichen photographischen Aufnahmen, die im äußersten Ultraviolett gemacht werden.

Im Jahre 1922 hat endlich BRACKETT im Ultraroten auch die ersten zwei Linien der Serie entdeckt, die durch Übergang in einen vierquantigen Endzustand entsteht.[4] (Bei dieser Gelegenheit hat er übrigens auch die dritte, vierte und fünfte Linie der PASCHEN-Serie gefunden, von der bis dahin nur die ersten zwei Linien bekannt gewesen waren.)

Schematisch ist die Entstehung der LYMAN-, BALMER- und PASCHEN-Serie durch die Fig. 4 dargestellt, in der die verschiedenquantigen Kreisbahnen und die zwischen ihnen erfolgenden Übergänge eingetragen sind. Ein anderes, sehr anschauliches Schema der Spektrallinien ergibt sich durch die graphische Darstellung der Energieniveaus des Atoms (Fig. 5). Durch eine sogenannte Nullinie stellen wir die Energie „Null“ dar, die dem kreisenden Elektron in unendlicher Entfernung vom Kerne zukommt. Die Energie des einquantigen Normalzustandes stellen wir durch eine andere Linie dar, die wir parallel zu der Nullinie unterhalb dieser konstruieren (unterhalb wegen des negativen Vorzeichens der Energie). Da die Energie im n-quantigen Zustand gleich ist der Normalenergie, gebrochen durch das Quadrat der Quantenzahl, so liegt die Linie, die den zweiquantigen Zustand repräsentiert, zwischen

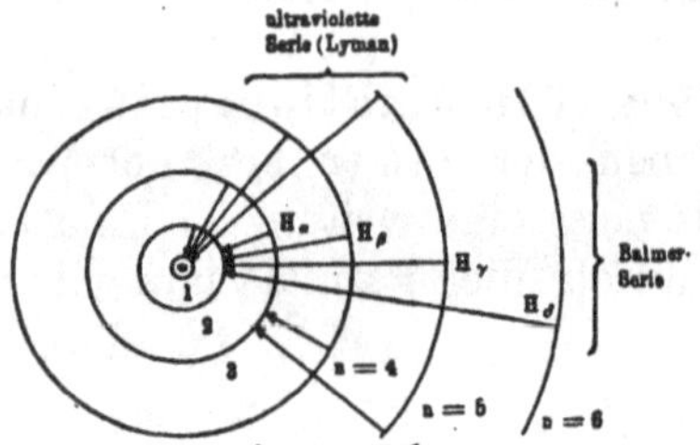

Fig. 4.
Schema des Wasserstoffspektrums.

[4] F. S. BRACKETT, A new series of Spectrum Lines, Nature, *109*, 1922, 209. Die ersten zwei Linien der neuen Serie liegen bei 4,05 μ und 2,63 μ.

der Linie für den einquantigen Zustand und der Nullinie. Die Linie für den dreiquantigen Zustand liegt zwischen der für den zweiquantigen Zustand und der Nullinie, und so fort. Wollten wir im richtigen Maßstab zeichnen, so müßten die Abstände der Linien von der Nullinie gleich sein $^1/_4$, $^1/_9$, $^1/_{16}$, $^1/_{25}$, $^1/_{36}$ usw. des Abstandes zwischen der einquantigen Normallinie und der Nullinie; doch ist in Fig. 5 absichtlich der Maßstab verzerrt, um eine bessere Anschaulichkeit zu erzielen.

Das der Nullinie nähere Niveau stellt immer das höhere Niveau dar, indem bei jedem Übergang Energie frei wird, wenn der Übergang

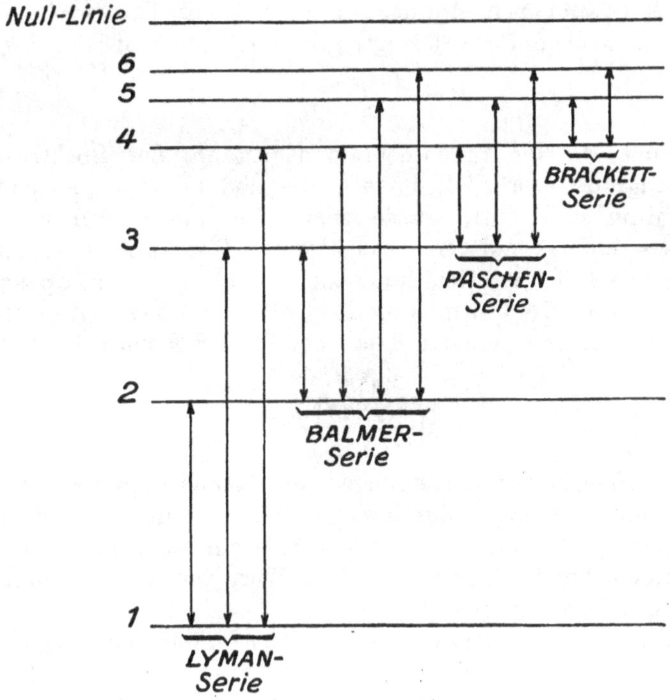

Fig. 5. Energieniveaus des Wasserstoffatoms.

die Entfernung von der Nullinie vergrößert, und umgekehrt Energie aufgewendet werden muß, wenn der Übergang die Entfernung von der Nullinie verkleinert. Die in Fig. 5 benutzte Art der Darstellung ist namentlich bei komplizierteren Atomverhältnissen von großem Vorteil. Indem man bei jedem Niveau den zugehörigen Term verzeichnet (Energiewert, gebrochen durch das Produkt $h\,c$), ergibt sich die Wellenlänge einer Spektrallinie, die durch Übergang zwischen zwei Niveaus entsteht, ganz einfach als reziproker Wert der Termdifferenz; die reziproken Werte der Terme selbst stellen die Grenzwellenlängen der Serien dar. Die Terme sind proportional der Arbeit, die erforderlich ist, um ein Elektron aus der Bahn des betreffenden Niveaus bis über die Atomgrenze zu entfernen. Für das Wasserstoffatom sind die Terme einfach gleich der durch die Gl. 5 bestimmten Größe R_H / c bzw. gleich dem 4., 9., 16., 25., 36. Teil dieser Größe, und so fort.

Die mit R bezeichnete konstante Schwingungszahl wird als die Rydbergsche Konstante bezeichnet, und zwar deshalb, weil im Jahre 1895 Rydberg entdeckte, daß diese Konstante nicht nur für das Wasserstoffspektrum, sondern auch für die Spektren anderer Elemente (vor allem der Alkalimetalle) eine wesentliche Bedeutung hat und somit eine universelle Konstante der Physik darstellt. Wie ein Vergleich der theoretisch gewonnenen Bohrschen Formel mit der empirisch gewonnenen Balmerschen Formel zeigt, gilt die Beziehung

$$R = \frac{2\pi^2 e^4 m}{h^3} \,. \tag{8}$$

Diese Beziehung, die die fundamentale Konstante der Spektroskopie mit den Grundgrößen der Elektronentheorie und mit dem elementaren Wirkungsquantum verknüpft, wurde zuerst im Jahre 1910 von dem Verfasser dieses Buches[5] und genauer später von Bohr aus seiner Theorie abgeleitet. Die Gl. 8 gestattet nun auch auf spektroskopischem Wege eine genaue Bestimmung des elektrischen Elementarquantums. Wir können die Gl. 8 ja auch in der Form schreiben

$$R = \frac{2\pi^2 e^2}{\left(\frac{e}{m}\right)\left(\frac{h}{e}\right)^3} \,. \tag{9}$$

Nun ist der Wert e/m durch Messungen an Kathodenstrahlen bekannt, der Wert h/e aus Messungen des lichtelektrischen Effekts. Setzen wir die betreffenden Werte ein, so erhalten wir, wenn auch nicht mit demselben Genauigkeitsgrade, für e denselben Wert wie aus den unmittelbaren Messungen von Millikan:[6]

Das Produkt aus der Rydbergschen Konstanten und dem elementaren Wirkungsquantum stellt mit entgegengesetztem Vorzeichen die Energie des Wasserstoffatoms im einquantigen Normalzustand dar, wie ohne weiteres aus der Termdarstellung folgt und wie ja auch ein Vergleich der Gl. 8 mit der Gl. 8 des § 7 zeigt. Nennen wir diese Normalenergie E^*, so ist also

$$E^* = -h\,R \tag{10}$$

---

[5] Sitz.-Ber. d. Wiener Akad., Abt. IIa, 1910, S. 119—144, dortige Gl. 67; auch Physikal. Zeitschr. *11*, 1910, S. 537. Diese Ableitung, bei der zum ersten Male das Quantenprinzip auf die Atomtheorie angewendet wurde, gründete sich allerdings auf das Thomsonsche Atommodell (s. § 6) und führte darum zu einem unrichtigen Zahlenfaktor (statt zu dem richtigen 2).

[6] Schon hierdurch erscheint es erwiesen, daß Einwände gegen die Millikanschen Messungen nicht zugleich Einwände gegen die Existenz eines elektrischen Elementarquantums bedeuten müssen

und demnach

(11) $$E^* = -2{,}15 \cdot 10^{-11}\ \text{erg}.$$

Auch die anderen Konstanten, die den Normalzustand des Wasserstoffatoms kennzeichnen, können wir leicht berechnen. Für die Bahngeschwindigkeit des umlaufenden Elektrons finden wir aus Gl. 4 des § 7 (indem wir darin n und z gleich Eins setzen),

(12) $$v^* = \frac{2\pi e^2}{h} = 2{,}188 \cdot 10^8\ \text{cm sec}^{-1}.$$

Für das eine wichtige Konstante darstellende Verhältnis dieser Geschwindigkeit zur Lichtgeschwindigkeit ergibt sich daraus der Wert

(13) $$\alpha = \frac{v^*}{c} = 7{,}29 \cdot 10^{-3}.$$

Den Bahnhalbmesser im Normalzustand wollen wir mit a^* bezeichnen; nun ist die Energie, da sie (nach § 7) die Hälfte der potentiellen darstellt, gleich $-e^2/2a$, und daher ist

(14) $$a^* = -\frac{e^2}{2E^*}.$$

Aus Gl. 11 folgt somit

(15) $$a^* = 5{,}30 \cdot 10^{-8}\ \text{cm}.$$

Die Umlaufszahl im Normalzustand ergibt sich endlich, wenn die Geschwindigkeit v^* durch den Bahnumfang dividiert wird. Es ist also

(16) $$\omega^* = \frac{v^*}{2a^*\pi},$$

oder nach Gl. 12, 14 und 10

(17) $$\omega^* = 2R.$$

Daraus folgt der Wert

(18) $$\omega^* = 6{,}58 \cdot 10^{15}\ \text{sec}^{-1}.$$

§ 10. Das Linienspektrum des ionisierten Heliums.

Während der Wasserstoffkern eine Ladung von einem einzigen elektrischen Elementarquantum aufweist, haben wir in den Alphateilchen positive Gebilde kennen gelernt, die eine doppelt so große Ladung und eine viermal so große Masse besitzen. Da andererseits der zweitleichteste Grundstoff, das Helium, das Atomgewicht vier hat, so liegt der Gedanke nahe, das α-Teilchen mit dem Heliumkern zu identifizieren. Eine unmittelbare Bestätigung dieser Auffassung bildet die zuerst von Ramsay und Soddy im Jahre 1903 festgestellte Tatsache, daß aus radioaktiven, α-Strahlen aussendenden Substanzen Helium entsteht.[1]

[1] Genauer wurde dieser Nachweis später von Rutherford geführt. Näheres hierüber in § 25.

Wenn wir also in der Bohrschen Spektralformel die Kernladungszahl z gleich zwei setzen, so werden wir erwarten dürfen, daß die so spezialisierte Formel das Spektrum des ionisierten Heliumatoms darstellt, in dem nur ein einziges negatives Elektron den zweifach geladenen Kern umkreist, während das im neutralen Zustand vorhandene zweite Elektron entfernt ist.

Bei dem Übergang aus einer n-quantigen in eine s-quantige Bahn müßte nun bei dem ionisierten Helium eine viermal so große Schwingungszahl wie bei dem Wasserstoff hervorgerufen werden, weil ja ν proportional z^2 ist. Das Spektrum des ionisierten Heliums wäre also durch die Formel dargestellt

$$\nu = 4R\left(\frac{1}{s^2} - \frac{1}{n^2}\right), \tag{1}$$

wofür man auch schreiben könnte

$$\nu = R\left[\frac{1}{\left(\frac{s}{2}\right)^2} - \frac{1}{\left(\frac{n}{2}\right)^2}\right]. \tag{2}$$

In der Tat hat nun schon im Jahre 1897 Pickering in dem Spektrum eines Sternes (es war ζ Puppis) eine Serie entdeckt, die der Gl. 2 für $s = 4$ entspricht. Im Jahre 1912 entdeckte dann Fowler in dem Spektrum einer Geisslerschen Röhre eine Serie, die durch die Gl. 2 beschrieben wird, wenn darin $s = 3$ gesetzt wird.[2]

Sowohl die Pickering- als auch die Fowler-Serie wurde ursprünglich fälschlich dem Wasserstoff zugeschrieben. Die Bohrsche Theorie läßt in ihnen Serien des Heliums erkennen, und es war ein großer Erfolg für die Bohrsche Theorie, daß es Paschen und Bartels im Jahre 1914 gelang, die Fowler-Serie in Geisslerschen Röhren zu erzeugen, die mit reinem Heliumgas gefüllt und von jeder Beimengung von Wasserstoff völlig frei waren.

Nach den Formeln, die für die Linienspektren des Wasserstoffs und des Heliums abgeleitet wurden, müßte nun eigentlich jede zweite Linie

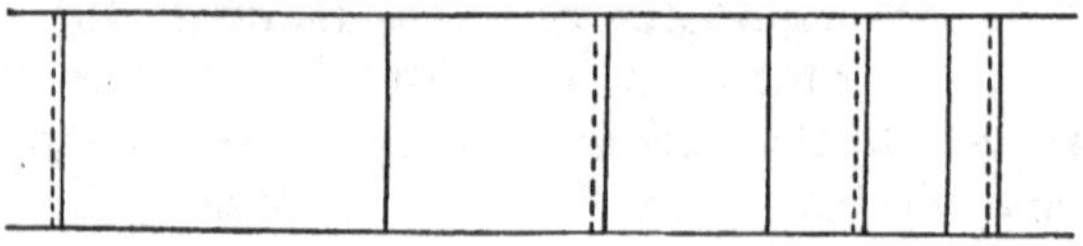

Fig. 6. Violettverschiebung der Heliumlinien.

der Pickering-Serie mit einer Linie der Balmer-Serie zusammenfallen; denn da in der Gl. 2 für die Pickering-Serie $s = 4$ zu setzen ist, so wäre für gerade Werte von n völlige Übereinstimmung mit der Gl. 1 des

[2] Früher unterschied man zwei Fowler-Serien, je nachdem, ob n gerade ist oder ungerade. Diese Unterscheidung erscheint aber vom Standpunkte der Bohrschen Theorie ganz überflüssig.

§ 9 zu erwarten. Tatsächlich zeigen sich aber die entsprechenden Linien der PICKERING-Serie um eine Kleinigkeit in der Richtung zunehmender Frequenz, innerhalb des sichtbaren Spektralgebietes also in der Richtung gegen das Violette zu, verschoben (vgl. Fig. 6, worin die Wasserstofflinien gestrichelt, die Heliumlinien ausgezogen sind). Erschien diese sogenannte Violettverschiebung der Heliumlinien vielleicht zunächst als ein Mangel der BOHRschen Theorie, so erwies sie sich als deren glänzende Bestätigung, als BOHR seine ursprüngliche Theorie dadurch vervollkommnete, daß er auch die Mitbewegung des Atomkernes berücksichtigte.

§ 11. Die Mitbewegung des Atomkerns.

Den bisherigen Betrachtungen lag die einfache Annahme zugrunde, daß im Wasserstoffatom und in dem ihm ähnlichen ionisierten Heliumatom das negative Elektron um den Kern kreise. Zu bedeutungsvollen Folgerungen führt eine von BOHR noch im Jahre 1913 vorgenommene Vervollkommnung der Theorie, die auch die Mitbewegung des Atomkerns berücksichtigt. Tatsächlich kreist ja nicht das negative Elektron um den Kern, sondern beide kreisen um ihren gemeinsamen Schwerpunkt.

Bezeichnen wir mit x und y die Entfernungen, die das negative Elektron und der Kern von dem Schwerpunkte haben, und mit M die Kernmasse, so gilt die Proportion

$$(1)\qquad x : y = M : m \qquad (x + y = a)\,.$$

Daraus folgt

$$(2)\qquad x = a\,\frac{M}{M+m}\,, \qquad y = a\,\frac{m}{M+m}\,.$$

Die Geschwindigkeit des negativen Elektrons sei v', die des Kernes v''. Dann ist, weil ja beide dieselbe Winkelgeschwindigkeit haben, die w genannt werde,

$$(3)\qquad v' = x\,w\,, \qquad v'' = y\,w\,.$$

Für die kinetische Energie ergibt sich hieraus der Wert

$$E_{\text{kin}} = \frac{w^2}{2}(m\,x^2 + M\,y^2)$$

oder nach Gl. 2

$$E_{\text{kin}} = \frac{a^2\,w^2\,Mm\,(M+m)}{2(M+m)^2}\,.$$

Setzen wir zur Vereinfachung der folgenden Rechnungen vorübergehend

$$(4)\qquad \frac{M\,m}{M+m} = \mu\,,$$

so wird also

$$(5)\qquad E_{\text{kin}} = \frac{a^2\,w^2\,\mu}{2}\,.$$

Andererseits muß die Fliehkraft der Anziehungskraft gleich sein; es ist also

(6) $$m\,x\,w^2 = \frac{\varkappa\,e^2}{a^2}\,.$$

Da nach Gl. 2 und 4 nun $m\,x$ gleich ist $a\,\mu$, so wird daher

(7) $$\mu\,a^2\,w^2 = \frac{\varkappa\,e^2}{a}$$

und daher nach Gl. 5

(8) $$E_{\text{kin}} = \frac{\varkappa\,e^2}{2\,a}\,.$$

Die potentielle Energie ist

(9) $$E_{\text{pot}} = -\frac{\varkappa\,e^2}{a}\,,$$

und daher wird die gesamte Energie in der n-quantigen Bahn

(10) $$E_n = -\frac{\varkappa\,e^2}{2\,a_n}$$

(in Übereinstimmung mit § 7).

Für den **Drehimpuls** finden wir nun den Wert

(11) $$U = m\,x\,v' + M\,y\,v'' = w\,(m\,x^2 + M\,y^2)\,,$$

also

$$U = \frac{2\,E_{\text{kin}}}{w}$$

oder nach Gl. 5

(12) $$U = a^2\,w\,\mu\,.$$

Nach der fundamentalen Quantenbeziehung soll nun aber der mit 2π multiplizierte Drehimpuls gleich sein dem Produkt aus Quantenzahl und elementarem Wirkungsquantum, und somit finden wir

(13) $$2\pi\,a^2\,w\,\mu = n\,h\,.$$

Wenn wir diese Gleichung quadrieren und durch die Gl. 7 dividieren, so erhalten wir

(14) $$a_n = \frac{n^2\,h^2}{4\pi^2\,\varkappa\,e^2\,\mu}$$

Daraus folgt nach Gl. 10 für die Energie

(15) $$E_n = -\frac{2\pi^2\,\varkappa^2\,e^4\,\mu}{n^2\,h^2}\,.$$

Wenn wir diese Formel mit der Gl. 8 des § 7 vergleichen, so erkennen wir eine völlige Übereinstimmung, nur daß an die Stelle von m nunmehr die Größe μ getreten ist. Wenn wir die Schwingungszahl R durch die Gl. 8 des § 9 definieren, so lautet also die **verbesserte Bohrsche Spektralformel**

$$\nu = z^2\,R\,\frac{\mu}{m}\left(\frac{1}{s^2} - \frac{1}{n^2}\right)$$

oder

(16)
$$\nu = \frac{R}{1+\frac{m}{M}}\left[\frac{1}{\left(\frac{s}{\varkappa}\right)^2} - \frac{1}{\left(\frac{n}{\varkappa}\right)^2}\right].$$

Weder bei dem Wasserstoff noch bei dem Helium kann demnach die Konstante des Linienspektrums genau gleich sein der durch die Gl. 8 des § 9 definierten RYDBERGschen Konstanten im engeren Sinne dieses Wortes. Diese möge mit R_∞ bezeichnet werden, und zwar deshalb, weil die Gl. 16 in die früher abgeleitete Spektralformel dann übergeht, wenn der Atomkern unendlich mal so schwer angenommen wird wie das ihn umkreisende negative Elektron.

Wir wollen die Konstanten der Spektren des Wasserstoffs und des Heliums mit R_H und R_{He} und die Kernmassen der beiden Atome mit M_H und M_{He} bezeichnen. Dann folgen aus der Gl. 16 die Beziehungen

(17)
$$\begin{cases} R_H = \dfrac{R_\infty}{1+\dfrac{m}{M_H}} \\ R_{He} = \dfrac{R_\infty}{1+\dfrac{m}{M_{He}}} \end{cases}.$$

Nun hat ja aber der Heliumkern eine etwa viermal so große Masse wie der Wasserstoffkern; es muß also

(18)
$$R_{He} > R_H$$

sein, woraus sich ohne weiteres die Violettverschiebung der Heliumlinien erklärt.

Genaue Messungen von PASCHEN haben (wie zum Teil schon in § 9 angegeben wurde) für die beiden Größen R_H und R_{He} die Werte ergeben

(19)
$$\begin{cases} \dfrac{R_H}{c} = 109677{,}691 \quad (\pm 0{,}06) \\ \dfrac{R_{He}}{c} = 109722{,}144 \quad (\pm 0{,}04) \end{cases}.$$

Andererseits sind die Atomgewichte von Wasserstoff und Helium

(20)
$$A_H = 1{,}0077; \qquad A_{He} = 4{,}00 .$$

Wir können daher setzen

(21)
$$\frac{M_{He}}{M_H} = 3{,}97 ,$$

wobei bei einer genaueren Rechnung allerdings noch der Beitrag berücksichtigt werden müßte, den zu dem gesamten Atomgewicht auch das den Kern umkreisende negative Elektron liefert. Wir setzen zur Abkürzung

(22)
$$\frac{m}{M_H} = x .$$

Dann wird nach Gl. 17

(23) $$\frac{R_H}{R_{He}} = \frac{1 + \frac{x}{3,97}}{1 + x}.$$

Hieraus folgt

(24) $$x = \frac{R_{He} - R_H}{R_H - \frac{1}{3,97} R_{He}}.$$

Somit wird

(25) $$\frac{1}{x} = \frac{M_H}{m} = \frac{109678 - 27638}{44,453} = 1846.$$

Die BOHRsche Theorie ermöglicht es so, aus der Violettverschiebung der Heliumlinien mit großer Genauigkeit eine Fundamentalkonstante der Elektronentheorie zu berechnen, nämlich das Verhältnis zwischen der Masse des Wasserstoffkerns und der Masse des negativen Elektrons.

Wir können die Gl. 25 auch in der Form schreiben

(26) $$1846 = (e/m) : (e/M_H).$$

Nun ist ja aber der Quotient e/M_H aus den elektrolytischen Messungen bekannt (nach § 2), und es läßt sich somit aus der Violettverschiebung der Heliumlinien auch die spezifische Ladung der negativen Elektronen berechnen. Der Wert, der sich so ergibt ($5,30 \cdot 10^{17}$ elektrostat. Einh./Gramm), stimmt vollkommen überein mit dem Werte, der durch direkte Messungen der elektrischen und magnetischen Ablenkung von Kathodenstrahlen gewonnen wurde; diese vollkommene Übereinstimmung bedeutet natürlich einen großen Erfolg der BOHRschen Theorie.

Setzen wir den Wert aus der Gl. 25 in die erste der Gl. 17 ein, so finden wir

(27) $$\frac{R_\infty}{c} = \frac{R_H}{c} \cdot 1,000542 = 109737,1\,,$$

und es ist somit (nach Gl. 8 des § 9)

(28) $$109737,1 \cdot c = \frac{2\pi^2 e^4 m}{h^3}.$$

Den Gl. 26 und 28 kann man einen noch höheren Grad von Genauigkeit geben, wenn man auch den Beitrag berücksichtigt, den zu der Atommasse das kreisende Elektron liefert. Wird auch dieser Einfluß berücksichtigt, so treten an die Stelle der Gl. 24 und 26 kompliziertere Formeln. Man kann nun die Werte von e und von M_H als mit sehr großer Genauigkeit gegeben ansehen (nach §§ 1 und 2) auf Grund der Messungen von MILLIKAN und der elektrolytischen Messungen. Indem man die zu größerer Genauigkeit vervollkommneten Gl. 26 und 28 dann nach m und h als Unbekannten auflöst, erhält man auch für diese beiden Größen genauere Werte, als dies durch Messungen an Kathodenstrahlen oder durch Messungen des lichtelektrischen Effektes möglich wäre. Man findet dann, wie FLAMM gezeigt hat[1],

(29) $$h = 6{,}545 \cdot 10^{-27}\ \text{erg sec}\ (\pm\ 0{,}012 \cdot 10^{-27})$$

und

(30) $$\frac{e}{m} = 5{,}304 \cdot 10^{17}\ \text{elektrostat.Einh./Gramm}\ (\pm\ 0{,}009 \cdot 10^{17})$$

und endlich

(31) $$m = 9{,}00 \cdot 10^{-28}\ \text{g}\ (\pm\ 0{,}02 \cdot 10^{-28})\,.$$

§ 12. Die SOMMERFELDsche Theorie der Ellipsenbahnen.

Zwei Jahre, nachdem BOHR seine so erfolgreiche Theorie der Spektren geschaffen hatte, also im Jahre 1915, erfuhr diese Theorie eine sehr bedeutungsvolle Erweiterung durch SOMMERFELD, der die kreisförmigen Bahnen des BOHRschen Atommodells durch im allgemeinen elliptische Bahnen ersetzte, in deren einem Brennpunkt sich der Atomkern befindet. In der Tat wissen wir ja aus der Mechanik, daß bei einer periodischen Bewegung, die ein Körper um ein Attraktionszentrum unter dem Einfluß einer dem Entfernungsquadrate umgekehrt proportionalen Kraft ausführt, eine kreisförmige Bahn nur einen Spezialfall darstellt, während im allgemeinen die Bewegung in einer Ellipse erfolgt.

Werden die quantentheoretischen Betrachtungen, die BOHR zu seinen Formeln für die verschiedenquantigen Zustände des Wasserstoffatoms geführt haben, nun entsprechend modifiziert und verallgemeinert, so führen diese Betrachtungen, die als zu umständlich hier nicht wiedergegeben werden sollen, zu folgendem Ergebnis.

Für die halbe große Achse der Bahnellipsen ergibt sich dieselbe Mannigfaltigkeit mit denselben Werten, wie sie sich in der ursprünglichen BOHRschen Theorie für die Radien der Kreisbahnen ergibt. Nennen wir die halbe große Ellipsenachse a und den Radius einer BOHRschen Kreisbahn r, so gilt die Beziehung

(1) $$(a_n)_{\text{SOMMERFELD}} = (r_n)_{\text{BOHR}}\,,$$

wobei für r_n die rechte Seite der Gl. 3 des § 7 einzusetzen ist. Jedem derart bestimmten Werte der großen Achse kann aber nun noch eine Reihe von möglichen Werten der halben kleinen Achse b zugeordnet werden, gemäß der einfachen Formel

(2) $$b_{n,k} = a_n \frac{k}{n} \qquad (k = 1,\ 2\ \ldots\ n)\,.$$

In der SOMMERFELDschen Theorie erscheint also jede Bahn erst durch zwei Quantenzahlen bestimmt, durch die „Hauptquantenzahl“ n und durch die „Nebenquantenzahl“ k, die aber nie größer sein darf als die Hauptzahl. Wir wollen symbolisch von dem Zustand n_k

[1] Physikal. Zeitschr. *18*, 1917, S. 515.

oder einer n_k-Bahn sprechen, indem wir die Nebenzahl der Hauptzahl als Index zuordnen.

Gegenüber der Bohrschen Theorie weist also die Sommerfeldsche Theorie eine größere Mannigfaltigkeit der möglichen Zustände auf. In der Bohrschen Theorie gibt es nur eine einfache Reihe von Zuständen, gekennzeichnet durch die Zahlen

1, 2, 3, 4, 5 usw.

In der Sommerfeldschen Theorie besteht eine größere Mannigfaltigkeit, die durch die folgenden Zahlensymbole charakterisiert ist:

$$1_1;\ 2_1,\ 2_2;\ 3_1,\ 3_2,\ 3_3;\ 4_1,\ 4_2,\ 4_3,\ 4_4;\ 5_1,\ 5_2,\ 5_3,\ 5_4,\ 5_5 \text{ usw.}$$

Die Hauptquantenzahl bestimmt die Länge der großen Achse, die Nebenzahl die Exzentrizität, also die Form der Bahn. Je kleiner bei gegebener Hauptzahl die Nebenzahl ist, desto exzentrischer und gestreckter

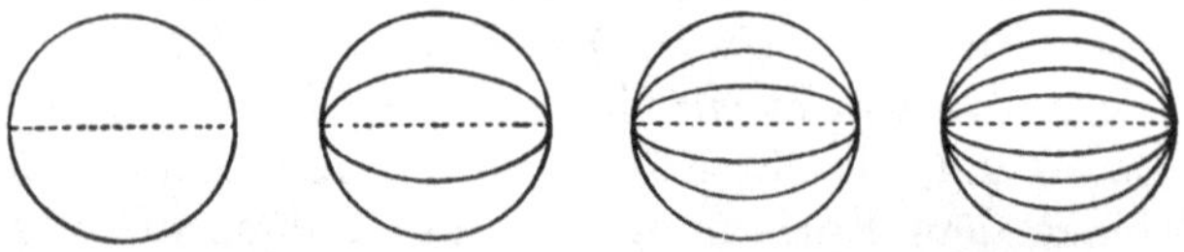

Fig. 7. Quantentheoretische Ellipsenbahnen.

ist die Ellipse. Wenn die Nebenzahl der Hauptzahl gleich ist, so ist die Bahn kreisförmig. Dann liegt der Spezialfall vor, der der ursprünglichen Bohrschen Theorie zugrundegelegt war. In Fig. 7 sind die möglichen Formen der Ellipsen bei gegebener Hauptquantenzahl dargestellt;

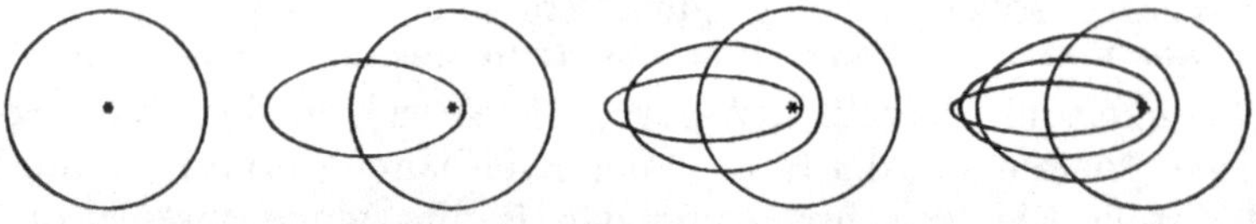

Fig. 8. Quantentheoretische Ellipsenbahnen.

der besseren Übersicht wegen sind hierbei die Ellipsen in konzentrischer Anordnung gezeichnet, während die tatsächliche Anordnung konfokal ist. Fig. 8 gibt diese konfokale Anordnung wieder, jedoch in verschiedenem Maßstab für die verschiedenen Werte der Hauptzahl; es ist nämlich zur besseren Übersicht die große Achse überall gleich lang gezeichnet, während sie doch dem Quadrate der Hauptzahl proportional ist. Wird auch dies berücksichtigt, so ergibt sich die Fig. 9, die für $n = 1$ bis 4 die Ellipsenbahnen im richtigen Größenverhältnis wiedergibt.

Sind n und s zwei Hauptzahlen, so wären in der Sommerfeldschen Theorie zwischen n- und s-quantigem Zustand insgesamt n mal s Übergänge von vornherein denkbar. Diese Zahl erfährt aber nun eine wesentliche Einschränkung durch das sogenannte Auswahlprinzip, das im Jahre 1918 Rubinowicz aufgestellt und zugleich auch Bohr als Spezialfall eines allgemeineren Prinzips (des sogenannten „Korrespondenzprinzips“) abgeleitet hat. Das Auswahlprinzip erklärt nur solche Übergänge für zulässig, bei denen sich die Nebenzahl um Eins ändert.[1]

Betrachten wir also etwa die Zustände, denen die Hauptzahl s zukommt, so führen zu diesen Zuständen, wie man ohne weiteres erkennt, insgesamt $(2s-1)$ regelmäßige Übergänge aus den Zuständen mit einer beliebigen Hauptzahl n, wofern $n > s$ ist. Denn es kann kombiniert werden s_1 nur mit n_2, s_2 nur mit n_1 oder n_3, s_3 nur mit n_2 oder n_4, und so fort. In den einquantigen Zustand führt also aus jedem höherquantigen Zustand nur ein einziger Übergang, in den zweiquantigen Zustand führen aus jedem höherquantigen drei Übergänge, in den dreiquantigen fünf Übergänge, und so fort, wobei der einquantige Zustand in einer einzigen Modifikation besteht, der zweiquantige in zwei, der dreiquantige in drei usw. Jede Linie der Lyman-Serie kann also nur durch einen einzigen Übergang entstehen, dagegen jede Linie der optischen Balmer-Serie durch drei und jede Linie der ultraroten Paschen-Serie durch fünf Übergänge. Zwischen zwei Kreisbahnen ist nach dem Auswahlprinzip ein Übergang nur dann möglich, wenn die Hauptzahlen nur um eins verschieden sind; nur die ersten Linien aller Serien können also durch Übergang zwischen zwei Kreisbahnen entstehen.

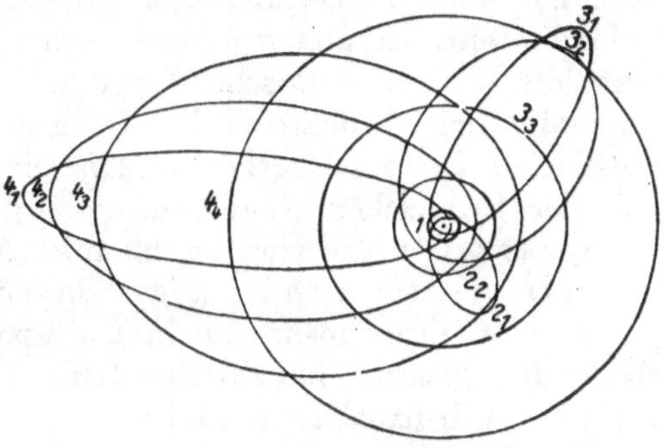

Fig. 9. Bahnen des Wasserstoffatoms.

Bezüglich der Energie, die dem Elektron in einer elliptischen Bahn zukommt, führt nun eine Berechnung, die als zu umständlich hier nicht wiedergegeben werden möge, zunächst wohl zu dem Ergebnis, daß sie nur von der Hauptquantenzahl abhängt. Für die Energie in einer n-quantigen Bahn ergibt sich auf Grund dieser Rechnung ohne Rücksicht auf den Wert der Nebenzahl derselbe Betrag wie in der Bohrschen Theorie der Kreisbahnen (Gl. 8 des § 7). An der Richtigkeit der in der Bohrschen Theorie gewonnenen Ergebnisse wird also durch die Sommerfeldsche Erweiterung nichts geändert.

Führt also auch die erwähnte Rechnung zunächst zu dem Ergebnis, daß bei gegebenem n-Werte die Energie für alle die verschieden geformten Bahnen gleichwohl dieselbe sei, so hat diese Rechnung doch zur wesent-

[1] Näheres über das Auswahlprinzip und auch über seine scheinbaren Ausnahmen sowie über das Korrespondenzprinzip bei Sommerfeld, „Atombau und Spektrallinien“, 3. Aufl. (Braunschweig 1922), 5. Kap. und Bohr, Drei Aufsätze über Spektren und Atombau (Sammlung Vieweg, Heft 56), 2. Aufsatz.

lichen Voraussetzung, daß die elliptische Bewegung des betrachteten Elektrons vollkommen ungestört verläuft. Bei dem Vorhandensein irgendwelcher Störungen müßte sich hingegen der Einfluß der Nebenzahl offenbaren; sei es nun, daß diese Störungen durch andere, ebenfalls um den Kern laufende Elektronen hervorgerufen werden (was außer bei Wasserstoff und ionisiertem Helium immer der Fall ist), sei es, daß die Störung in der Einschaltung eines äußeren elektrischen oder magnetischen Feldes besteht. In diesen (später noch näher zu erörternden) Fällen erweist die SOMMERFELDsche Hypothese einer Nebenquantenzahl ihre außerordentliche Fruchtbarkeit. Denn in allen diesen Fällen müssen die zu derselben Hauptzahl gehörigen Energiewerte voneinander abweichen; nach der BOHRschen Frequenzbedingung müssen somit dann auch die Spektrallinien eine sogenannte Aufspaltung erfahren. Dem Übergang aus einem n-quantigen in einen s-quantigen Zustand entspricht dann nicht mehr wie in der ursprünglichen, ohne Nebenzahlen arbeitenden Theorie eine einzelne Linie, sondern eine Gruppe von mehr oder minder benachbarten Linien.

Einen ganz besonderen Erfolg bedeutete es aber für die Hypothese der Nebenquantenzahl, daß, wie SOMMERFELD erkannte und durch die Erfahrung auch quantitativ vollkommen bestätigt fand, infolge der verschiedenen Exzentrizität der Bahnen selbst in dem ungestörten Wasserstoffatom eine Aufspaltung der Spektrallinien eintreten muß, und zwar lediglich als Folge einer geringfügigen Korrektur, die in den früher erwähnten Berechnungen im Gegensatz zu der klassischen Mechanik die Relativitätstheorie fordert. Während nämlich die klassische Mechanik zu dem früher angegebenen Ergebnis führt, wonach die Energie bei gegebener Hauptzahl von der Nebenzahl unabhängig ist, ergibt sich gleichwohl in engen Grenzen eine Abhängigkeit, wofern gemäß der Relativitätstheorie die mit wachsender Geschwindigkeit erfolgende Massenvermehrung berücksichtigt wird; denn die verschieden geformten Ellipsen werden natürlich mit verschiedener Geschwindigkeit durchlaufen.

§ 13. Die Feinstruktur der Spektrallinien.

Wird gemäß Gl. 6 des § 3 die durch die Relativitätstheorie geforderte Abhängigkeit der Masse von der Geschwindigkeit berücksichtigt, so ergibt sich durch eine komplizierte Rechnung, die hier nicht wiedergegeben werden möge, zunächst, daß sich über die Bewegung in der Ellipse eine ständige, im Verhältnis zu dem Umlauf langsame Drehung des Ellipsenperihels lagert (Fig. 10). Ferner ergibt sich für die Energie in dem durch die Hauptzahl n und die Nebenzahl k charakterisierten Zustand des Wasserstoffatoms oder wasserstoffähnlichen Atoms

$$E_{n,k} = -\frac{Rh\varkappa^2}{n^2} + \frac{3Rh\varkappa^4\alpha^2}{4n^4} - \frac{Rh\varkappa^4\alpha^2}{n^3 k}\,. \tag{1}$$

Dabei bedeutet wie stets R die Rydbergsche Konstante, h das elementare Wirkungsquantum, z die Kernladungszahl und α das Verhältnis zwischen der Geschwindigkeit in der normalen Wasserstoffbahn und der Lichtgeschwindigkeit.

Der Wert der Energie setzt sich nach Gl. 1 aus drei Gliedern zusammen. Das erste Glied hat denselben Wert wie E_n in der Bohrschen Theorie. Das zweite und dritte Glied sind relativistische Korrektionsglieder, wobei jedoch nur das dritte Glied auch von der Nebenzahl k abhängt. Jeder Hauptquantenzahl n entsprechen somit nach Gl. 1 n verschiedene Energieniveaus. Je größer k ist, desto kleiner ist das letzte Korrektionsglied der Gl. 1, und da dieses Korrektionsglied ebenso wie die Energie negatives Vorzeichen hat, so entspricht somit der größeren Nebenzahl (wegen des kleineren Absolutbetrages der Energie) das höhere Energieniveau. Fig. 11 gibt das Schema der Energieniveaus wieder (der besseren Übersicht wegen allerdings in einem verzerrten Maßstab).

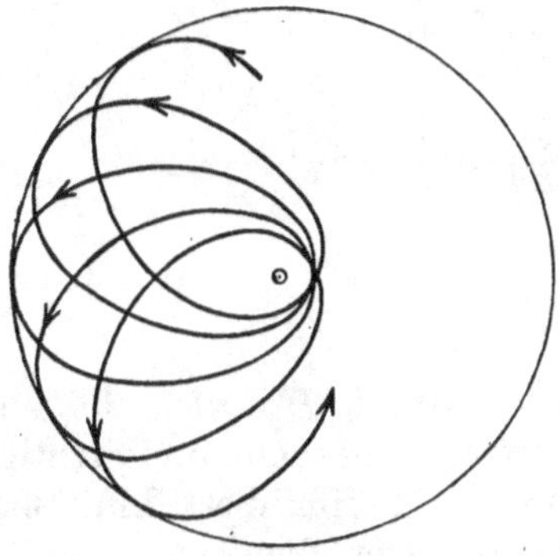

Fig. 10.
Periheldrehung der Ellipsenbahnen.

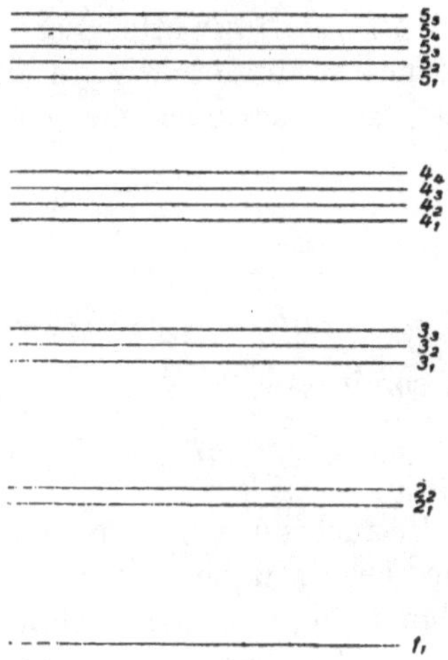

Fig. 11.
Schema der Energieniveaus.

Der Mannigfaltigkeit der Energiewerte entspricht natürlich auch eine Mannigfaltigkeit der Spektralterme. Der Frequenzunterschied der beiden Spektralterme, die derart dem zweiquantigen Zustand des Wasserstoffatoms zukommen, wird als die Schwingungsdifferenz des Wasserstoffdubletts ($\Delta\,\nu_H$) bezeichnet. Diese Größe ist also gleich dem Unterschied der Werte, die das durch h dividierte letzte Glied der Gl. 1 für $z = 1$ und $n = 2$ annimmt, wenn k das eine Mal gleich Eins und das andere Mal gleich Zwei gesetzt wird. Es ist somit

$$\Delta\,\nu_H = \frac{R\alpha^2}{2^3}\left(\frac{1}{1} - \frac{1}{2}\right) \tag{2}$$

oder

$$\Delta\,\nu_H = \frac{R\alpha^2}{16}\,. \tag{3}$$

Setzen wir für α den Wert aus Gl. 13 des § 9 und für R den Wert aus Gl. 27 des § 11 ein, so finden wir

$$\frac{\Delta\nu_H}{c} = 0{,}365\ \mathrm{cm}^{-1}\,. \tag{4}$$

Die Termdifferenzen der andersquantigen Zustände stehen nun natürlich in einfachen Zahlenbeziehungen zu der Schwingungsdifferenz des Wasserstoffdubletts. Betrachten wir zum Beispiel den **dreiquantigen** Zustand, so finden wir für die mit T zu bezeichnenden Spektralterme seiner Modifikationen aus Gl. 1

$$T_{3,3} - T_{3,2} = \frac{R\alpha^2}{3^3}\left(\frac{1}{2} - \frac{1}{3}\right) = \frac{8}{81}\,\Delta\nu_H\,, \tag{5}$$

ferner

$$T_{3,2} - T_{3,1} = \frac{R\alpha^2}{3^3}\left(\frac{1}{1} - \frac{1}{2}\right) = \frac{8}{27}\,\Delta\nu_H \tag{6}$$

und somit

$$T_{3,3} - T_{3,1} = \frac{32}{81}\,\Delta\nu_H\,. \tag{7}$$

Betrachten wir nun etwa die Wasserstofflinie H_α, also die erste Linie der optischen Serie, die durch Übergang aus dem dreiquantigen in den zweiquantigen Zustand entsteht, so gibt es für diese Linie nach dem Auswahlprinzip drei regelmäßige Entstehungsmöglichkeiten, nämlich

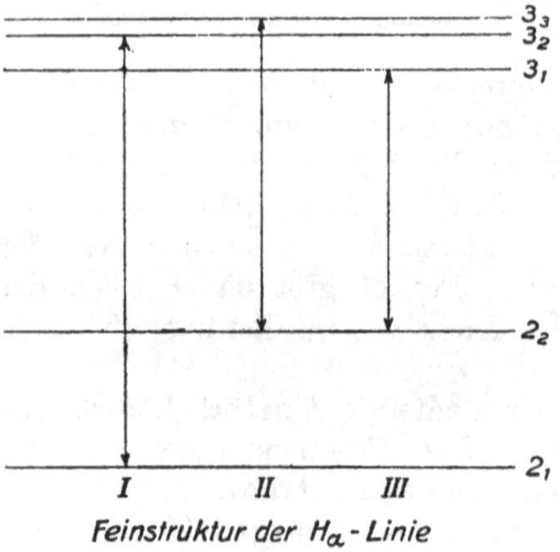

Fig. 12.

(I) $3_2 \longrightarrow 2_1$,

(II) $3_3 \longrightarrow 2_2$,

(III) $3_1 \longrightarrow 2_2$.

Für die Frequenzunterschiede der Spektrallinien ergeben sich dann (vgl. Fig. 12) die Beziehungen

$$\left\{\begin{aligned} \mathrm{I} - \mathrm{II} &= \frac{73}{81}\,\Delta\nu_H\,, \\ \mathrm{II} - \mathrm{III} &= \frac{32}{81}\,\Delta\nu_H\,, \\ \mathrm{I} - \mathrm{III} &= \frac{35}{27}\,\Delta\nu_H\,. \end{aligned}\right. \tag{8}$$

Durchaus analoge Betrachtungen, wie sie zur Erläuterung an dem Beispiel der Linie H_α durchgeführt wurden, lassen sich nun natürlich auch für alle anderen Wasserstofflinien anstellen; und alle Formeln, die für eine Wasserstofflinie gelten, die durch Übergang aus einem n-quantigen in einen s-quantigen Zustand entsteht, gelten selbstverständlich auch für eine Heliumlinie, die durch Übergang aus einem n-quantigen in einen s-quantigen Zustand hervorgerufen wird, wofern an die Stelle der

Größe $\Delta\,\nu_H$ die Größe $\Delta\,\nu_{He}$ gesetzt wird, die in durchaus analoger Weise definiert wird. Aus dem letzten Gliede der Gl. 1 erkennt man, daß wegen der Proportionalität mit der vierten Potenz der Kernladungszahl

$$\Delta\,\nu_{He} = 16\,\Delta\,\nu_H \tag{9}$$

ist; es ist also nach Gl. 3

$$\Delta\,\nu_{He} = R\,\alpha^2\,. \tag{10}$$

Bei dem Wasserstoff ist nun die Ausmessung und Beobachtung der Feinstruktur allerdings sehr schwierig, da der Abstand der Linien zu gering ist. Im sichtbaren Spektralgebiet entspricht der Größe $\Delta\,\nu_H$ ein Wellenlängenunterschied von nur etwa einer zwanzigstel bis einer fünftel Å.-E.[1] Bei dem Helium liegen die Verhältnisse indessen viel günstiger für die Beobachtung, weil für Helium nach Gl. 10 (bei gleichen Werten der Anfangs- und der Endquantenzahl) die Aufspaltung 16mal so stark wie bei Wasserstoff ist, so daß der Abstand benachbarter Linien wesentlich größer wird.

Während bei der Balmer-Serie auch in den stärksten Spektralapparaten die Linien nur doppelt erscheinen (weil eine stärkere Auflösung eben nicht mehr gelingt), konnten derart im Spektrum des ionisierten Heliums die einzelnen, durch die Aufspaltung hervorgerufenen Spektrallinien genau ausgemessen werden, und auf diese Weise konnten auch der Wert von $\Delta\,\nu_{He}$ und als dessen 16. Teil der von $\Delta\,\nu_H$ empirisch genau ermittelt werden. Messungen von Paschen führten so zu dem Ergebnis

$$\frac{\Delta\nu_H}{c} = 0{,}3645 \text{ cm}^{-1} \quad (\pm\,0{,}0045)\,. \tag{11}$$

Die vollständige Übereinstimmung zwischen dem theoretisch berechneten und dem aus empirischen Messungen gewonnenen Werte bedeutet aber einen glänzenden Erfolg nicht nur für die Bohrschen und die Sommerfeldschen Ideen, sondern auch für die Relativitätstheorie, deren Massenformel durch diese Übereinstimmung auf das beste bestätigt wird.[2]

---

[1] Aus der elementaren Beziehung

$$c = \lambda\nu$$

folgt

$$\Delta\lambda = -\frac{c}{\nu^2}\Delta\nu = -\lambda^2\frac{\Delta\nu}{c}\,.$$

Setzen wir für λ einen Wert zwischen 4.10^{-5} und 8.10^{-5} cm ein und für $\Delta\,\nu$ den Wert aus Gl. 4, so ergibt sich für $\Delta\,\lambda$ ein Wert von etwa (5 bis 20).10^{-10} cm.

[2] Es sei in diesem Zusammenhang auch darauf hingewiesen, daß es möglich ist, die Konstanten e, h und m rein spektroskopisch zu ermitteln, wenn der Wert der Faradayschen elektrochemischen Konstanten als gegeben angesehen wird. Dazu stehen ja drei spektraltheoretische Gleichungen zur Verfügung, nämlich Gl. 28 des § 11, Gl. 26 des § 11 und Gl. 11 des § 13 (in Verbindung mit Gl. 3 des § 13).

§ 14. Der Stark-Effekt.

Offenbaren es schon die wunderbaren Gesetzmäßigkeiten des Wasserstoffspektrums auf das deutlichste, daß einfache ganzzahlige Beziehungen alles atomare Geschehen beherrschen, so äußert sich dies noch schärfer in den Veränderungen, die das Wasserstoffspektrum in einem äußeren elektrischen Felde erfährt.

Die Aufspaltung der Spektrallinien im elektrischen Felde wurde im Jahre 1913 von Stark entdeckt und wird darum gewöhnlich als Stark-Effekt bezeichnet[1] (Fig. 13). Die Theorie des Effektes haben aus dem Quantenprinzip im Jahre 1916 Schwarzschild und Epstein entwickelt. Zwischen den Ergebnissen der Theorie und dem experimentellen Befunde ergab sich eine so ausgezeichnete Übereinstimmung, daß der Stark-Effekt als eine der glänzendsten empirischen Bestätigungen des Quantenprinzips angesehen werden muß. Die Quantentheorie des Stark-Effektes ist allerdings zu schwierig, um hier eingehend wiedergegeben zu werden; es möge darum nur das Ergebnis, zu dem die Theorie führte, angegeben und diskutiert werden. Danach ist die Frequenz ν einer Wasserstofflinie in einem elektrischen Felde von der Feldstärke E durch den Ausdruck gegeben

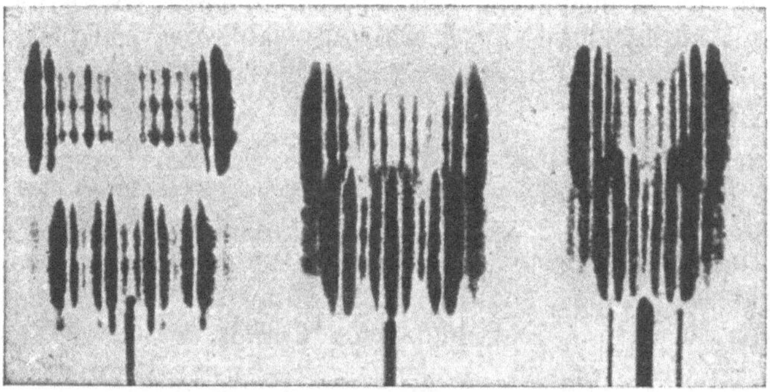

Fig. 13. Stark-Effekt der Wasserstofflinien H_δ, H_γ und H_β.

$$\nu = \nu_0 \pm z E \sigma \,, \tag{1}$$

[1] Die Entdeckung des Stark-Effektes gelang nur durch die geschickte Überwindung großer experimenteller Schwierigkeiten. Die Beobachtung der Linienaufspaltung ist nämlich nur in starken Feldern möglich, die aber in einer Geisslerschen Röhre nicht hergestellt werden können, weil diese die Elektrizität verhältnismäßig zu gut leitet. Stark ließ darum die aufzuspaltenden Spektrallinien von Kanalstrahlenteilchen emittieren; zugleich brachte er in unmittelbarer Nachbarschaft der die Kanalstrahlen aussendenden Kathode eine Gegenelektrode an und rief dadurch auf der kurzen Strecke von wenigen Millimetern eine sehr große Potentialdifferenz hervor.

wenn ν_0 die Frequenz der Linie bei dem Fehlen eines äußeren Feldes ist; σ ist eine universelle Konstante von der Form

$$\sigma = \frac{3h}{8\pi^2 em}, \tag{2}$$

wobei h das elementare Wirkungsquantum bedeutet, e und m Ladung und Masse des negativen Elektrons sind. Die stets ganze Zahl z aber, die „Ordnungszahl", hängt von den Hauptquantenzahlen n und s ab, die bei der Emission der Spektrallinie den Anfangs- und den Endzustand charakterisieren; es ist nämlich

$$z = n n' \pm s s' \begin{cases} n' = 0,\ 1,\ 2\ \ldots\ (n-1) \\ s' = 0,\ 1,\ 2\ \ldots\ (s-1)\,. \end{cases} \tag{3}$$

Die Zahlen n' und s' können also einschließlich des Nullwertes alle ganzen Werte annehmen bis unterhalb der Zahlen n und s.

Die Theorie führt auch zu einer Regel, die für die Schwingungsrichtung des in den Spektrallinien zutage tretenden Lichtes gilt. Ist

$$(n - s) + (n' - s') = l \tag{4}$$

gerade, so sollen die elektrischen Schwingungen parallel zu der Richtung der elektrischen Feldstärke erfolgen; dagegen sollen die elektrischen Schwingungen quer zu der Richtung der Feldstärke erfolgen, wenn der zur Abkürzung mit l bezeichnete Ausdruck ungerade ist. Es ergibt sich derart die Unterscheidung von zwei verschiedenen Arten von Komponenten, die nach den Anfangsbuchstaben der Worte „parallel" und „quer" als p- und q-Komponenten bezeichnet werden mögen.

Nun kann ja aber bekanntlich die Ausbreitung von Lichtwellen immer nur in Richtungen erfolgen, die auf der Schwingungsrichtung senkrecht stehen. Wird also die Aufspaltung in der Richtung der Kraftlinien beobachtet, wird der sogenannte Longitudinaleffekt untersucht, so müßten daher die p-Komponenten unsichtbar bleiben, und es müßten daher lediglich die q-Komponenten auftreten (und zwar unpolarisiert). Wird hingegen die Aufspaltung in einer Richtung quer zu den Kraftlinien beobachtet, wird also der sogenannte Transversaleffekt untersucht, so treten wohl alle Komponenten auf; aber auch dann sind die p- und q-Komponenten durch ihre verschiedene Polarisation leicht unterscheidbar.

Die Ergebnisse der Theorie mögen an zwei einfachen Beispielen diskutiert werden, nämlich an den beiden violetten Wasserstofflinien H_γ und H_δ. Die Linie H_γ entsteht, wie schon früher erwähnt wurde, als dritte Linie der Balmer-Serie durch Übergang aus einem fünfquantigen in einen zweiquantigen Zustand. Für die Linie H_γ ist also $n = 5$ und $s = 2$; daher kann n' die Werte 0, 1, 2, 3, 4 annehmen, s' hingegen kann nur 0 oder 1 sein. Es wird somit die Ordnungszahl z entweder gleich $5n'$ oder gleich $(5n' \pm 2)$. Im ersten Falle wird die durch die Gl. 4 definierte Zahl l gleich $(3 + n')$, im zweiten Falle hingegen gleich $(2 + n')$. Die p-Komponenten, für die l gerade sein muß, hätten also für ungerades n' die Ordnungszahlen $5n'$ und für gerades n' die Ordnungszahlen $(5n' \pm 2)$. Die p-Komponenten der Linie H_γ hätten demnach die Ordnungszahlen

2, 5, 8, 12, 15, 18, 22.

Hingegen hätten die q-Komponenten, für die l ungerade sein muß, für gerades n' die Ordnungszahlen $5\,n'$ und für ungerades n' die Ordnungszahlen $(5\,n' \pm 2)$. Die q-Komponenten der Linie H_γ hätten also die Ordnungszahlen

0, 3, 7, 10, 13, 17, 20.

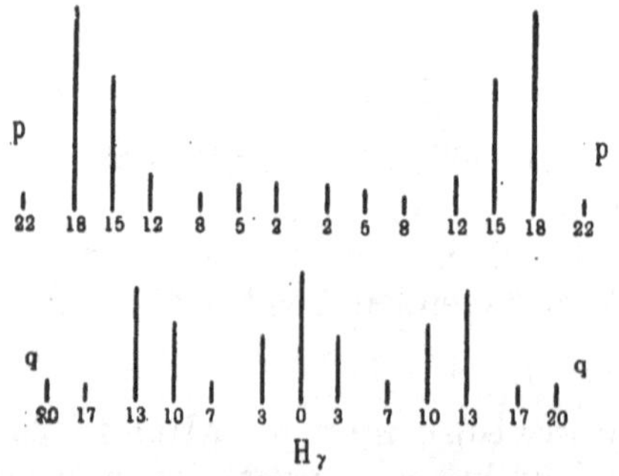

Fig. 14. Stark-Effekt der H_γ-Linie.

Die vollkommene Übereinstimmung zwischen den Ergebnissen der Theorie und der experimentellen Forschung ist aus Fig. 14 ersichtlich, die die Beobachtungsresultate von Stark wiedergibt, wobei die Länge der Striche die von Stark nach der Schwärzung der photographischen Platte geschätzte Intensität der betreffenden Komponente andeuten soll.

Die Linie H_δ entsteht als vierte Linie der Balmer-Serie durch Übergang aus einem sechsquantigen in einen zweiquantigen Zustand. Für diese Linie ist also zu setzen $n = 6$ und $s = 2$; es kann also $n' = 0$, 1, 2, 3, 4, 5 sein, hingegen s' wieder nur 0 oder 1. Es wird daher die Ordnungszahl z entweder gleich $6\,n'$ oder gleich $(6\,n' \pm 2)$. Im ersten Falle wird die Zahl l gleich $(4 + n')$, im zweiten Falle aber gleich $(3 + n')$. Die p-Komponenten, für die l gerade sein muß, hätten also für gerades n' die Ordnungszahl $6\,n'$ und für ungerades n' die Ordnungszahl $(6\,n' \pm 2)$. Die p-Komponenten der Linie H_δ hätten also die Ordnungszahlen

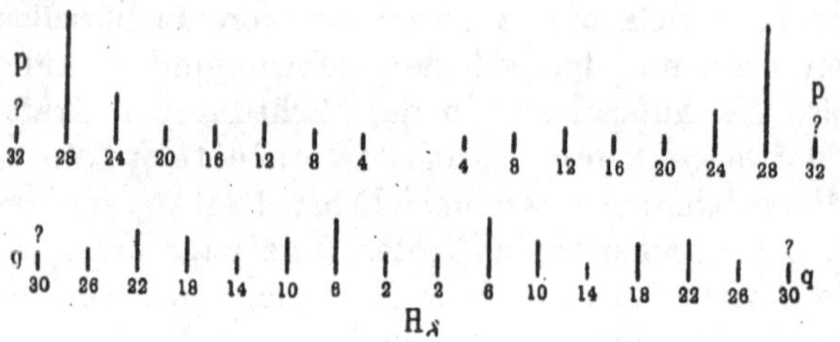

Fig. 15. Stark-Effekt der H_δ-Linie.

0, 4, 8, 12, 16, 20, 24, 28, 32.

Hingegen hätten die q-Komponenten, für die l ungerade sein muß, die Ordnungszahl $6\,n'$ für ungerades n' und $(6\,n' \pm 2)$ für gerades n'. Die q-Komponenten der Linie H_δ hätten also die Ordnungszahlen

2, 6, 10, 14, 18, 22, 26, 30.

Auch bei der Linie H_δ zeigt sich, wie aus Fig. 15 ersichtlich ist, beste Übereinstimmung zwischen dem theoretischen Ergebnis und dem der Theorie vorangegangenen experimentellen Befund.[2]

§ 15. Der Zeeman-Effekt.

Ebenso wie im elektrischen tritt auch im magnetischen Felde eine Aufspaltung der Spektrallinien ein. Für die Energie, die das Elektron im Magnetfeld in einer beliebigen Bahn besitzt, ergeben quantentheoretische Betrachtungen, auf die hier nicht näher eingegangen werden soll, den Wert

$$E = E_0 + k' \frac{eh}{4\pi m c} H; \tag{1}$$

dabei bedeutet E_0 die Energie bei dem Fehlen des Magnetfeldes, H die magnetische Feldstärke und k' eine ganze Zahl, die sich, wie quantentheoretische Überlegungen zeigen, bei einem Übergang nur um Eins ändern kann oder aber ungeändert bleiben muß. Ist letzteres der Fall, so folgt aus der Bohrschen Frequenzbedingung für eine beliebige Spektrallinie

$$\nu = \nu_0, \tag{2}$$

wenn ν_0 die Frequenz im ungestörten Atom bedeutet. Ändert sich hingegen k' um ± 1, so wird nach der Frequenzbedingung

$$\pm(\nu - \nu_0) = \frac{e}{4\pi m c} H. \tag{3}$$

Ebenso wie bei dem Stark-Effekt ist auch im magnetischen Felde die Aufspaltung der Feldstärke proportional; aber der wesentliche Unterschied zwischen beiden Effekten ist der, daß die magnetische Aufspaltung neben der ursprünglichen Linie nur noch zwei weitere ergibt und daß sie völlig unabhängig ist von allen Quantenzahlen, also völlig unabhängig ist von Anfangs- und Endzustand. Ja sogar das elementare Wirkungsquantum fehlt in der Gl. 3, weil es aus der Rechnung bei der Anwendung der Frequenzbedingung herausgefallen ist.

Aus quantentheoretischen Überlegungen folgt auch, daß die emittierte Spektrallinie zirkular polarisiert sein muß, wenn sich k' um Eins ändert, hingegen linear polarisiert, wenn k' bei dem Übergang ungeändert bleibt; die linearen elektrischen Schwingungen erfolgen dann in der Richtung der magnetischen Kraftlinien. Wird die Aufspaltung in der Richtung der Kraftlinien beobachtet, so muß somit die Komponente ν_0 fehlen. Bei dem Longitudinaleffekt müßte also ein Dublett, bei dem Transversaleffekt hingegen ein Triplett wahr-

[2] Die Komponenten mit den höchsten Ordnungszahlen sind allerdings im experimentellen Befund fraglich gewesen, während die Linie von der Ordnungszahl Null ganz fehlt, möglicherweise wegen zu geringer Intensität.

nehmbar sein, nämlich alle drei Linien $\nu_0 + \omega$, ν_0 und $\nu_0 - \omega$. Die beiden äußeren Komponenten müßten, wie aus der Theorie folgt, entgegengesetzt zirkular polarisiert sein, und zwar derart, daß die kürzerwellige Komponente denselben Umlaufssinn der zirkularen Polarisation zeigt, wie ihn ein elektrischer Strom hätte, der in einem Solenoid ein Magnetfeld von der tatsächlichen Richtung erzeugen würde.

Die Aufspaltung der Spektrallinien im Magnetfelde ist experimentell von ZEEMAN im Jahre 1896 entdeckt worden, weshalb diese Erscheinung allgemein als ZEEMAN-Effekt bezeichnet wird. Bei Spektrallinien, die (ohne Magnetfeld) einfach sind, zeigt sich in der Tat völlige, auch quantitative Übereinstimmung zwischen dem experimentellen Befund und den Ergebnissen der Theorie; bei Linien hingegen, die von Haus aus mehrfach sind, treten wesentlich kompliziertere Aufspaltungserscheinungen auf, die als anomaler ZEEMAN-Effekt bezeichnet werden, auf die jedoch nicht näher eingegangen werden möge.[3]

Schon unmittelbar nach ZEEMANS Entdeckung hat LORENTZ eine magneto-optische Theorie entwickelt, die, da sie vier Jahre vor der Begründung der Quantentheorie aufgestellt wurde, natürlich noch nichts von elementarem Wirkungsquantum und von Quantenzahlen wußte. Der LORENTZschen Theorie lag lediglich die Vorstellung zugrunde, daß die Elektronen, die die Spektrallinien hervorrufen, durch quasi-elastische Kräfte[4] an eine bestimmte Ruhelage gebunden seien. Obwohl diese Vorstellung durch die spätere Entwicklung der Atomphysik überholt erscheint, führte doch die LORENTZsche Theorie zu der Gl. 3 und der richtigen Polarisationsregel. Die bereits von LORENTZ gewonnene Gl. 3 ermöglichte so die erste Bestimmung des Verhältnisses e/m bei gemessenen Werten der Aufspaltung und der magnetischen Feldstärke; der negative Charakter der Elektronenladung erhellte aber wiederum durch die Polarisationsregel aus dem beobachteten Umlaufssinn der zirkular polarisierten Linien. Da sich der Quotient e/m mehr als tausendmal so groß ergab wie bei dem ionisierten Wasserstoffatom, enthüllte so der ZEEMAN-Effekt den Physikern zuerst die Existenz von Teilchen, die noch wesentlich leichter sind als das leichteste der bis dahin als unteilbar angesehenen Atome.

---

[3] Näheres über den anomalen ZEEMAN-Effekt z. B. bei SOMMERFELD, Atombau und Spektrallinien, 3. Aufl. (Braunschweig 1922), 6. Kap., § 7. Ebenda findet sich die Theorie des normalen ZEEMAN-Effektes im 5. Kap., § 6. — Die bei dem ZEEMAN-Effekt wahrgenommenen Aufspaltungen sind wesentlich kleiner als die des STARK-Effektes. So beträgt in den stärksten Magnetfeldern die Aufspaltung nur etwa eine ÅNGSTROEM-Einheit, während sich z. B. in einem elektrischen Felde von 30000 Volt pro cm die Aufspaltung der blauen Wasserstofflinie (H_β) über 13 Å.-E. erstreckt. — Eine sehr interessante Anwendung fand der ZEEMAN-Effekt auf astrophysikalischem Gebiete, indem durch ihn HALE starke Magnetfelder auf der Sonne entdeckte.

[4] Quasi-elastisch heißen Kräfte, die der Entfernung von einer Ruhelage proportional sind. Vgl. Anm. 2 des § 6.

III. Kapitel.

Die Röntgenstrahlen.

§ 16. Die Entstehung der Röntgenstrahlen.

Wenn rasch bewegte Elektronen in ihrer Bewegung gehemmt werden, so führt dieser Vorgang zu einer Erscheinung, die eine Umkehrung des lichtelektrischen Effektes darstellt. Kinetische Energie der korpuskularen Strahlung verwandelt sich dann zum Teile in Energie von elektromagnetischen Wellen, und die Hemmung einer raschen Elektronenbewegung erzeugt derart die merkwürdigen Strahlen, die von RÖNTGEN im Jahre 1895 entdeckt wurden und die als Röntgenstrahlen oder auch als X-Strahlen bezeichnet werden.

Die auffälligste Eigenschaft der Röntgenstrahlen ist ihr außerordentliches Durchdringungsvermögen. Sie werden von Gegenständen, die für gewöhnliches Licht vollkommen undurchlässig sind, kaum absorbiert. Unter ihren sonstigen Eigenschaften fiel namentlich ihr starkes Ionisierungsvermögen auf sowie der Umstand, daß sie weder in einem magnetischen noch in einem elektrischen Felde irgendwelche Ablenkungen erfahren; daraus mußte geschlossen werden, daß die Röntgenstrahlen nicht von korpuskularer Natur sein können. Als Merkmal zur Unterscheidung verschiedenartiger Röntgenstrahlen wurde bald ihr auch als Härte bezeichnetes Durchdringungsvermögen erkannt; je größer das Durchdringungsvermögen ist, desto härter, je kleiner, desto weicher wird die Strahlung genannt.

Bei RÖNTGENS ursprünglichen Versuchen entstanden die neu entdeckten Strahlen an den Stellen der Glaswand einer Kathodenröhre, die von den Kathodenstrahlen getroffen wurden.[1] Die Kathodenröhre entwickelte sich allmählich zur Röntgenröhre, indem einerseits als Ausgangsstelle der Röntgenstrahlen im Inneren der Röhre eine sogenannte Antikathode angebracht wurde, nämlich ein Blech aus hitzebeständigem Metall (Platin oder Wolfram), andererseits aber eine geeignete Formgebung der Kathode die Konzentration der Kathodenstrahlen auf einen

[1] Den Ursprung der Entdeckung bildete RÖNTGENS Wahrnehmung, daß ein Präparat von Barium-Platin-Cyanür (das durch Kathodenstrahlen zu starkem Leuchten gebracht wird) in der Umgebung einer Kathodenröhre auch an solchen Orten leuchtet, zu denen die sich geradlinig ausbreitenden Kathodenstrahlen nicht gelangen können.

Punkt der Antikathode ermöglichte.[2] Die Härte der Röntgenstrahlen nimmt, wie man bald erkannte, mit wachsender Röhrenspannung zu und kann zugleich mit dieser bei den Röhren neuerer Konstruktion beliebig reguliert werden.[3]

Daß die Röntgenstrahlen elektromagnetische Wellen darstellen, hatten die Physiker bereits wegen des Fehlens jeder elektrischen und magnetischen Ablenkung vermuten müssen. Diese Vermutung gewann eine wichtige Stütze durch den von BARKLA im Jahre 1905 erbrachten Nachweis, daß die sekundäre Röntgenstrahlung, die von einem von primären Röntgenstrahlen getroffenen Körper ausgeht, teilweise polarisiert ist[4]; die Transversalität der Röntgenstrahlen erschien damit erwiesen.

Aber auch rein theoretische Überlegungen mußten die Verwandtschaft der Röntgenstrahlen mit dem Licht erkennen lassen. Die Röntgenstrahlen entstehen ja, wenn rasch bewegte Elektronen ihre Geschwindigkeit verlieren. Da nun ein Elektron, solange es bewegt ist, von einem elektromagnetischen Felde umgeben ist, von dem Augenblicke an, wo es ruht, aber nur von einem elektrostatischen Felde, so ergibt sich schon hieraus, daß der Übergang zur Ruhe, die sogenannte Bremsung, die Ausbreitung einer elektromagnetischen Störung, eines sogenannten elektromagnetischen Impulses, zur Folge haben muß. Auf diese Erkenntnis haben bereits im Jahre 1896 STOKES und WIECHERT eine Theorie der Entstehung der Röntgenstrahlen gegründet, indem sie die von der Antikathode ausgehende Strahlung im wesentlichen als Impuls- oder Bremsstrahlung auffaßten.

Macht man nun die naheliegende Annahme, daß das Elektron auf dem Wege gebremst wird, den es im Inneren eines Atoms zurücklegt, so ergibt sich für die der Wellenlänge entsprechende „Impulsbreite" ein Wert von der Größenordnung von etwa 10^{-9} cm, also ein Wert, der etwa zehntausendmal kleiner ist als die Wellenlänge des sichtbaren Lichtes. Auch das EINSTEINsche Gesetz, das die wechselseitige Umwandlung von korpuskularer und wellenartiger Strahlung regelt, führt zu derselben Größenordnung für die Wellenlänge der Röntgenstrahlung. Nimmt man beispielsweise die Spannung V einer Röntgenröhre zu

---

[2] Man gibt der Kathode zweckmäßig die Gestalt eines Hohlspiegels. Die Konzentration der Kathodenstrahlen auf einen Punkt ist notwendig, damit die so entstehenden Röntgenstrahlen scharfe Bilder erzeugen können.

[3] Dies wird bei den von LILIENFELD und von COOLIDGE erfundenen Röntgenröhren im wesentlichen dadurch erreicht, daß die Elektronen von einem glühenden Drahte emittiert werden und das Vakuum derart hoch ist, daß eine eigentliche Entladung überhaupt nicht mehr möglich ist. Dadurch entfällt die Hauptschwierigkeit, die mit der Verwendung der älteren Röhren verbunden war, daß nämlich die Härte der Röntgenstrahlung von dem gegebenen Gasdruck abhing.

[4] Dieser Nachweis wurde dadurch erbracht, daß die Intensität der tertiären Strahlen, die wiederum von den Sekundärstrahlen bei dem Auftreffen auf einen Körper hervorgerufen werden, mit der Lagenanordnung variierte.

100000 Volt (= ca. 300 absoluten Einheiten) an, so ergibt die Gleichsetzung der Produkte eV und $h\nu$ für die Frequenz einen Wert von der Größenordnung $10^{19}\,\mathrm{sec}^{-1}$; also einen Wert, der wiederum rund zehntausendmal so groß wäre wie die Frequenz des sichtbaren Lichtes.

Mit der Annahme einer so geringen Wellenlänge stimmt es auch überein, daß alle Versuche, an den Röntgenstrahlen Interferenz- oder Beugungserscheinungen mittels der in der Optik gebräuchlichen Mittel nachzuweisen, zunächst ziemlich erfolglos blieben.[5] Die sonst üblichen Beugungsgitter konnten nicht verwendet werden; denn wie aus der Theorie der Gitter folgt (und wie im nächsten Abschnitt eingehender gezeigt werden soll), darf der Abstand zweier Gitterstriche nicht wesentlich größer sein als die Wellenlänge des zu untersuchenden Lichtes. Zur Untersuchung der Röntgenstrahlen wären daher Gitter nötig, bei denen Millionen von Strichen auf einen Millimeter kommen müßten; die technische Unmöglichkeit, so feine Gitter herzustellen, schien den Physikern fast jede Aussicht zu nehmen, je die Wellenlängen von Röntgenstrahlen exakt zu bestimmen, als im Jahre 1912 Laue auf den genialen Gedanken verfiel, statt künstlicher Gitter zur Beugung der Röntgenstrahlen einfach Kristalle zu verwenden. Laue stützte sich dabei auf eine schon um 1850 von dem Mineralogen Bravais ausgebildete Theorie, nach der die regelmäßige Form der Kristalle ihre Ursache in einer regelmäßigen Anordnung der Atome im Kristall haben soll. Aus den bekannten Dichten der Kristalle konnte auf Grund des bekannten Wertes der Loschmidtschen Zahl auch geschlossen werden, daß die wechselseitigen Abstände der Atome in den Kristallen von der Größenordnung von 10^{-8} cm sein müßten. Wofern sich die einzelnen Atome wie Beugungszentren verhalten, war also in der Tat eine Gitterwirkung der Kristalle gegenüber den Röntgenstrahlen zu erwarten.

§ 17. Die Raumgitter.

Um das Verhalten der Kristalle gegenüber den Röntgenstrahlen zu verstehen, wollen wir als einfachstes aller Gitter zunächst ein lineares Gitter, ein sogenanntes Strichgitter, betrachten, bei dem längs einer Geraden in gleichen Abständen die Gitterpunkte angeordnet sind; der konstante Abstand zweier benachbarter Gitterpunkte wird als die Gitterkonstante bezeichnet.

Wir nehmen nun an, daß auf das Gitter eine Welle falle und daß die Strahlrichtung mit der Gitterrichtung einen Winkel einschließe,

[5] Beugungsaufnahmen wurden mit Röntgenstrahlen zuerst von Haga und Wind im Jahre 1899 gemacht. Ihre Aufnahmen wurden nach einem verfeinerten Verfahren von Walter und Pohl im Jahre 1908 wiederholt, und die später sorgfältig von Koch durchgeführte Photometrierung dieser Aufnahmen ermöglichte es sodann im Jahre 1912 Sommerfeld, aus einer minimalen Andeutung einer Beugung die vorherrschende Impulsbreite zu etwa $4{,}10^{-9}$ cm zu berechnen. Heute sind diese Forschungsergebnisse allerdings nur noch von historischem Interesse.

dessen Kosinus α_0 sei.[1] Die einzelnen Gitterpunkte mögen Beugungszentren sein, indem jeder von ihnen als Erregungsstelle neuer Wellen aufgefaßt werden kann. Diese Wellen gehen nach allen Richtungen; es ist aber ohne weiteres klar, daß die Abbeugung mit besonderer Intensität in solchen Richtungen erfolgen wird, für die der Gangunterschied zwischen den von zwei benachbarten Gitterpunkten kommenden Strahlen ein ganzzahliges Vielfaches einer Wellenlänge beträgt. In der Tat zeigen genauere theoretische Überlegungen (auf die hier nicht näher eingegangen werden möge), daß, infolge der wechselseitigen Interferenz zwischen den abgebeugten Strahlen, eine merkliche Abbeugung des Lichtes überhaupt nur in den angegebenen Richtungen erfolgt.

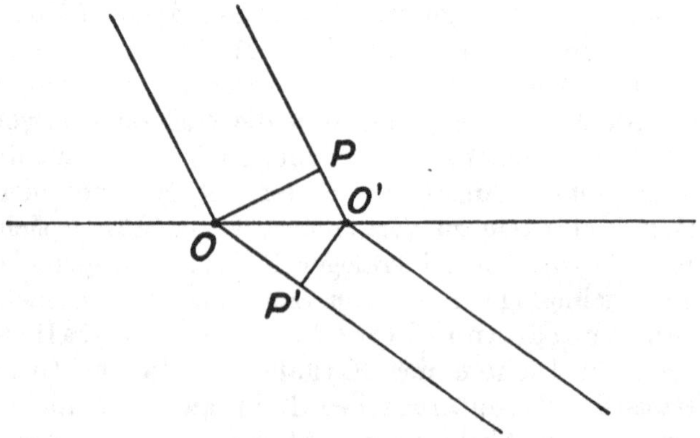

Fig. 16.

Wir wollen nun mit α den Kosinus des Winkels bezeichnen, den ein derart abgebeugter Strahl mit der Gitterrichtung einschließt. Dann ist, wenn a die Gitterkonstante ist, der Gangunterschied der von zwei benachbarten Gitterpunkten in dieser Richtung abgebeugten Strahlen $a(\alpha - \alpha_0)$, wie ohne weiteres aus Fig. 16 ersichtlich ist. (Sind die beiden Gitterpunkte O und O', und ist OP das Lot auf den einfallenden und $O'P'$ das Lot auf den abgebeugten Strahl, so ist der Gangunterschied gleich der Differenz der Strecken OP' und $O'P$.) Strahlen von gegebener Wellenlänge λ werden also nur nach solchen Richtungen abgebeugt, für deren Kosinus α die Beziehung

$$(1) \qquad a(\alpha - \alpha_0) = n\lambda$$

für ganzzahlige Werte der sogenannten Ordnungszahl n erfüllt ist. Umgekehrt wird die einfallende Strahlung, wenn sie Strahlen aller Wellenlängen enthält, durch die Abbeugung spektral zerlegt, wobei jeder Ordnungszahl n ein anderes Beugungsspektrum entspricht. (Es sei nur nebenbei bemerkt, daß, wenn man in Fig. 16 die abgebeugten Strahlen

[1] Es ist also α_0 der Sinus des Einfallswinkels.

um die Gitterrichtung umklappt, man die Richtungen des abgebeugten reflektierten Lichtes erhält; dabei handelt es sich aber natürlich nicht um eine Reflexion im eigentlichen Sinne dieses Wortes.)

Aus Gl. 1 folgt, daß eine Beugung überhaupt nur dann zustande kommen kann, wenn

$$a > \lambda \tag{2}$$

ist. Es darf aber auch nicht a viel größer als λ sein, weil sonst für die Spektren niedriger Ordnung, die vor allem in Betracht kommen, die Differenz $(\alpha - \alpha_0)$ zu gering und die spektrale Auflösung somit ungenügend würde.[2]

Von dem eindimensionalen Strichgitter gehen wir nun zu dem zweidimensionalen Flächengitter über, indem wir uns ein ebenes Koordinatensystem und in der Ebene die Punkte mit den Koordinaten

$$x = k_1 a\,, \quad y = k_2 b \tag{3}$$

konstruiert denken, wobei a und b zwei Gitterkonstanten seien und k_1 und k_2 die Reihe der ganzen Zahlen sowohl mit positivem als auch mit negativem Vorzeichen durchlaufen mögen. Dabei kann das Koordinatensystem auch schiefwinklig sein; doch wollen wir nur den speziellen Fall betrachten, daß das Koordinatensystem rechtwinklig und überdies die zweite Gitterkonstante der ersten gleich sei (Fig. 17).

Fig. 17.

Wir nehmen an, daß auf ein solches Flächengitter Strahlen auftreffen mögen, die mit der x- und der y-Achse Winkel einschließen, deren Kosinus α_0 und β_0 seien. Die Gl. 1 erweitert sich dann zu einem System von zwei Gleichungen, nämlich

$$\left\{\begin{aligned} a\,(\alpha - \alpha_0) &= n_1 \lambda \\ a\,(\beta - \beta_0) &= n_2 \lambda\,; \end{aligned}\right. \tag{4}$$

dabei sind α und β die Kosinus der Winkel, die der abgebeugte Strahl mit der x- und der y-Achse einschließt. Da die beiden Gleichungen von einander unabhängig sind, können sie nach α und β als Unbekannten aufgelöst werden. Jedem Werte der Wellenlänge entspricht daher bei gegebener Einfallsrichtung für gegebene Ordnungszahlen n_1 und n_2 eine bestimmte Beugungsrichtung, die sich nach den Gl. 4 durch die Werte von α und β ergibt. Auch ein Flächengitter führt daher eine spektrale Zerlegung der einfallenden Strahlung herbei, und zwar in einer zweifachen Mannigfaltigkeit von Beugungsspektren.[3]

Von dem Flächengitter vollziehen wir den Übergang zu den Raumgittern, indem wir ein dreidimensionales Koordinatensystem annehmen

[2] Bei den besten optischen Strichgittern (den ROWLANDschen Konkavgittern) ist a immer kleiner als die zehnfache Wellenlänge.

[3] Solche Beugungserscheinungen nimmt man z. B. wahr, wenn man durch einen dünnen Regenschirm gegen eine Straßenlaterne blickt.

und uns dann im Raume die Punkte mit den Koordinaten konstruiert denken

(5) $$x = k_1 a\,, \quad y = k_2 b\,, \quad z = k_3 c\,,$$

wobei a, b, c Gitterkonstanten seien und die Zahlen k_1, k_2, k_3 alle ganzzahligen positiven und negativen Werte durchlaufen mögen. Wenn das Koordinatensystem rechtwinklig ist, so wollen wir auch das Raumgitter als orthogonal bezeichnen. Sind dabei die drei Gitterkonstanten a, b, c untereinander verschieden, so bezeichnen wir das Raumgitter als rhombisch; wir nennen es tetragonal, wenn unter den drei Gitterkonstanten zwei gleich sind, und wenn alle drei untereinander gleich sind, bezeichnen wir das Raumgitter als regulär oder kubisch. Stehen unter den drei Koordinatenachsen nur zwei aufeinander senkrecht, so nennen wir das Raumgitter monoklin, und stehen alle drei Achsen aufeinander schief, so wird das Raumgitter als triklin bezeichnet.

Die folgenden Betrachtungen mögen auf den Spezialfall eines kubischen Raumgitters beschränkt werden, bei dem also die Achsen orthogonal und die Gitterkonstanten gleich sind. Auf ein solches Raumgitter mögen Strahlen in einer Richtung einfallen, die mit den drei Koordinatenachsen Winkel einschließe, deren Kosinus gleich seien α_0, β_0, γ_0. An die Stelle der Gl. 4 tritt dann das Gleichungstripel

(6) $$\left\{\begin{array}{l} a\,(\alpha - \alpha_0) = n_1\,\lambda \\ a\,(\beta - \beta_0) = n_2\,\lambda \\ a\,(\gamma - \gamma_0) = n_3\,\lambda\,. \end{array}\right.$$

Zwischen diesem Gleichungstripel und den Gl. 4 besteht aber nun ein wesentlicher Unterschied. In den Gl. 4 konnten als Unbekannte zwei Größen angesehen werden, die die Richtung des abgebeugten Strahls bei gegebener Einfallsrichtung, Wellenlänge und Ordnung vollkommen bestimmten; die Zahl der Unbekannten stimmte mit der Zahl der Gleichungen überein. Dagegen haben wir, wenn wir wieder Einfallsrichtung, Wellenlänge und Ordnung als gegeben ansehen, in dem Gleichungstripel (6) nur zwei Unbekannte. Denn die drei Richtungskosinus α, β, γ, die die Richtung des abgebeugten Strahles bestimmen sollen, sind ja untereinander nicht unabhängig; vielmehr ist durch zwei dieser Kosinus stets auch der dritte bestimmt gemäß der elementaren Beziehung

(7) $$\alpha^2 + \beta^2 + \gamma^2 = 1.$$

Da wir keine der Ordnungszahlen als Unbekannte ansehen können, weil ja diese Zahlen nur ganz bestimmte ausgezeichnete, nämlich ganzzahlige Werte annehmen können (und überdies auch nur die niedrigen Werte in Betracht kommen), so erscheint somit in dem Gleichungstripel bei gegebener Einfallsrichtung auch die Wellenlänge selbst als Unbekannte, freilich nicht mit einem einzigen Werte, sondern mit einer

Reihe möglicher Werte, die den verschiedenen möglichen ganzzahligen Werten von n_1, n_2, n_3 entsprechen.

Welche diese Werte der Wellenlänge sind, erkennen wir leicht aus den Gl. 6 und 7. Wir schreiben dazu die Gl. 6 in der Form

$$(8)\qquad \begin{cases} \alpha = \alpha_0 + n_1 \dfrac{\lambda}{a} \\ \beta = \beta_0 + n_2 \dfrac{\lambda}{a} \\ \gamma = \gamma_0 + n_3 \dfrac{\lambda}{a} . \end{cases}$$

Diese Gleichungen wollen wir quadrieren und dann addieren; dabei berücksichtigen wir die Gl. 7 und die analoge Gleichung, die die Richtungskosinus α_0, β_0, γ_0 miteinander verknüpft. Wir finden derart

$$1 = 1 + 2\frac{\lambda}{a}(n_1\alpha_0 + n_2\beta_0 + n_3\gamma_0) + \frac{\lambda^2}{a^2}(n_1^2 + n_2^2 + n_3^2)$$

oder

$$(9)\qquad \lambda = -2a\frac{n_1\alpha_0 + n_2\beta_0 + n_3\gamma_0}{n_1^2 + n_2^2 + n_3^2} .$$

Im Gegensatz zu dem Strich- und Flächengitter liefert also ein Raumgitter keine kontinuierlichen Beugungsspektren; es sondert vielmehr durch seine Beugung aus der einfallenden Strahlung diejenigen Strahlen aus, deren Wellenlängen der Gl. 9 für ganzzahlige Werte von n_1, n_2, n_3 genügen.

Aus den Gl. 6 läßt sich auch leicht der Winkel berechnen, den der abgebeugte Strahl mit dem einfallenden einschließt. Bezeichnen wir diesen Winkel mit 2ϑ, so ist nach einem elementaren Satz der räumlichen Geometrie

$$(10)\qquad \cos(2\vartheta) = \alpha\alpha_0 + \beta\beta_0 + \gamma\gamma_0 .$$

Quadrieren wir nun die Gleichungen (6) und addieren wir (unter Berücksichtigung der Gl. 7), so finden wir

$$a^2[2 - 2\cos(2\vartheta)] = \lambda^2(n_1^2 + n_2^2 + n_3^2) .$$

Nun ist aber nach einer bekannten goniometrischen Formel

$$(11)\qquad \sin\vartheta = \sqrt{\frac{1 - \cos(2\vartheta)}{2}} .$$

Daher wird

$$(12)\qquad \sin\vartheta = \frac{\lambda}{2a}\sqrt{n_1^2 + n_2^2 + n_3^2} .$$

Von dem abbeugenden Gitterpunkte, der O genannt wurde, tragen wir nun auf der verlängerten Richtung des einfallenden Strahles die Strecke OA auf, die der Längeneinheit gleich sei, und eine gleich lange Strecke OB auch auf der Richtung des abgebeugten Strahles (Fig. 18). Sodann konstruieren wir die Mittelebene MM' zwischen dem einfallenden und dem abgebeugten Strahl, indem wir die Symmetrale des Winkels AOB errichten und durch diese eine Ebene legen, die auf der Ebene AOB senkrecht steht. Alle Punkte der Mittelebene müssen dann von A und B die gleiche Entfernung haben.

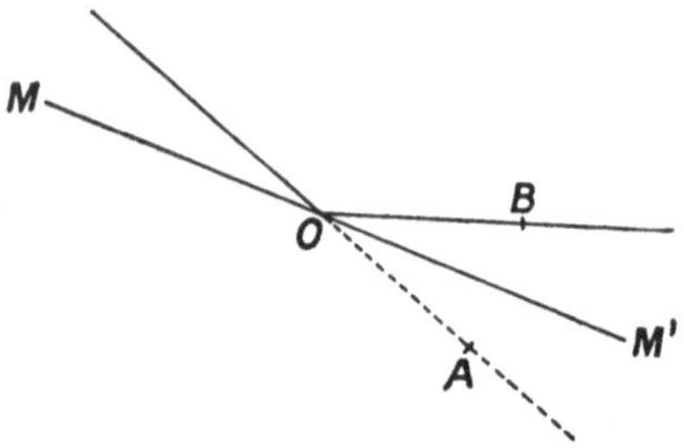

Fig. 18.

Wir konstruieren nun mit dem Punkte O als Ursprung ein Koordinatensystem, dessen Achsen den ursprünglichen Achsen parallel seien. In bezug auf dieses System hat dann der Punkt A die Koordinaten α_0, β_0, γ_0 und der Punkt B die Koordinaten α, β, γ. Da ein beliebiger Punkt der Mittelebene mit den Koordinaten x, y, z von A und B die gleiche Entfernung hat, muß also die Beziehung erfüllt sein

$$(13)\qquad (x-\alpha_0)^2+(y-\beta_0)^2+(z-\gamma_0)^2=(x-\alpha)^2+(y-\beta)^2+(z-\gamma)^2.$$

Berücksichtigen wir die Gl. 7 und die analoge, die für α_0, β_0, γ_0 gilt, so finden wir somit

$$(14)\qquad x(\alpha-\alpha_0)+y(\beta-\beta_0)+z(\gamma-\gamma_0)=0$$

oder nach Gl. 8

$$(15)\qquad x n_1 + y n_2 + z n_3 = 0\,.$$

Dies ist, auf einen Gitterpunkt als Koordinatenursprung bezogen, die Gleichung der Mittelebene zwischen dem einfallenden Strahl und dem in diesem Gitterpunkte abgebeugten Strahl von der durch die ganzen Zahlen n_1, n_2, n_3 bestimmten Ordnung.

§ 18. Die Netzebenen.

In einem kubischen Gitter wollen wir von dem Ursprung aus auf den drei Koordinatenachsen Strecken auftragen, die gleich sind den Quotienten aus der Gitterkonstanten und drei teilerfremden ganzen Zahlen k_1, k_2, k_3. Durch die drei Endpunkte der Strecken ist dann eine Ebene festgelegt, deren Gleichung wir aufstellen wollen.

Da die Koordinaten jeder beliebigen Ebene durch eine lineare Beziehung miteinander verknüpft sind, so lautet die Gleichung einer beliebigen Ebene in ihrer allgemeinsten Form

$$(1)\qquad D_1 x + D_2 y + D_3 z = D_4\,,$$

wobei die vier mit D bezeichneten Größen Konstanten sind. Wir setzen

$$(2)\qquad D_4 = D_1 C_1 = D_2 C_2 = D_3 C_3\,.$$

Dann nimmt die Gl. 1 die Form an

$$(3)\qquad \frac{x}{C_1}+\frac{y}{C_2}+\frac{z}{C_3}=1\,.$$

Betrachten wir nun etwa den Schnittpunkt der Ebene mit der x-Achse, so ist für diesen Schnittpunkt sowohl y als auch z gleich Null zu setzen, und wir erkennen somit, daß die drei Konstanten C_1, C_2, C_3 nichts anderes bedeuten als die Strecken, die die Ebene von den drei Koordinatenachsen abschneidet. Die früher betrachtete Ebene schneidet nun von der x-Achse eine Strecke ab von der Größe a/k_1, wenn a die Gitterkonstante ist. Daher lautet die Gleichung dieser Ebene

$$k_1 x + k_2 y + k_3 z = a\,. \tag{4}$$

Allgemein definieren wir jede Ebene als eine Netzebene des Raumgitters, für die die linke Seite der Gl. 4 gleich ist einem ganzzahligen Vielfachen der Gitterkonstanten; es lautet daher die allgemeine Gleichung einer Netzebene

$$k_1 x + k_2 y + k_3 z = s\,a\,, \tag{5}$$

wobei s eine ganze Zahl bedeutet. Da s aber die ganze Reihe der Zahlen durchlaufen kann, ist durch die drei sogenannten Indices der Netzebene (k_1, k_2, k_3) eine Schar paralleler Ebenen bestimmt, unter denen eine, nämlich diejenige, für die $s = 0$ ist, durch den Koordinatenursprung hindurchgeht.[1] Im übrigen kann natürlich s sowohl positiv als auch negativ sein.

Wir erkennen auch leicht, daß jede unbegrenzt gedachte Netzebene mit unendlich vielen Gitterpunkten netzartig besetzt ist. Indem m eine beliebige, positive oder negative, ganze Zahl bedeute, setzen wir etwa

$$\left\{\begin{aligned} x = y &= m\,k_3\,a \\ z &= -\,m\,(k_1 + k_2)\,a\,; \end{aligned}\right. \tag{6}$$

dann wird

$$k_1 x + k_2 y + k_3 z = 0\,;$$

d. h. alle Gitterpunkte, die durch die Gl. 6 dargestellt sind, gehören der durch den Koordinatenursprung gehenden Netzebene $(s = 0)$ an. Dasselbe gilt natürlich auch von allen Gitterpunkten, die durch die Gleichungen dargestellt sind, die sich durch zyklische Vertauschung der Gl. 6 ergeben, nämlich

$$y = z = m\,k_1\,a\,, \quad x = -\,m\,(k_2 + k_3)\,a$$

oder

$$z = x = m\,k_2\,a\,, \quad y = -\,m\,(k_3 + k_1)\,a\,.$$

Betrachten wir nun aus der Ebenenschar eine beliebige Netzebene, für die s einen von Null verschiedenen Wert habe, so stellen wir etwa die diophantische Gleichung auf

$$k_1\,x' + k_2\,y' = s\,, \tag{7}$$

[1] Der Punkt $x = y = z = 0$ genügt ja der Gl. 5 für $s = 0$.

welche Gleichung natürlich stets ganzzahlige Lösungen hat, wenn sowohl x' als auch y' negativ werden kann. Es seien x^* und y^* ein solches Paar von Lösungen. Betrachten wir dann den Gitterpunkt

$$x = x^* a \,, \quad y = y^* a \,, \quad z = 0 \,, \tag{8}$$

so wird für diesen Punkt nach Gl. 7

$$k_1 x + k_2 y + k_3 z = s\, a \,;$$

d. h. der durch die Gl. 8 dargestellte Gitterpunkt gehört der betrachteten Netzebene an. Wir brauchen somit nur in diesen Gitterpunkt den Koordinatenursprung zu verlegen, um auch für die betrachtete Netzebene den früher geführten Beweis verwerten und somit zeigen zu können, daß auch sie unendlich viele Gitterpunkte enthält.

Der Abstand zweier benachbarter Netzebenen in einer durch ein Indextripel bestimmten Schar möge mit d bezeichnet werden. Dann ist offenbar d gleich dem Lote, das von dem Koordinatenursprung auf die Netzebene gefällt wird, für die $s = 1$ ist. Diese Netzebene schneidet von den drei Koordinatenachsen die Strecken ab: a/k_1, a/k_2, a/k_3. Bezeichnen wir die Winkel, die das Lot mit den drei Koordinatenachsen einschließt, mit φ_1, φ_2, φ_3, so ist

$$d = \frac{a}{k_1} \cos \varphi_1 = \frac{a}{k_2} \cos \varphi_2 = \frac{a}{k_3} \cos \varphi_3 \,. \tag{9}$$

Nun ist aber die Summe der Quadrate der drei Kosinus gleich Eins. Aus Gl. 9 folgt somit

$$d = \frac{a}{\sqrt{k_1^2 + k_2^2 + k_3^2}} \,. \tag{10}$$

Vergleichen wir nun die Gl. 5 mit der Gl. 15 des § 17, so erkennen wir zunächst, daß die Mittelebene zwischen dem einfallenden und dem in einem Raumgitter abgebeugten Strahl immer eine Netzebene darstellt. Wir erkennen weiterhin aber auch, daß die Indices dieser Netzebene immer übereinstimmen mit den Teilern der die Ordnung des abgebeugten Strahles bestimmenden Ordnungszahlen. Es ist

$$n_1 = n\, k_1 \,, \quad n_2 = n\, k_2 \,, \quad n_3 = n\, k_3 \,, \tag{11}$$

wenn n der größte gemeinschaftliche Teiler der Ordnungszahlen n_1, n_2, n_3 ist. Es läßt sich also die Beugung der einfallenden Strahlen auch auffassen als Reflexion an den Netzebenen des Raumgitters, wobei zwischen den Ordnungszahlen der Abbeugung und den Indizes der reflektierenden Netzebene der durch die Gl. 11 ausgedrückte, einfache Zusammenhang besteht.

Der Winkel, den der einfallende Strahl mit der Netzebene einschließt und der also zu dem Einfallswinkel komplementär ist, wird der Gleitwinkel genannt.[2] Für ihn gilt nach Gl. 11 sowie nach Gl. 12 des § 17 die Beziehung

[2] Daß er auch der „Glanzwinkel" genannt wird, erklärt sich aus der englischen Bezeichnung „glance-angle".

(12) $$\sin \vartheta = \frac{n\lambda}{2a} \sqrt{k_1^2 + k_2^2 + k_3^2}\,.$$

Hierfür können wir aber nach Gl. 10 auch schreiben

(13) $$2\,d \sin \vartheta = n\,\lambda\,,$$

wobei also n eine beliebige ganze Zahl bedeutet.

Betrachten wir nun zwei benachbarte Netzebenen, deren senkrechter Abstand AB gleich d sei (Fig. 19), so haben zwei Strahlen, die in den Punkten A und B zurückgeworfen werden, einen Gangunterschied von der Größe $CB + BD$, wenn C und D die Fußpunkte der Lote sind, die man von dem Punkte A auf die Richtungen des von der zweiten Ebene reflektierten Strahles fällt. Nun ist aber $CB + BD$ gleich $2d \sin \vartheta$. Eine Schar von Netzebenen sondert also aus der einfallenden Strahlung diejenigen Strahlen aus, für die ein ganzzahliges Vielfaches der Wellenlänge gleich ist dem Gangunterschied zweier Strahlen, die von zwei benachbarten Netzebenen zurückgeworfen werden.

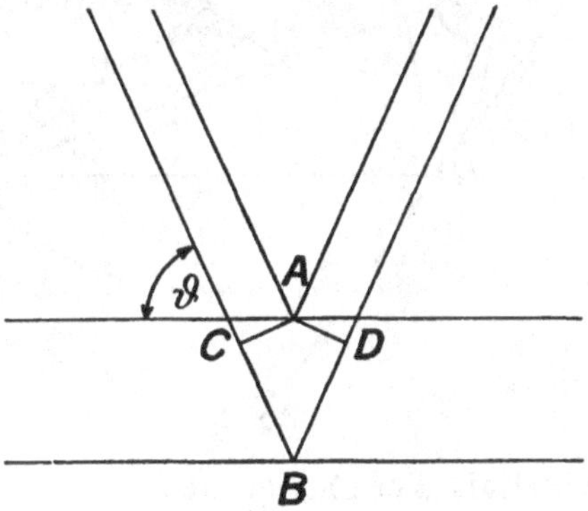

Fig. 19.

In der Tat erscheint ja dieser Satz (der natürlich nur ein anderer Ausdruck für die Gl. 9 des § 17 ist) sehr einleuchtend. Denn wenn die Abbeugung der Strahlen so erfolgt, als ob die Strahlen nach den gewöhnlichen Gesetzen der Optik von den Netzebenen reflektiert würden, dann müssen die reflektierten Strahlen durch Interferenz einander verstärken und schwächen, und zu einer merklichen Verstärkung wird es eben nur dann kommen, wenn der Gangunterschied der von zwei benachbarten Ebenen zurückgeworfenen Strahlen gerade ein ganzzahliges Vielfaches einer Wellenlänge beträgt.

Wenn nun ein Raumgitter, wie die bisherigen Betrachtungen von zwei ganz verschiedenen Gesichtspunkten aus gezeigt haben, von der in bestimmter Richtung einfallenden Strahlung nur Strahlen von ganz bestimmten Wellenlängen abbeugt, so läßt sich eine vollständige Abbeugung eines engen Bündels paralleler Strahlen offenbar nur derart erzielen, daß das Raumgitter gedreht wird. In der Tat gelingt dann eine vollkommene spektrale Auflösung auf Grund einfacher geometrischer Beziehungen.

Um diese Beziehungen abzuleiten, gehen wir von dem bekannten elementaren Satze aus, daß alle Peripheriewinkel, die in einem Kreise über derselben Sehne liegen, gleich groß sind und wiederum gleich sind dem Tangentialwinkel, den die in einem Endpunkt der

Sehne an den Kreis gelegte Tangente mit der Sehne einschließt[3] (Fig. 20).

Wir betrachten nun (Fig. 21) eine Netzebene, auf die im Punkte O unter einem Gleitwinkel ϑ ein enges Strahlenbündel auftreffe, das von einem Spalte R ausgehe. Wenn die Lage der Ebene durch die Gerade AA' angedeutet ist, so ist also

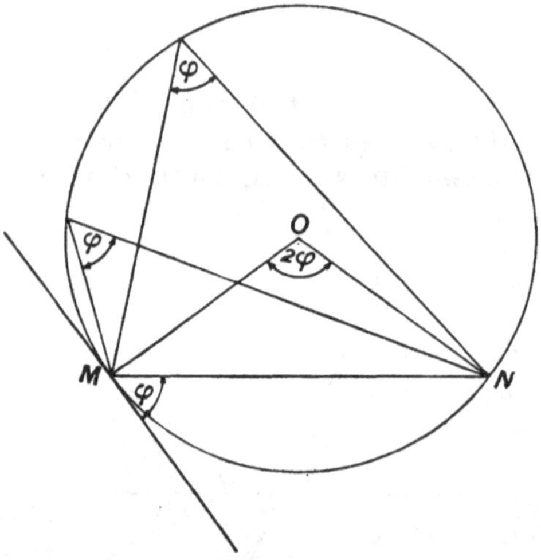

Fig. 20.

$$(14) \qquad \sphericalangle\, ROA' = \vartheta\,.$$

Wir konstruieren einen Kreis, der die Strecke RO als Sehne habe und zugleich die Gerade AA' im Punkte O berühre.

Durch Drehung des Raumgitters um eine zu der Figurenebene senkrechte Achse soll nun die Netzebene aus der Lage AA' in die Lage BB' übergehen. Die Gerade BB' möge den Kreis im Punkte P schneiden. Dann ist der Winkel RPO als Peripheriewinkel über der Sehne RO nach dem früher angegebenen Satze gleich dem Tangentialwinkel ROA'. Es ist also auch

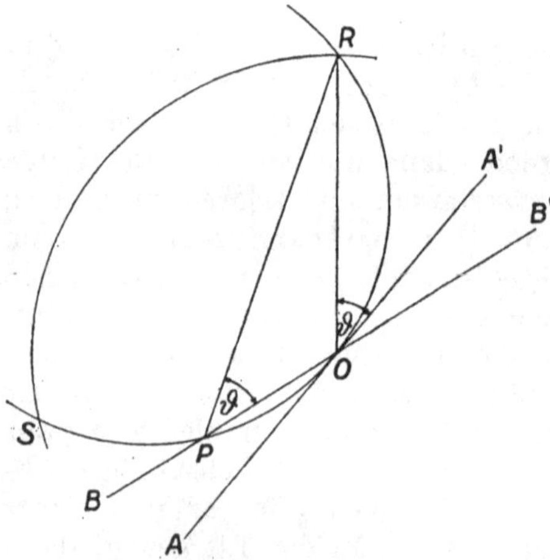

Fig. 21.

$$(15) \qquad \sphericalangle\, RPO = \vartheta\,.$$

Einem bestimmten Werte des Gleitwinkels entspricht aber nun bei gegebener Ordnungszahl n nach Gl. 13 auch ein bestimmter Wert der Wellenlänge.

Wenn das Raumgitter gedreht wird, so wandert also der Punkt der Netzebene, in dem die Reflexion eines Strahles von bestimmter Wellenlänge erfolgt, entlang dem Kreise fort, der durch die Punkte R und O geht und im Punkte O die Gerade AA' berührt, die mit der Strecke RO

[3] Den auch sehr bekannten zweiten Teil des Satzes beweist man am einfachsten auf Grund der Tatsache, daß der Zentriwinkel doppelt so groß wie der Peripheriewinkel ist. Es ist daher in Fig. 20 der Winkel MON gleich 2φ und somit der Winkel OMN gleich der Hälfte von $(180^0 - 2\varphi)$. Der Tangentialwinkel ist aber komplementär zum Winkel OMN, weil ja der Radius auf der Tangente senkrecht steht. Daher ist der Tangentialwinkel gleich φ.

den Winkel ϑ einschließt. Der Strahl von bestimmter Wellenlänge gleitet derart, während die Netzebene gedreht wird, entlang der Ebene, wodurch sich die Bezeichnung „Gleitwinkel" erklärt.

Wir konstruieren nun (Fig. 21) um O als Mittelpunkt einen zweiten Kreis, der die Strecke OR als Halbmesser habe. Dieser zweite Kreis schneide den ersten Kreis ROP in einem Punkte S. Es läßt sich dann leicht zeigen, daß jeder Strahl, der auf der Netzebene unter einem Gleitwinkel ϑ auftrifft, nach der Zurückwerfung durch den Punkt S hindurchgehen muß, welche Lage auch immer die Netzebene im Augenblicke der Reflexion einnimmt.

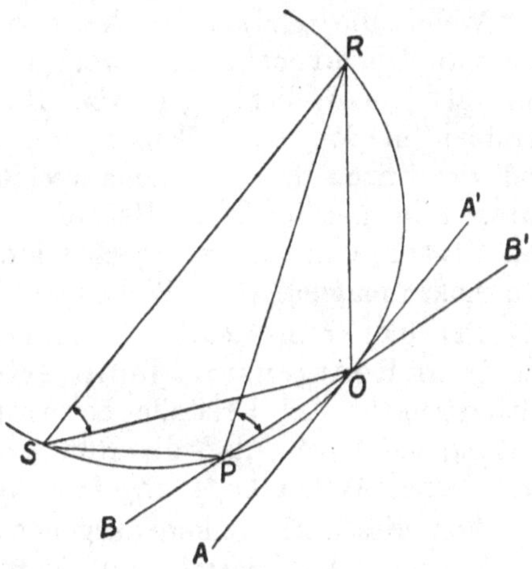

Fig. 22.

Es ist nämlich (Fig. 22) der Winkel OSR als Peripheriewinkel über der Sehne OR gleich dem Winkel RPO; es ist also nach Gl. 15

$$\sphericalangle OSR = \vartheta . \tag{16}$$

Nun ist aber SOR ein gleichschenkliges Dreieck, und daher folgt aus Gl. 16 für den Scheitelwinkel dieses Dreiecks

$$\sphericalangle SOR = 180^0 - 2\vartheta \tag{17}$$

und somit mit Rücksicht auf Gl. 14

$$\sphericalangle SOA = \vartheta ; \tag{18}$$

d. h. der Strahl, der im Punkte O von der Netzebene in der Lage AA' reflektiert wird, geht nach der Reflexion durch den Punkt S hindurch.

Nun sind aber die Winkel SOR und SPR Peripheriewinkel über derselben Sehne SR. Es ist daher nach Gl. 17 auch

$$\sphericalangle SPR = 180^0 - 2\vartheta \tag{19}$$

und somit mit Rücksicht auf Gl. 15

$$\sphericalangle SPB = \vartheta . \tag{20}$$

Der Strahl, der im Punkte P von der Netzebene in der Lage BB' reflektiert wird, geht also nach der Reflexion ebenfalls durch den Punkt S hindurch; und da die Lage BB' eine ganz beliebige Lage der Netzebene ist, so muß somit jeder Strahl, der, von dem Punkte R kommend, von der durch den Punkt O hindurchgehenden Netzebene unter einem Winkel ϑ reflektiert wird, nach der Reflexion durch den Punkt S hindurchgehen. Bei gegebener Ordnung der Abbeugung entspricht aber nun jedem Gleitwinkel ein ganz bestimmter Wert der Wellenlänge. Es werden daher bei der Drehung des Raumgitters alle Strahlen von gleicher Wellenlänge, wie man zu sagen pflegt, in einem und demselben Punkte „fokussiert“.

§ 19. Die Interferenz der Röntgenstrahlen in den Kristallen.

Wenn die Kristalle die Struktur von Raumgittern besitzen und ihre Gitterkonstanten zwar größer, jedoch nicht wesentlich größer sind als die Wellenlängen von Röntgenstrahlen, so müßten diese Strahlen in den Kristallen durch Interferenz abgebeugt werden, und zwar nach den Gesetzmäßigkeiten, die in den letzten Abschnitten durch rein geometrische Betrachtungen abgeleitet wurden; denn die den Gitterpunkten entsprechenden Atome müssen offenbar gegenüber den elektromagnetischen Wellen als Beugungszentren wirken.

Der experimentelle Nachweis einer durch Kristalle hervorgerufenen Röntgenstrahleninterferenz müßte somit einerseits die Gitterstruktur der Kristalle beweisen, andererseits aber auch die Vermutung bestätigen, daß die Röntgenstrahlen elektromagnetische Wellen sind, deren Wellenlänge ungefähr von der Größenordnung 10^{-9} cm ist.

Von diesen Gedanken ausgehend, hat Laue im Jahre 1912 zuerst die Wirkung der Kristalle auf Röntgenstrahlen untersucht und in der Tat die vermuteten Erscheinungen experimentell nachgewiesen. Bei diesen Versuchen, die Laue in Gemeinschaft mit Friedrich und Knipping durchführte, wurde aus der Strahlung einer Röntgenröhre durch Bleiblenden mit verstellbaren Spalten ein schmales, paralleles Strahlenbündel ausgesondert. Es fiel auf eine Kristallplatte, die eine Länge und Breite von etwa 1 cm und eine Dicke von etwa $^1/_2$ mm hatte. Einige Zentimeter hinter dem Kristall war eine photographische Platte aufgestellt.

Von einem ruhenden Raumgitter werden aber nun aus einem einfallenden parallelen Strahlenbündel Strahlen nur nach ganz bestimmten Richtungen abgebeugt, die außer von der Einfallsrichtung nur von den drei Ordnungszahlen der Abbeugung abhängen. (Welche diese Richtungen sind, zeigen die Gl. 8 des § 17, in denen für λ der Wert aus der Gl. 9 des § 17 einzusetzen ist). Die Stellen, an denen die Richtungen dieser abgebeugten Strahlen die Ebene der photographischen Platte durchsetzen, müßten daher auf der Platte geschwärzt erscheinen.

In der Tat zeigte das Experiment diese Erscheinung. Die Fig. 23 und 24 (auf Tafel I) geben die sogenannten Laue-Photogramme wieder, die mit einem Kristall aus Zinkblende (ZnS) gewonnen wurden. Die Entfernung der Platte von dem Kristall betrug bei der durch Fig. 23 wiedergegebenen Aufnahme 3,5 cm, hingegen bei der durch Fig. 24 wiedergegebenen Aufnahme nur 1 cm. Deshalb erscheinen in dem zweiten Photogramm die Flecken dichter zusammengedrängt.

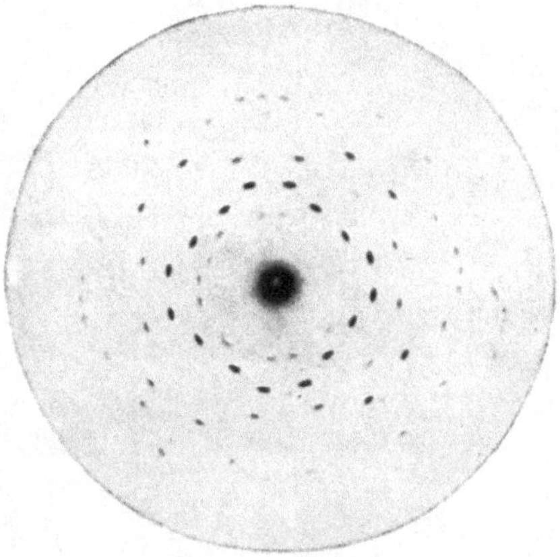

Fig. 23.

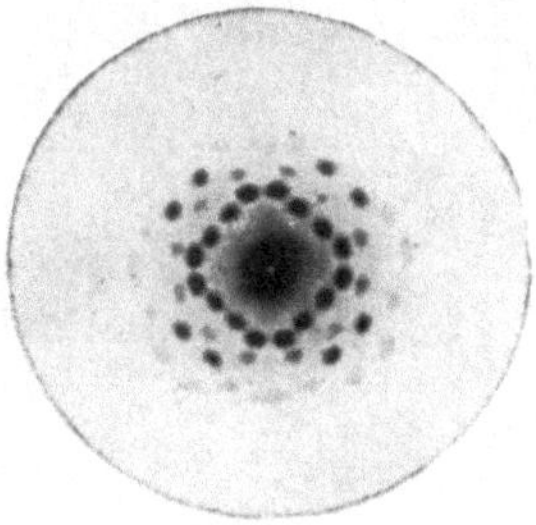

Fig. 24.

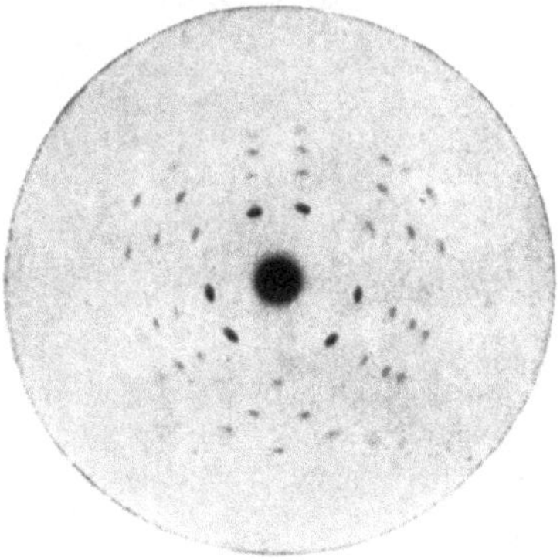

Fig. 26.
LAUE-Photogramme.

Walter de Gruyter & Co., Berlin und Leipzig.

Bei beiden Aufnahmen fielen die Strahlen senkrecht auf eine Würfelfläche auf. Sie hatten also die Richtung einer Würfelkante, und dadurch erklärt sich auch die in den Photogrammen wahrnehmbare vierzählige Symmetrie. Man bezeichnet nämlich eine Symmetrieachse eines Kristalls als n-zählig, wenn sich durch diese Achse n Ebenen legen lassen, für die der Kristall symmetrisch ist. Man erkennt nun leicht, daß jede Würfelkante in einem regulären Kristall eine vierzählige Symmetrieachse darstellt. Durch jede Würfelkante lassen sich nämlich vier Symmetrieebenen legen, deren Schnittlinien mit einer zu der Würfelkante senkrechten Ebene durch Fig. 25 dargestellt sind; von den Schnittlinien sind zwei wiederum Würfelkanten und zwei Flächendiagonalen. Die Photogramme weisen daher auch eine vierzählige Symmetrie auf, wofern das einfallende Strahlenbündel senkrecht zu einer Würfelfläche auftrifft; die Photogramme haben, entsprechend der Fig. 25, vier Symmetrielinien, und daher treten alle Flecke (wofern sie nicht gerade auf einer Symmetrielinie liegen) achtfach auf. In der Tat zeigen dies die Fig. 23 und 24.

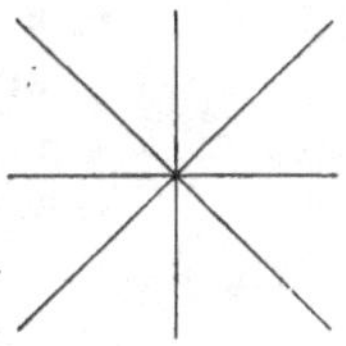

Fig. 25.

Fällt der Strahl senkrecht auf eine aus einem regulären Kristall herausgeschnittene Oktaederfläche auf, so hat er, wie die nähere geometrische Betrachtung zeigt, worauf jedoch hier nicht näher eingegangen werde, die Richtung einer räumlichen Würfeldiagonale, die eine dreizählige Symmetrieachse ist. Eine derart gewonnene Aufnahme stellt die Fig. 26 (auf Tafel I) dar, in der die Flecken sechsfach auftreten.

Aus den Laue-Photogrammen vermochten nun im Jahre 1913 W. H. und W. L. Bragg (Vater und Sohn) höchst bedeutungsvolle Schlüsse über die Struktur der Kristalle zu ziehen. Wenn auch der raumgitterartige Charakter der Kristalle zweifellos erwiesen war, so mußte doch, bevor die Kristalle tatsächlich zur exakten Wellenlängenmessung verwendet werden konnten, wenigstens für einen Kristall die genaue Gitterstruktur ermittelt werden, und hierbei galt es zwei Fragen zu lösen.

Die erste Frage ist die nach einer etwaigen Zentrierung der Raumgitter. Ein kubisches Gitter kann entweder nicht zentriert sein oder aber raumzentriert oder endlich flächenzentriert. Die Symmetrieverhältnisse sind in allen drei Fällen dieselben. Ein kubisches Gitter (wie es in den §§ 17 und 18 betrachtet wurde) wird raumzentriert, wenn in allen Elementarwürfeln, die die Gitterkonstante zur Kantenlänge haben, noch ein weiterer Gitterpunkt in die räumliche Mitte des Würfels gesetzt wird; jeder Elementarwürfel enthält also dann neun Gitterpunkte statt deren acht. Wird hingegen die Raummitte freigehalten, während die Mitten der sechs Würfelflächen mit Gitterpunkten besetzt werden (Fig. 27), so ergibt sich ein flächenzentriertes Gitter,

Die zweite fundamentale Frage der Kristallstruktur ist dadurch hervorgerufen, daß die meisten Kristalle ja aus verschiedenen Atomsorten zusammengesetzt sind, so z. B. Steinsalz aus Natrium- und aus Chloratomen. Es konnte wohl vermutet werden, daß die Atome jeder Art für sich ein Raumgitter bilden; aber die Frage war noch ungelöst, wie die verschiedenen Raumgitter im Kristall ineinander gefügt sind.

Durch sehr geistvolle Überlegungen, auf die hier jedoch nicht näher eingegangen werden möge[1], vermochten nun W. H. und W. L. Bragg für zahlreiche Kristalle diese Fragen durch Untersuchung der Laue-Photogramme zu beantworten. Die Anordnung und Zahl der Interferenzflecke ist nämlich verschieden, je nachdem ob und wie die Raumgitter zentriert sind. Die wechselseitige Lage der ineinander gefügten Raumgitter der verschiedenen Atomarten konnte aber wieder auf Grund der Tatsache ermittelt werden, daß das Verhalten eines Atoms gegenüber den Röntgenstrahlen von der Zahl der im Atom enthaltenen Elektronen, also, wie man ungefähr auch sagen kann, von dem Atomgewicht abhängt. Eine Netzebene von Atomen reflektiert daher die Röntgenstrahlen in verschiedener Weise, je nachdem ob die beiden Atomarten ein ungefähr gleiches oder ein sehr verschiedenes Atomgewicht haben. Daher müßten auch trotz vermutlich gleicher Kristallstruktur z. B. die verschiedenen Alkalihaloide etwas abweichende Laue-Photogramme aufweisen. Denn während z. B. bei Kaliumchlorid (Sylvin) die beiden Atomgewichte nur wenig voneinander abweichen (39 und 35,5), sind sie bei Kaliumbromid voneinander sehr verschieden (39 und 80). Eine Vergleichung der Photogramme verschiedener Alkalihaloide ließ so die Struktur der Kristalle dieser Verbindungen erkennen. Von den allgemeinen Ergebnissen der Kristallanalyse soll in einem späteren Abschnitt noch ausführlich die Rede sein; einstweilen möge nur die Struktur der Alkalihaloide angegeben werden, weil zu ihnen das Steinsalz (NaCl) gehört, das vor allem zur Messung der Wellenlängen der Röntgenstrahlen verwendet wurde.

Fig. 27.

Im Steinsalzkristall bilden die Atome, wenn man von der Verschiedenheit der Na- und Cl-Atome zunächst absieht, ein nicht zentriertes, kubisches Gitter im Sinne der Betrachtungen der früheren Abschnitte (§§ 17 und 18). Es bilden nämlich die Na-Atome für sich ein flächenzentriertes Gitter und ebenso die Cl-Atome, und die beiden Gitter sind derart ineinander gefügt, daß die Punkte des einen Gitters in die Kantenmitten des anderen Gitters fallen (Fig. 28, wo die beiden Atomarten durch helle und dunkle Kreise unterschieden sind).

Sobald die Struktur des Steinsalzkristalls bekannt ist, läßt sich aber nun ohne weiteres der Netzebenenabstand für eine Würfel-

[1] Vgl. etwa W. H. und W. L. Bragg, X-Rays and Crystal-Structure, London 1916 oder Erich Hupka, Die Interferenz der Röntgenstrahlen, Braunschweig 1914 (Sammlung Vieweg).

fläche als Netzebene berechnen. Nennen wir diesen Abstand d, so erscheint ein Würfel von der Kantenlänge d mit insgesamt acht Atomen besetzt, die sich in seinen Ecken befinden. Da aber andererseits jeder Eckpunkt acht Würfeln angehört, die in diesem Eckpunkt zusammenstoßen, so ist die Zahl der in einem Kubikzentimeter enthaltenen Atome

$$Z = \frac{1}{d^3} \,. \tag{1}$$

Andererseits ist, wenn wir das sogenannte Molekulargewicht des Steinsalzes mit M, seine Dichte mit ϱ und die Loschmidtsche Zahl mit L bezeichnen,

$$\varrho = \frac{M}{L} \cdot \frac{Z}{2} \,. \tag{2}$$

Durch Zwei muß deshalb noch dividiert werden, weil ja erst zwei Atome zusammengenommen (je ein Na- und je ein Cl-Atom) die Masse haben, die gleich ist dem durch die Loschmidtsche Zahl dividierten Molekulargewicht. Die Kombination der Gl. 1 und 2 ergibt für den Netzebenenabstand die Beziehung[2]

$$d = \sqrt[3]{\frac{M}{2L\varrho}} \,. \tag{3}$$

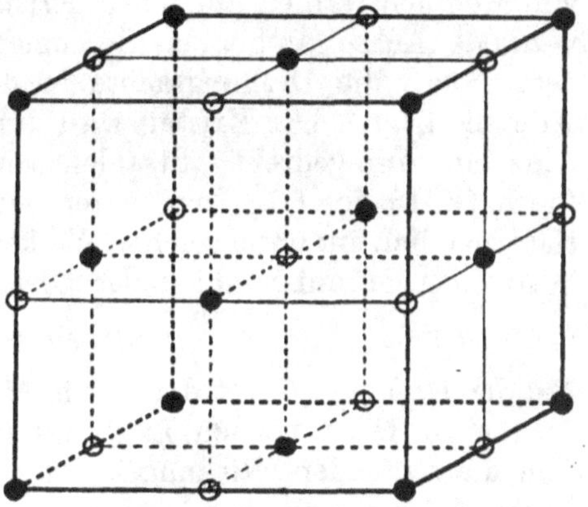

Fig. 28. Struktur des Steinsalzkristalls.

Nun ist das sogenannte Molekulargewicht des NaCl als Summe der Atomgewichte von Na (23,00) und Cl (35,46)

$$M = 58{,}46. \tag{4}$$

Für die Dichte des Steinsalzes haben sehr genaue Messungen den Wert ergeben

$$\varrho = 2{,}164. \tag{5}$$

Hieraus folgt nach Gl. 3 (und Gl. 6 des § 2)

$$d = 2{,}814 \cdot 10^{-8} \text{ cm}. \tag{6}$$

Dieser Wert ist mit einer Genauigkeit von etwa $^1/_3$% ermittelt worden, wobei die Unsicherheit vor allem durch die Loschmidtsche Zahl bedingt ist. Da aber andererseits röntgenspektroskopische Messungen mit einer viel größeren Genauigkeit vorgenommen werden können, so wird ihnen ein Idealwert von d mit $2{,}81400 \cdot 10^{-8}$ cm zugrunde gelegt.

Sobald nun derart eine fundamentale Konstante der Kristalltheorie bekannt ist, ist auch eine vollkommen exakte Wellenlängenmessung

[2] Bei anderer Gitterstruktur wäre natürlich der Zahlenfaktor in der Gl. 3 ein anderer.

bei den Röntgenstrahlen möglich. Dies gelingt am einfachsten mittels der von W. H. und W. L. Bragg im Jahre 1913 ersonnenen Methode des Drehkristalls. Diese Methode gründet sich einerseits auf das in dem vorhergehenden Abschnitt abgeleitete und ebenfalls von W. H. und W. L. Bragg stammende Gesetz der Netzebenenreflexion, andererseits auf die Tatsache, daß für die Kristallreflexion der Röntgenstrahlen praktisch lediglich die Schar von Netzebenen in Betracht kommt, die der Begrenzungsfläche des Kristalls parallel ist.[3]

Es wird daher mittels einer feinen Bleiblende ein ganz enges Bündel von Röntgenstrahlen auf einen Kristall gelenkt, der auf einem um eine vertikale Achse drehbaren Goniometertisch aufmontiert ist, und zwar derart, daß die Drehungsachse in der vorderen Begrenzungsfläche des Kristalls liegt.[4] Der Kristall wird durch ein Uhrwerk oder mit der Hand ganz langsam gedreht. Strahlen von der Wellenlänge λ werden dann (nach Gl. 13 des § 18) nur unter ganz bestimmten Gleitwinkeln reflektiert, nämlich nur unter solchen Winkeln, die für ganzzahlige (und niedrige) Werte der Ordnungszahl n der Gleichung genügen

(7) $$2\,d \sin \vartheta = n\,\lambda\,.$$

Bei der Drehung gleitet der Strahl entlang der Kristallfläche, was gegenüber einer feststehenden Lage des Kristalls auch den Vorteil hat, daß sich die störenden Wirkungen der unvermeidlichen Fehler der Kristallfläche dabei ausgleichen.

In den Punkten eines Kreises, dessen Mittelpunkt in der Drehungsachse liegt und der durch die Stelle des Spaltes hindurchgeht, werden nun, wie aus den geometrischen Betrachtungen des § 18 folgt, Strahlen gleicher Wellenlänge fokussiert. Wird daher entlang diesem Kreise ein photographischer Film angebracht und enthält die Strahlung nur Strahlen von bestimmten Wellenlängen, so muß sich auf dem Film ein Linienspektrum abbilden, und zwar in mehrfacher Ordnung. Das Spektrum erster Ordnung ist ohne weiteres dadurch zu erkennen, daß es ungleich intensiver ist als das der zweiten Ordnung, welches wiederum an Intensität das Spektrum dritter Ordnung übertrifft, und so fort.

Im allgemeinen wird nur das Spektrum erster Ordnung benutzt. Die Wellenlängen der in ihm enthaltenen Linien lassen sich aber ohne weiteres angeben, indem man gemäß der Gl. 7 (in der $n = 1$ gesetzt wird) eine Skala der Wellenlängen aufträgt. Statt des Steinsalzkristalls kann natürlich auch ein ganz beliebiger anderer Kristall, auch von ganz unbekannter Struktur, verwendet werden, wofern nur eine Linie wegen

[3] Die Begrenzungsfläche ist natürlich immer selbst eine Netzebene.

[4] Bei einer Anordnung, die von Seemann stammt, wird eine scharfe Schneide unmittelbar auf ein möglichst fehlerfreies Stück der Kristallfläche aufgesetzt. Schneide und Kristallfläche bilden dann zusammen einen feinen Spalt.

ihres stets gleichen Ursprungs[5] mit Sicherheit identifiziert werden kann. Ein Vergleich der Lage dieser Linie in den Skalen beider Kristalle ermöglicht dann ohne weiteres die Umrechnung aus der Skala des benutzten Kristalls in die des Steinsalzes.

Mittels der photographischen Methode läßt sich eine spektroskopische Messungsgenauigkeit bis zu fast dem millionsten Teil des gemessenen Wertes erreichen. Mit dieser Genauigkeit lassen sich nämlich die Wellenlängen verschiedener Linien vergleichen, und deshalb ist auch die früher angegebene Idealisierung der nicht so genau bestimmbaren Steinsalzkonstante notwendig. Die photographische Methode stammt von de Broglie (1913); W. H. und W. L. Bragg arbeiteten noch mit einem sogenannten Ionisationsspektrometer. Dieses besteht aus einem mit Gas gefüllten Bleizylinder, der mit einem dünnen Spalt versehen ist, durch den Röntgenstrahlen in das Gas eindringen können. Der Zylinder wird entlang dem Kreise, in dem die Fokussierung der Strahlen gleicher Wellenlänge stattfindet, dem Kristall nachgedreht, und zwar so, daß der Spalt immer auf dem Kreise bleibt. Durch etwa einfallende Strahlen wird das Gas ionisiert und erhält dadurch eine genau meßbare Leitfähigkeit. Die Ionisationsmethode ist später sehr vervollkommnet worden und wird vor allem zu Intensitätsmessungen in den Röntgenspektren verwendet, weil die Intensität der Röntgenstrahlen der genau meßbaren Ionisierung ziemlich proportional ist. Im übrigen lassen sich auch nach der vervollkommneten Ionisierungsmethode Wellenlängen mit einer Genauigkeit von etwa ein Zehntausendstel bestimmen.

Betrachten wir nun einen kleinen Spektralbereich, der von einer Wellenlänge λ bis zu einer Wellenlänge $\lambda + \Delta\lambda$ reiche, so ist die spektrale Auflösung dieses Bereiches durch den Differenzenquotienten $\Delta\vartheta/\Delta\lambda$, also näherungsweise durch den Differentialquotienten gegeben. Nun folgt aus Gl. 7

$$\frac{d\vartheta}{d\lambda} = \frac{n}{2d\cos\vartheta}\,. \tag{8}$$

Das Auflösungsvermögen wächst also mit der Ordnungszahl, welcher Vorteil aber dadurch wieder wettgemacht wird, daß mit wachsender Ordnungszahl die Intensität rasch abnimmt. Immerhin werden enge Dublette oft in zweiter, bisweilen sogar in dritter, vierter oder fünfter Ordnung gemessen. Wie die Gl. 8 zeigt, nimmt im übrigen die Auflösung mit wachsendem Gleitwinkel ϑ zu, und sie wird besonders stark, wenn sich der Winkel ϑ dem Werte von 90^0 nähert, wenn also $\sin\vartheta$ nahezu gleich Eins wird. Dies ist aber nach Gl. 7 dann der Fall, wenn mit ziemlicher Annäherung der doppelte Netzebenenabstand einem ganzzahligen Vielfachen der Wellenlänge des aufzulösenden Bereiches gleich ist. Die Auflösung eines bestimmten kleinen Bereiches, etwa eines Dubletts,

[5] Vgl. das in § 21 über die Eigenstrahlung Gesagte.

gelingt also am besten mittels eines Kristalls, der dieser Beziehung für eine möglichst kleine Ordnungszahl n genügt.

Die größte Wellenlänge, die durch einen Kristall überhaupt abgebeugt werden kann, ist nach Gl. 7, weil $\sin\vartheta$ nicht größer als Eins und n nicht kleiner als Eins sein kann, gleich dem doppelten Netzebenenabstand, bei dem Steinsalzkristall also ungefähr gleich $5{,}6 \cdot 10^{-8}$ cm.[6] Als Einheit der Wellenlänge dient nun in der Röntgenspektroskopie die sogenannte X-Einheit (X-E.).[7] Sie ist gleich dem tausendsten Teil der optischen spektroskopischen Einheit, der Angstroem-Einheit, die wiederum gleich ist dem hundertmillionsten Teil eines Zentimeters. Es ist

$$(9) \qquad 1 \text{ X-E.} = 0{,}001 \text{ Å.-E.} = 10^{-11} \text{ cm.}$$

Mittels des Steinsalzkristalls können also nur Wellenlängen bis hinauf zu etwa 5000 X-E. gemessen werden. Zur Messung größerer Wellenlängen bedient man sich verschiedener Kristalle von größerem Netzebenenabstand, so des Gips oder des Ferrocyankaliums, deren Netzebenenabstände $7{,}6 \cdot 10^{-8}$ bzw. $8{,}5 \cdot 10^{-8}$ cm betragen. Derart konnten Wellenlängen bis zu etwa 13000 X-E. gemessen werden. Neben dem Steinsalz wird sonst zu Wellenlängenmessungen vor allem der Kalkspat verwendet, dessen Netzebenenabstand $3{,}029 \cdot 10^{-8}$ cm beträgt.[8] Es sei noch bemerkt, daß weiche (also langwellige) Röntgenstrahlen von Gasen auch bei ziemlicher Verdünnung sehr stark absorbiert werden und daß man deshalb bei Wellenlängenbestimmungen den ganzen Strahlengang im Vakuum verlaufen läßt.

Bei sehr harten Strahlen versagt die Methode des Drehkristalls. Die harten Strahlen dringen zu tief in die Kristalle ein und rufen dadurch starke Linienverbreiterungen hervor. Bei sehr harten Strahlen wird daher eine andere Methode benutzt, die Rutherford und Andrade ausgebildet haben, um die Wellenlängen der besonders harten γ-Strahlen zu messen. Die Strahlung fällt unter einem weiten Öffnungswinkel auf eine dünne Kristallplatte. Die Strahlen werden (wenigstens bei einem regulären Kristall) vorwiegend von den Netzebenen reflektiert, die senkrecht zu der Kristallfläche sind, auf die die Strahlen fallen. Hinter dem ruhenden Kristall wird ein Spalt angebracht, der aus dem austretenden Strahlenbündel die Strahlen aussondert, die unter einem bestimmten Gleitwinkel reflektiert werden, also eine ganz bestimmte Wellenlänge haben. Mittels dieser Methode, auf deren Einzelheiten nicht näher eingegangen werde, wurden Wellenlängen bis etwa zu 50 X-E. hinab gemessen.

---

[6] Ist die Begrenzungsfläche eines regulären Kristalls keine Würfelfläche, so ist der Netzebenenabstand kleiner als d.

[7] Der Name kommt daher, daß die Röntgenstrahlen auch als X-Strahlen bezeichnet werden.

[8] Es ist auch vorgeschlagen worden, alle Wellenlängen statt auf die idealisierte Steinsalzkonstante auf eine idealisierte Kalkspatkonstante ($d = 3{,}02900 \cdot 10^{-8}$ cm) zu beziehen.

Als letzte Methode der Röntgenstrahlenanalyse sei endlich noch die der Kristallpulver erwähnt. Bei dieser Methode, die einerseits durch DEBYE und SCHERRER, andererseits durch HULL ausgebildet wurde, wird das zeitliche Nacheinander der Drehkristallmethode durch ein räumliches Nebeneinander ersetzt. Das Pulver besteht nämlich aus zahllosen, winzigen Kristallen, die in allen möglichen Orientierungen ungeordnet durcheinander liegen. Fällt daher ein enges Strahlenbündel auf ein mit dem Pulver gefülltes Röhrchen, so erfolgt die Reflexion unter allen möglichen Winkeln, so daß auch auf diese Weise eine spektrale Auflösung der einfallenden Strahlung herbeigeführt wird. Von besonderer Wichtigkeit ist diese Methode, wovon in einem späteren Abschnitt noch die Rede sein wird, für die Zwecke der Kristallanalyse.

§ 20. Die Gleichung von DUANE und HUNT.

Aus dem EINSTEINschen Lichtquantengesetz folgt, daß bei der Erzeugung von Röntgenstrahlen durch die Bremsung von Kathodenstrahlen je ein Lichtquantum aus der kinetischen Energie je eines gebremsten Elektrons hervorgehen muß. Diese kinetische Energie ist gleich dem Produkte aus dem elektrischen Elementarquantum e und der Röhrenspannung V, die wiederum durch den Potentialunterschied zwischen Kathode und Antikathode gegeben ist.[1] Falls sich die kinetische Energie des Elektrons vollständig in ein Lichtquantum umsetzt, müßte also die Beziehung bestehen

$$h\nu = eV, \tag{1}$$

wenn ν die Frequenz der erzeugten Röntgenstrahlung bedeutet. Für die Wellenlänge folgt daraus

$$\lambda = \frac{hc}{eV}. \tag{2}$$

Wenn wir in Volt messen, ist der Wert für V noch mit 300 zu multiplizieren[2]; und wenn wir die Wellenlänge in X-Einheiten ausdrücken, ist diese noch mit 10^{11} zu multiplizieren. Wir finden derart, indem wir für die universellen Konstanten h, c und e die bekannten Werte einsetzen,

$$\lambda V = 1{,}234 \cdot 10^7 \quad (\lambda \text{ in X-E., } V \text{ in Volt}). \tag{3}$$

Diese Gleichung gilt jedoch nur für den Grenzfall, daß sich die kinetische Energie des gebremsten Elektrons vollständig und restlos in ein Lichtquantum umsetzt. Im allgemeinen ist dies natürlich nicht der Fall. Im allgemeinen wird ein Teil der kinetischen Energie anderweitig verbraucht, und es ist daher im allgemeinen das Lichtquantum kleiner als die kinetische Energie, während es nach dem Satze von der Erhaltung der Energie nie größer sein kann.

---

[1] Vgl. § 5.

[2] Vgl. die Vorbemerkung.

Die Gl. 3 bestimmt daher einerseits bei gegebener Röhrenspannung die größtmögliche Frequenz oder, was dasselbe ist, die kleinstmögliche Wellenlänge; andererseits bestimmt die Gl. 3 für eine im kontinuierlichen Röntgenspektrum gegebene Wellenlänge die geringste Röhrenspannung, die notwendig ist, um Strahlen von dieser Wellenlänge zu erzeugen. Nach den Forschern, die aus dem Einsteinschen Gesetz die Gl. 3 im Jahre 1915 zuerst abgeleitet und experimentell bestätigt haben, wird diese Gleichung gewöhnlich als die Gleichung von Duane und Hunt bezeichnet.

Diese Gleichung stellt einen exakt quantitativen Ausdruck für die schon bald nach der Entdeckung der Röntgenstrahlen erfolgte Wahrnehmung dar, daß die Härte der Strahlen mit wachsender Röhrenspannung zunimmt. Spätere, genauere Beobachtungen haben gezeigt, daß das kontinuierliche Röntgenspektrum nach der kurzwelligen Seite hin eine scharfe Grenze aufweist. Mit zunehmender Röhrenspannung muß sich nach Gl. 3 diese Grenze in der Richtung abnehmender Wellenlänge verschieben, weshalb die Gl. 3 auch als das Verschiebungsgesetz von Duane und Hunt bezeichnet wird. Messungen, die zunächst Duane und Hunt und später auch andere Forscher anstellten, haben gezeigt, daß hinsichtlich der Grenzwellenlänge die Gl. 3 auf das allergenaueste erfüllt ist; die Messungen erstreckten sich über einen Bereich von etwa 4500 bis 170000 Volt.[3] Ja die Genauigkeit ist so groß, daß auf diese Verschiebung (bei bekanntem Werte von e) eine Bestimmung des elementaren Wirkungsquantums gegründet werden kann.[4]

Für eine gegebene Wellenlänge bestimmt die Gl. 3, wie schon erwähnt, die zur Erregung erforderliche Minimalspannung, die sogenannte Anregungsspannung. Diese läßt sich experimentell sehr genau ermitteln. Läßt man nämlich die Röhrenspannung allmählich anwachsen, so zeigt es sich, daß die betreffende Wellenlänge bei einer ganz bestimmten Spannung zuerst, wenn auch noch ganz schwach, auftritt, und daß die Intensität der Strahlung des betreffenden Wellenlängenbereiches bei weiterem Anwachsen der Spannung linear mit dieser steigt, sobald jener Minimalwert überschritten ist. Die Intensität wird dabei mittels einer Ionisationskammer (vgl. § 19) bestimmt, indem durch die Ausschläge eines Elektrometers die Leitfähigkeit des ionisierten Gases gemessen wird. In Fig. 29, die die Ergebnisse der von Duane und Hunt

[3] Die entsprechenden Grenzwellenlängen liegen nach Gl. 3 zwischen etwa 80 und 3000 Å.-E.

[4] Vgl. den zusammenfassenden Bericht von E. Wagner im Jahrbuch der Radioaktivität und Elektronik, *16*, 1920, S. 190. — Es ist indessen zu beachten, daß auch der Wert der Loschmidtschen Zahl in der Wellenlänge (nach Gl. 3 des § 19) implicite enthalten ist. Da die Wellenlänge der dritten Wurzel aus der Loschmidtschen Zahl umgekehrt proportional ist, die Loschmidtsche Zahl aber wieder gleich ist dem Quotienten aus der Faradayschen Konstante und dem elektrischen Elementarquantum, so tritt in der Gl. 2 eigentlich nicht der Quotient e/h auf, sondern der Quotient $e^{4/3}/h$.

im Jahre 1915 angestellten Messungen wiedergibt, sind für verschiedene Wellenlängen die gemessenen Werte der Ionisation in Abhängigkeit von der Spannung durch schwarze Punkte dargestellt. Wie die Figur zeigt, lassen sich die Punkte zu fast geraden Linien verbinden, deren Schnittpunkte mit der Abszissenachse die Anregungsspannungen für die betreffenden Wellenlängen ergeben. Aus jeder der Kurven konnten derart Duane und Hunt gemäß Gl. 2 das elementare Wirkungsquantum berechnen.[5] Diese Methode der unmittelbaren h-Bestimmung ist später noch sehr vervollkommnet worden. Bei späteren Messungen fanden z. B. Duane und Blake[6] $(6{,}557 \pm 0{,}013) \cdot 10^{-27}$ erg sec, während als richtigster, anderweitig abgeleiteter Wert heute $(6{,}545 \pm 0{,}012) \cdot$ $\cdot\, 10^{-27}$ erg sec gilt.

Die Messungen von Duane und Hunt stellen so eine unmittelbare experimentelle Bestätigung der Quantenhypothese dar. Es ist indessen zu beachten, daß sich die aus der Quantenhypothese folgenden Beziehungen nur auf die Frequenz der erregten Röntgenstrahlung beziehen, keineswegs aber etwas über die Energieverhältnisse aussagen. Keineswegs verwandelt sich nämlich etwa die kinetische Energie eines jeden gebremsten Elektrons in ein Lichtquantum. Wie die Messung der durch die Röntgenstrahlen hervorgerufenen Erwärmung zeigt, werden nur ungefähr zwei Tausendstel der Energie der Kathodenstrahlen in einer Röntgenröhre in Energie von Röntgenstrahlung umgewandelt. In den wenigen Fällen aber, wo sich ein korpuskulares Energiequantum in ein Lichtquantum umwandelt, muß die Einsteinsche Beziehung erfüllt sein, was eben in der Tat die Messungen von Duane nnd Hunt beweisen.

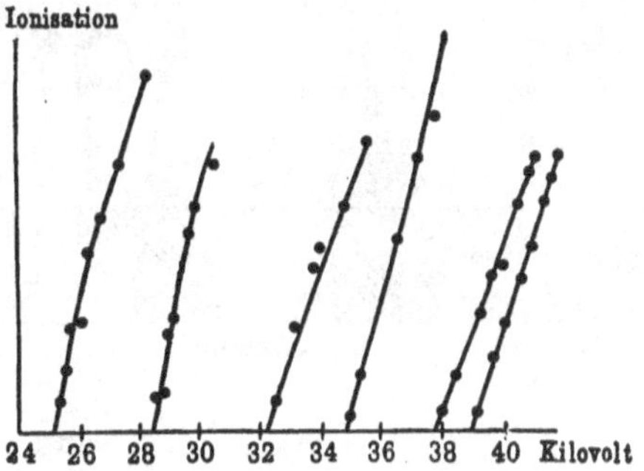

Fig. 29. Anregungsspannungen nach Duane und Hunt.

Ebenso wie die ultravioletten Strahlen vermögen natürlich auch die Röntgenstrahlen den sogenannten lichtelektrischen Effekt hervorzurufen, der in der Loslösung von Elektronen aus der Oberfläche bestrahlter Körper besteht (vgl. § 5). Diese Elektronen können infolge ihrer magnetischen Ablenkbarkeit aus der sekundären Röntgenstrahlung isoliert werden, die von einem von primären Röntgenstrahlen getroffenen Körper ausgeht; sie wurden als sogenannte sekundäre Kathodenstrahlen von Dorn im Jahre 1900 entdeckt. Ihre Ge-

[5] Den sechs Linien in Fig. 29 entsprechen (von links nach rechts) die Wellenlängen: 488, 424, 377, 345, 318 und 308 X-E. Die aus den sechs Linien berechneten h-Werte sind: 6,44; 6,37; 6,34; 6,38; 6,41 und $6{,}39 \cdot 10^{-27}$ erg sec.

[6] Physical Review, *10*, 1917, p. 93 und 624.

schwindigkeit ist infolge der viel größeren Frequenz des auslösenden Lichtes viel größer als bei den durch ultraviolettes Licht ausgelösten Elektronen. Auch bei den sekundären Kathodenstrahlen zeigt sich das EINSTEINsche Lichtquantengesetz genau erfüllt; die kinetische Energie eines losgelösten Elektrons ist gleich einem Lichtquantum der auslösenden Strahlung, vermindert um die zur Loslösung aufgewendete Arbeit.

Die für die Röntgenstrahlen geltenden Quantenbeziehungen ermöglichen auch eine indirekte Bestimmung von Röntgen-Wellenlängen, was namentlich in solchen Spektralbereichen von Wichtigkeit ist, in denen die direkte Messung mittels der Kristalle nicht möglich ist. So konnten auf Grund der Gleichung von DUANE und HUNT durch Bestimmung der Röhrenspannung sehr große Wellenlängen bis zu etwa 40000 X-E. gemessen werden[7]. Auch die Gleichung des lichtelektrischen Effektes ermöglicht, wie später eingehender gezeigt werden wird, eine

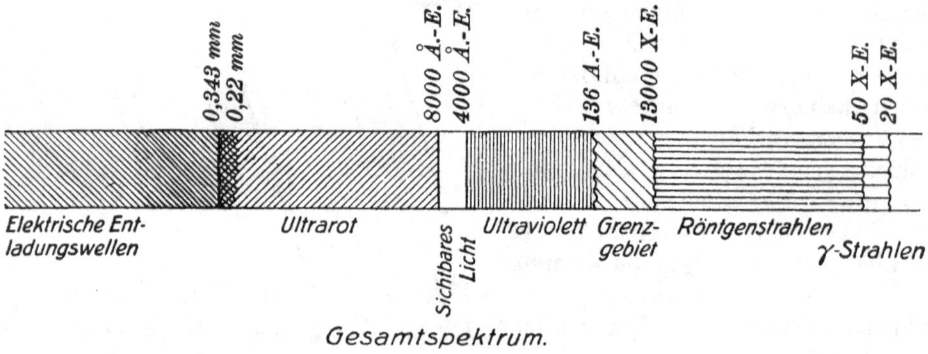

Fig. 30.

indirekte Bestimmung von Wellenlängen. Auf Grund dieses Effektes konnten einerseits lange Wellen bis zu etwa 40000 X-E. gemessen werden[8], während andererseits (wovon später noch eingehend die Rede sein wird) im Bereiche der γ-Strahlen Wellenlängen bis zu 20 X-E. hinab bestimmt wurden.

Während also die mittels der Kristalle direkt gemessenen Röntgenstrahlen ein Gebiet von etwa acht Oktaven umfassen (von etwa 50 bis etwa 13000 X-E.), konnten durch die angegebenen indirekten Methoden noch ungefähr eine Oktave auf der Seite der kürzeren und ungefähr zwei Oktaven auf der Seite der längeren Wellen hinzugefügt werden. Nach dem derzeitigen Stande der Experimentalforschung umfassen also die Röntgenstrahlen einschließlich der gemessenen γ-Strahlen ein Gebiet von ungefähr elf Oktaven. Ungefähr eine Oktave jenseits der langwelligen Grenze dieses Gebietes liegt die kürzeste, bisher im Ultravioletten gemessene Wellenlänge von 136 Å.-E. (= 136000 X-E.). Gleich-

[7] Vgl. H. M. DADOURIAN, Physical Review *14*, 1919, S. 234.
[8] Vgl. § 21.

wohl kann kaum von einer eigentlichen Lücke die Rede sein, weil (wie später eingehend gezeigt werden wird) zwischen den ultravioletten Strahlen und den Röntgenstrahlen ein vollkommener Zusammenhang durch die Atomspektren der Grundstoffe hergestellt wird.

Das gesamte Spektrum der elektromagnetischen Wellen ist durch Fig. 30 dargestellt. Als Skaleneinheit dient die Oktave, so daß also in bezug auf die Wellenlängen die Skala eine logarithmische ist. Von der größten im Ultraroten gemessenen Wellenlänge (0,343 mm) bis zu der kleinsten bekannten Wellenlänge (20 X-E.) umfaßt es etwa sechsundzwanzig Oktaven, von denen etwa acht auf die ultraroten, etwa fünf auf die ultravioletten und etwa elf auf die Röntgenstrahlen (im weiteren Sinne) entfallen, während alle für das menschliche Auge sichtbaren Strahlen in dem engen Bereich einer einzigen Oktave Platz finden.[9]

[9] Die kürzeste elektrische Entladungswelle von nur 0,22 mm wurde von NICHOLS und TEAR im Jahre 1923 gemessen (Proceedings of the National Academy, Washington, *9*, 1923, p. 211). Bis dahin galt als kürzeste elektrische Entladungswelle eine im Jahre 1897 von LAMPA gemessene von etwa 3 mm. Die längste ultrarote Welle von 0,343 mm wurde im Jahre 1910 von RUBENS und BAYER in der langwelligen Strahlung der Quecksilberlampe entdeckt.

IV. Kapitel.

Theorie der Grundstoffe.

§ 21. Das Gesetz von Moseley und die natürliche Reihe der Grundstoffe.

Im Jahre 1905 machte Barkla die bedeutungsvolle Entdeckung der charakteristischen Röntgenstrahlung. Wenn ein Körper von primären Röntgenstrahlen getroffen wird, so besteht, wie Barkla fand, die von ihm ausgehende sekundäre Röntgenstrahlung im wesentlichen aus homogenen Strahlen, deren Härte sich als eine charakteristische Eigenschaft der Atome des betreffenden Körpers erwies. Barkla maß die Härte der Strahlen durch ihre Absorption in Aluminiumplatten; der Absorptionskoeffizient stellt dann eine für den betreffenden Grundstoff charakteristische Konstante dar.[1] Die Strahlung von chemischen Verbindungen setzt sich, wie Barkla fand, aus den Strahlen der verbundenen Grundstoffe zusammen. Barkla fand auch, daß die Härte der charakteristischen Strahlen mit wachsendem Atomgewicht zunimmt, und er stellte auch fest, daß die meisten Grundstoffe nicht bloß einen, sondern zwei weit auseinanderliegende Werte des Absorptionskoeffizienten haben. Barkla unterschied darum eine härtere K-Strahlung und eine weichere L-Strahlung. Die Ursache dafür, daß bei vielen Grundstoffen nur eine Strahlenart nachgewiesen wurde, erkannte Barkla ganz richtig in der Beschränktheit der experimentellen Methode. Einerseits werden nämlich mit wachsendem Atomgewicht die K-Strahlen zu hart, als daß sie mit den damaligen Mitteln der Röntgentechnik angeregt werden konnten, andererseits wird mit abnehmendem Atomgewicht die L-Strahlung zu weich, als daß sie mit den damals bekannten Methoden hätte nachgewiesen werden können. Im übrigen werden, wie Barkla fand, die charakteristischen Strahlen nur durch solche primäre Strahlen hervorgerufen, die härter sind als sie selbst.[2]

---

[1] Der reziproke Wert des Absorptionskoeffizienten stellt in cm die Strecke dar, nach deren Zurücklegung (in Aluminium) die Intensität der Strahlen im Verhältnis $e:1$ abgenommen hat.

[2] Diese Gesetzmäßigkeit stellt ein Analogon zu der bekannten Stokesschen Regel dar, nach der das Fluoreszenzlicht längerwellig ist als das erregende Licht. Deshalb bezeichnete Barkla die charakteristische Strahlung auch als Fluoreszenzstrahlung.

Die Erfindung der Methode des Drehkristalls ermöglichte eine genaue Analyse der charakteristischen Strahlung und führte zu ihrer Auflösung in ein Linienspektrum, wobei zugleich an die Stelle der ungenauen Härtebestimmung die exakte Messung der Wellenlängen trat. Die Begründung der Röntgenspektroskopie ist das Verdienst von Moseley, der im Jahre 1913 mittels eines besonders konstruierten Vakuumspektrographen für zahlreiche Grundstoffe die *K*- und die *L*-Strahlung in einzelne scharfe Linien auflöste, deren Wellenlängen er genau ermittelte. Die *K*- und ebenso auch die *L*-Serie fand Moseley bei den verschiedenen Grundstoffen von gleichem Typus. Sowohl in der *K*- als auch in der *L*-Serie fand er eine Linie durch besondere Stärke auffallend, die er als K_a-, bzw. L_a-Linie bezeichnete. Die späteren röntgenspektroskopischen Untersuchungen (über die in einem späteren Abschnitt eingehender berichtet werden soll) haben sowohl zu der Entdeckung neuer Linien in den beiden Serien als auch zu der Auffindung zweier weiterer Serien geführt, die wegen ihrer Weichheit allerdings nur bei den Elementen mit hohen und höchsten Atomgewichten nachgewiesen und als *M*- und *N*-Serie bezeichnet wurden.[3]

Hatte nun schon Barkla die Zunahme der Härte mit dem Atomgewicht festgestellt, so gelang es Moseley, auch für diesen Zusammenhang einen viel exakteren Ausdruck in einer von ihm entdeckten Gesetzmäßigkeit zu finden, die für die moderne Theorie der Grundstoffe von fundamentaler Bedeutung werden sollte. Wie Moseley entdeckte, lassen sich nämlich die Grundstoffe mit fortlaufender Numerierung derart in eine Reihe ordnen, daß die Quadratwurzel aus der Frequenz einer bestimmten Röntgenlinie linear mit der Nummer des Grundstoffs wächst.

Die sich so ergebende „natürliche" Reihe der Grundstoffe stimmt, wie Moseley erkannte, im allgemeinen mit der Reihe überein, die man erhält, wenn man die Elemente nach steigendem Atomgewicht ordnet. Aber während der Gang der Atomgewichtszahlen ein ziemlich unregelmäßiger ist, vollzieht sich in der natürlichen Reihe die Verschiebung der Röntgenlinien von Element zu Element mit der allergrößten Genauigkeit, so daß sich jede etwaige Lücke in der Reihe deutlich durch einen zu großen Sprung offenbart.

Fig. 31 zeigt für eine Reihe von Grundstoffen die von Moseley gemachten Aufnahmen der *K*-Serie. Die Aufnahmen lassen neben der K_a-Linie eine zweite schwächere (die K_β-Linie) erkennen. (Weitere Linien wurden erst später durch die Vervollkommnung der spektroskopischen Methoden erkennbar.) Die photographischen Bilder sind so angeordnet, daß übereinander liegenden Stellen die gleiche Wellenlänge entspricht. Die Wellenlänge nimmt von links nach rechts, die

---

[3] Die *N*-Serie ist längerwellig als die *M*-Serie und diese wieder längerwellig als die *L*-Serie. Vgl. § 30.

Frequenz also von rechts nach links zu, so daß in Fig. 31 das Element mit der niedrigeren Nummer oberhalb des Elementes mit der höheren Nummer liegt. Die Aufnahmen beziehen sich auf die Elemente: Calcium, Titan, Vanadium, Chrom, Mangan, Eisen, Kobalt, Nickel, Kupfer und Zink. Zink wurde in Form der Legierung mit Kupfer als Messing (englisch „Brass") verwendet.[4] Die Aufnahmen erfolgten derart, daß die zu untersuchenden Elemente als auswechselbare Antikathoden angebracht wurden, so daß die charakteristische Strahlung unmittelbar durch die Kathodenstrahlen erzeugt wurde.[5] Die Aufnahmen zeigen auf das deutlichste, daß die angegebenen Elemente in der natürlichen Reihe aufeinanderfolgen, daß aber zwischen dem Calcium und dem Titan noch ein Element fehlt. (Es ist das Scandium, das wegen seiner Seltenheit Moseley damals nicht zur Verfügung stand.) Ferner zeigen, was sehr bemerkenswert ist, die Bilder, daß in der natürlichen Reihe das Kobalt dem Nickel vorangeht, obwohl es ein höheres Atomgewicht hat, nämlich 58,97 gegenüber 58,68.

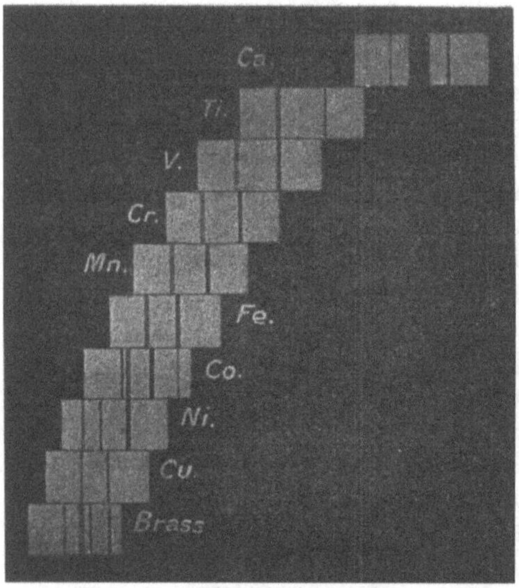

Fig. 31. *K*-Serie nach Moseley.

Messing zeigt sowohl die Zink- als auch die Kupferlinien; bei Kobalt zeigen sich Verunreinigungen durch Nickel und Eisen.

Direkte, mittels der Kristalle ausgeführte röntgenspektroskopische Messungen (die in einem späteren Abschnitt eingehender erörtert werden sollen) ermöglichten es, die natürliche Reihe der Grundstoffe von dem Natrium bis zu dem höchsten Element, dem Uran, festzustellen. Indirekte Messungen von charakteristischen Wellenlängen in dem Grenzgebiet zwischen Röntgenstrahlen und ultravioletten Strahlen gestatteten es andererseits (wovon noch ausführlicher die Rede sein wird), den Gang der Spektren von dem Natrium abwärts bis zu dem Grundstoff mit dem zweitkleinsten Atomgewicht, dem Helium, zu verfolgen.

Die natürliche Reihe, die zweifellos mit Wasserstoff an erster und

[4] Die Legierung wurde deshalb verwendet, weil Zink zu wenig hitzebeständig ist.

[5] Moseley brachte einen Spalt in der Nähe der Antikathode an. Das austretende Strahlenbündel hatte daher eine weite Winkelöffnung. Derart konnte Moseley auch ohne Drehung des Kristalls, wofern dieser nur eine geeignete Stellung hatte, mittels einer einzigen Aufnahme beide *K*-Linien auf einmal erhalten. Die spätere Einführung der Methode des Drehkristalls führte zu einer wesentlichen Verfeinerung der Aufnahmen.

Helium an zweiter Stelle beginnt, ist derart mit Sicherheit eindeutig festgestellt. Sie umfaßt bis zu dem Uran zweiundneunzig Stellen, von denen nur fünf Stellen unbekannten Elementen angehören (Nr. 43, 61, 75, 85, 87). Die natürliche Reihe der Grundstoffe, die sich so ergibt, ist durch die Tabelle III dargestellt, in der für jedes Element die den Platz in der natürlichen Reihe angebende Ordnungs-

Tabelle III.

Die natürliche Reihe der Grundstoffe.

1	Wasserstoff	H	1,008	32	Germanium	Ge	72,5	63	Europium	Eu	152,0
2	Helium	He	4,00	33	Arsen	As	74,96	64	Gadolinium	Gd	157,3
3	Lithium	Li	6,94	34	Selen	Se	79,2	65	Terbium	Tb	159,2
4	Beryllium	Be	9,02	35	Brom	Br	79,92	66	Dysprosium	Dy	162,5
5	Bor	B	10,82	36	Krypton	Kr	82,9	67	Holmium	Ho	163,5
6	Kohlenstoff	C	12,00	37	Rubidium	Rb	85,5	68	Erbium	Er	167,7
7	Stickstoff	N	14,008	38	Strontium	Sr	87,6	69	Thulium	Tu	169,4
8	Sauerstoff	O	16,000	39	Yttrium	Y	88,9	70	Ytterbium	Yb	173,5
9	Fluor	F	19,00	40	Zirkonium	Zr	90,6	71	Cassiopeium	Cp	175,0
10	Neon	Ne	20,2	41	Niobium	Nb	93,5	72	Hafnium	Hf	—
11	Natrium	Na	23,00	42	Molybdän	Mo	96,0	73	Tantal	Ta	181,5
12	Magnesium	Mg	24,32	43	—	—	—	74	Wolfram	W	184,0
13	Aluminium	Al	26,96	44	Ruthenium	Ru	101,7	75	—	—	—
14	Silicium	Si	28,3	45	Rhodium	Rh	102,9	76	Osmium	Os	190,9
15	Phosphor	P	31,04	46	Palladium	Pd	106,7	77	Iridium	Ir	193,1
16	Schwefel	S	32,07	47	Silber	Ag	107,88	78	Platin	Pt	195,2
17	Chlor	Cl	35,46	48	Cadmium	Cd	112,40	79	Gold	Au	197,2
18	Argon	A	39,88	49	Indium	In	114,8	80	Quecksilber	Hg	200,6
19	Kalium	K	39,10	50	Zinn	Sn	118,7	81	Thallium	Tl	204,4
20	Calcium	Ca	40,07	51	Antimon	Sb	121,8	82	Blei	Pb	207,2
21	Scandium	Sc	45,10	52	Tellur	Te	127,5	83	Wismut	Bi	209,0
22	Titan	Ti	48,1	53	Jod	J	126,92	84	Polonium	Po	(210)
23	Vanadium	V	51,0	54	Xenon	X	130,2	85	—	—	—
24	Chrom	Cr	52,0	55	Cäsium	Cs	132,8	86	Emanation	Em	222
25	Mangan	Mn	54,93	56	Barium	Ba	137,4	87	—	—	—
26	Eisen	Fe	55,85	57	Lanthan	La	139,0	88	Radium	Ra	226,0
27	Kobalt	Co	58,97	58	Cer	Ce	140,2	89	Actinium	Ac	(226)
28	Nickel	Ni	58,68	59	Praseodym	Pr	140,9	90	Thorium	Th	232,1
29	Kupfer	Cu	63,57	60	Neodym	Nd	144,3	91	Protactinium	Pa	(230)
30	Zink	Zn	65,37	61	—	—	—	92	Uran	U	238,2
31	Gallium	Ga	69,72	62	Samarium	Sm	150,4				

zahl, der konventionelle Name, das chemische Symbol und das auf Sauerstoff = 16,000 bezogene Atomgewicht[6] eingetragen sind. In dieser Tabelle sind allerdings auch die Grundstoffe eingetragen, von denen röntgenspektroskopische Aufnahmen nicht möglich waren. Es sind dies die

[6] Die Atomgewichte sind nach den Festsetzungen der deutschen Atomgewichtskommission vom Februar 1923 angegeben; nur bei Al und Y wurden die abweichenden Werte der „internationalen" Atomgewichtskommission eingesetzt, die die richtigeren sein dürften (da bei Al und Y keine Isotopie nachweisbar ist). Auch bei Ga wurde eine neuere Bestimmung berücksichtigt.

Edelgase, das Quecksilber (das weder in metallischer Form noch in der Form von Verbindungen als Antikathodenmaterial verwendet werden konnte) und einige besonders seltene Elemente (Thulium, Radium, Polonium, Actinium, Protactinium). Die Stellung dieser Elemente in der natürlichen Reihe ergibt sich (abgesehen von der chemischen Periodizität) aus dem Atomgewicht.

Das Atomgewicht nimmt in der natürlichen Reihe von Stelle zu Stelle zu, jedoch mit vier Ausnahmen. Es geht das schwerere Argon dem leichteren Kalium voran (Nr. 18 und 19), ferner, wie schon erwähnt, das Kobalt dem Nickel (Nr. 27 und 28), sodann das Tellur dem Jod (Nr. 52 und 53) und endlich das Thorium dem Protactinium (Nr. 90 und 91).

Bei dem Wasserstoff und dem Helium stimmt nun die Ordnungszahl mit der Kernladungszahl überein, wie sie sich aus den Betrachtungen der Linienspektren des Wasserstoffs und des ionisierten Heliums ergibt. Es liegt daher der Gedanke nahe, ganz allgemein die Ordnungszahl der Elemente mit ihrer Kernladungszahl zu identifizieren, die, auf das Elementarquantum als Einheit bezogen, die positive Ladung des Atomkerns und zugleich für den neutralen Zustand die Zahl der den Kern umgebenden negativen Elektronen angibt. Diese Auffassung, die von van den Broek im Jahre 1913 begründet wurde, findet ihre stärkste Stütze in der allgemeinen Bohrschen Formel für die Frequenz einer Spektrallinie in einem wasserstoffähnlichen Atom (Gl. 2 des § 8). Denn nach dieser Formel wächst die Quadratwurzel aus der Frequenz der durch einen bestimmten Übergang entstehenden Spektrallinie linear mit der Kernladungszahl, während sie nach dem Moseleyschen Gesetz linear mit der Ordnungszahl zunimmt. Stimmt daher auch nur für einen Grundstoff die Ordnungszahl mit der Kernladungszahl überein (wie bei dem Helium), so muß offenbar die Übereinstimmung für alle Grundstoffe gelten. Auch die später zu besprechenden zahlenmäßigen Beziehungen der chemischen Periodizität erweisen die Richtigkeit der Annahme von van den Broek.

Eine unmittelbare experimentelle Bestätigung fand diese Annahme aber auch in Versuchen über den Durchgang von α-Strahlen durch Metallfolien. Wie schon in einem früheren Abschnitt (§ 4) erwähnt wurde, werden α-Strahlen bei ihrem Durchgang durch Materie seitens der Atomkerne abgelenkt. Die dadurch bewirkte sogenannte Streuung der α-Strahlen hängt somit von der Kernladungszahl des durchquerten Metalls ab. Die Messung der durch Metallfolien hervorgebrachten Streuung ermöglichte es derart Chadwick im Jahre 1920, die Kernladungszahlen dreier Metalle mit einer Genauigkeit von 1% zu berechnen. Chadwick fand für Platin, Silber und Kupfer 77,4; 46,3; 29,3. Innerhalb der Fehlergrenze von 1% stimmen in der Tat diese Werte mit den angegebenen Ordnungszahlen 78, 47 und 29 gut überein.

§ 22. Das periodische System.

In der natürlichen Reihe der Grundstoffe nehmen, wie die Erfahrung zeigt, sechs Elemente, zwischen deren Ordnungszahlen einfache zahlenmäßige Zusammenhänge bestehen, eine ausgezeichnete Sonderstellung ein. Diese Elemente verhalten sich nämlich in chemischer Hinsicht vollkommen passiv; sie gehen im Gegensatze zu allen anderen Grundstoffen überhaupt keine chemischen Verbindungen ein. Diese Grundstoffe sind die sogenannten Edelgase[1], nämlich Helium, Neon, Argon, Krypton, Xenon und die Emanation.[2] Ihre Ordnungszahlen sind

2, 10, 18, 36, 54, 86.

Die Differenzen zwischen diesen Zahlen sind

8, 8, 18, 18, 32,

und von vornherein läßt sich ein tieferer Grund dafür vermuten, daß die erste Ordnungszahl und die folgenden Differenzen der angegebenen Zahlen von der Form sind $2z^2$ ($z = 1, 2, 3, 4$).

Vom Standpunkte der modernen Atomtheorie ist nun offenbar jede chemische Aktivität auf elektrische Kräfte zurückzuführen, die von den Atomen ausgehen; diese elektrostatischen Kräfte sind es, die zu einer Vereinigung entgegengesetzt geladener Atome und damit zur Molekelbildung führen. Da im neutralen Zustand die Zahl der den Kern umgebenden negativen Elektronen der Kernladungszahl gleich ist, so kann somit ein Atom nur dann chemisch aktiv werden, wenn sich die Zahl der seinen Kern umgebenden Elektronen entweder unter die Kernladungszahl vermindert oder über sie erhöht hat; im ersten Fall wird das Atom als Ganzes positiv, im zweiten negativ elektrisch, und die Ladung ist wiederum durch die Zahl der abgegebenen oder aufgenommenen Elektronen bestimmt. Aus der chemischen Passivität der Edelgase muß somit geschlossen werden, daß in ihren Atomen die Anordnung der Elektronen um den Kern im allgemeinen eine derart stabile ist, daß weder Elektronen aus dem Atomverband abgegeben noch fremde in ihn aufgenommen werden, was bei allen anderen Atomen möglich erscheint.

Die Edelgase stellen so gewissermaßen die Marksteine in der natürlichen Reihe der Grundstoffe dar. Durch sie zerfällt die Reihe in sieben Perioden. Die erste umfaßt die ersten zwei Elemente (Wasserstoff und Helium); die zweite und dritte Periode umfassen je acht Elemente, Nr. 3 bis 10 (Lithium bis Neon) und Nr. 11 bis 18 (Natrium bis Argon). Die vierte und fünfte Periode erstrecken sich über je achtzehn Elemente,

[1] Die Edelgase (mit Ausnahme der Emanation) wurden gegen Ende des 19. Jahrhunderts von Ramsay in der Atmosphäre entdeckt.

[2] Die Emanation wird auch als Niton (Nt) bezeichnet.

Nr. 19 bis 36 (Kalium bis Krypton) und Nr. 37 bis 54 (Rubidium bis Xenon). Die sechste Periode umfaßt zweiunddreißig Grundstoffe, Nr. 55 bis 86 (Cäsium bis Emanation). Die siebente Periode, die mit dem unbekannten Element Nr. 87 beginnt, bricht scheinbar an sechster Stelle mit dem Uran ab, wobei es dahin gestellt bleiben muß, ob Grundstoffe mit noch höherer Kernladung nicht existenzfähig oder bereits zerfallen oder nur wegen ihrer Seltenheit noch nicht entdeckt sind.[3]

Schon im Jahre 1869 haben nun gleichzeitig, doch unabhängig voneinander, Lothar Meyer und Mendelejeff die wichtige Entdeckung gemacht, daß in einer nach steigendem Atomgewicht gebildeten Reihe der Elemente charakteristische physikalische und chemische Eigenschaften periodisch wiederkehren, und infolgedessen, wenn man die Perioden untereinander schreibt, eine Anordnung möglich ist, bei der in den einzelnen Vertikalreihen einander ähnliche Elemente verzeichnet sind. Die weitere Ausbildung des sogenannten periodischen Systems führte zu der Unterscheidung von acht Vertikalgruppen mit je zwei Untergruppen; doch wurde eine exakte Darstellung erst möglich, seit durch die Kenntnis der Ordnungszahlen auch die Zahl der Stellen in den Perioden genau bekannt wurde.

Wie die Erfahrung zeigt, ist nun die Tabelle des periodischen Systems folgendermaßen zu konstruieren (Tab. IV). Man legt acht Vertikalreihen mit je zwei Untergruppen an. Man bezeichnet die den Vertikalreihen entsprechenden Gruppen mit I, II usw. bis VIII; die Untergruppen mögen in der Tabelle mit a und b unterschieden werden. Die beiden Elemente der ersten Periode weist man nun in die Gruppen Ia und VIIIb. Die acht Elemente der zweiten und dritten Periode verteilt man derart auf die acht Gruppen, daß die ersten zwei in die a-Reihe kommen und die letzten sechs in die b-Reihe. In der vierten und fünften, je 18 Elemente umfassenden Periode verfährt man folgendermaßen: Man verteilt die ersten acht Elemente auf die acht Vertikalreihen in der a-Gruppe und die letzten acht auf die acht Vertikalreihen in der b-Gruppe; das neunte und zehnte Element weist man ebenfalls in die Reihe VIIIa, so daß diese Reihe in der vierten und fünften Periode je eine Triade aufweist. In der sechsten Periode wählt man dieselbe Anordnung wie in der vierten und fünften, jedoch mit dem Unterschied, daß man in der IIIa-Reihe statt eines einzigen Elementes eine Gruppe von fünfzehn Elementen unterbringt; in der sechsten Periode erscheinen also von den 16 Stellen der acht a- und b-Reihen eine mit 3 und eine mit 15 Elementen besetzt. In der siebenten Periode werden endlich die ersten sechs Grundstoffe dieser Periode in den a-Reihen untergebracht.

Die drei Triaden werden gebildet von den Eisen-, den Palladium-

[3] Vgl. § 26

Tabelle IV.

Das periodische System der Elemente.

	I a	I b	II a	II b	III a	III b	IV a	IV b	V a	V b	VI a	VI b	VII a	VII b	VIII a	VIII b
1	1 H															2 He
2	3 Li		4 Be			5 B		6 C		7 N		8 O		9 F		10 Ne
3	11 Na		12 Mg			13 Al		14 Si		15 P		16 S		17 Cl		18 A
4	19 K	29 Cu	20 Ca	30 Zn	21 Sc	31 Ga	22 Ti	32 Ge	23 V	33 As	24 Cr	34 Se	25 Mn	35 Br	26 Fe 27 Co 28 Ni	36 Kr
5	37 Rb	47 Ag	38 Sr	48 Cd	39 Y	49 In	40 Zr	50 Sn	41 Nb	51 Sb	42 Mo	52 Te	43	53 J	44 Ru 45 Rh 46 Pd	54 X
6	55 Cs	79 Au	56 Ba	80 Hg	57—71 seltene Erden	81 Tl	72 Hf	82 Pb	73 Ta	83 Bi	74 W	84 Po	75	85	76 Os 77 Ir 78 Pt	86 Em
7	87		88 Ra		89 Ac		90 Th		91 Pa		92 U					

und den Platinmetallen. Die Fünfzehnergruppe wird als die Gruppe der seltenen Erden bezeichnet. Aus dem periodischen System erkennen wir auch den chemischen Charakter der fünf unbekannten Elemente. Das 43. und das 75. Element müssen Homologe des Mangans sein, das 61. eine seltene Erde, das 85. ein Halogen und das 87. ein Alkalimetall.

§ 23. Die Isotopie.

Die Stellung eines Grundstoffes im periodischen System der Elemente hängt, wie die bisherigen Betrachtungen gezeigt haben, lediglich von seiner Kernladung ab. Andererseits müssen wir wohl annehmen, daß die Kerne der Grundstoffe aus positiven und negativen Elektronen zusammengesetzt sind. Es müßten daher zwei Atome auch bei verschiedener Zahl von Kernelektronen dennoch das gleiche chemische Verhalten zeigen, woferne nur die resultierende Kernladung, also die algebraische Summe aller im Kerne vereinigten positiven und negativen Elementarladungen, in beiden Fällen dieselbe ist. Während so die Kernladung und damit der chemische Charakter durch die Differenz zwischen den Zahlen der positiven und der negativen Elektronen bedingt erscheinen, hängt aber nun die Masse des Atoms, also das sogenannte Atomgewicht, nur von der Zahl der positiven Elektronen ab, da ja neben der Masse eines positiven Elektrons die Masse eines negativen Elektrons vernachlässigt werden kann. Es ergibt sich so die Möglichkeit, daß zwei Stoffe trotz verschiedenen Atomgewichtes und trotz verschiedener Kernstruktur dennoch in ihren chemischen und in vielen wesentlichen physikalischen Eigenschaften derart übereinstimmen, daß sie in der Tat nur verschiedene Arten eines und desselben Elementes darstellen würden.

Die erste derartige Erscheinung, die den Physikern auffiel, war die Untrennbarkeit gewisser radioaktiver Elemente. Waren beispielsweise die Salze von Thorium und von Ionium (der Muttersubstanz des Radiums) irgendwie miteinander vermengt worden, so erwies es sich als völlig unmöglich, sie später durch irgendwelche Methoden wieder voneinander zu trennen; überdies zeigte es sich aber auch, daß die Spektren von Thorium und Ionium vollkommen miteinander übereinstimmen. Ebenso erwiesen sich Radium und Mesothorium I als voneinander nicht trennbar und ferner auch Blei und Radium D (vgl. § 26).

Alle diese Fälle zeigten, daß Stoffe von verschiedenem radioaktiven Verhalten doch in chemischer und auch in physikalischer Hinsicht identisch sein können, und auf diese Erkenntnis gründete zuerst im Jahre 1910 Soddy die Auffassung, daß auch die inaktiven (also nicht radioaktiven) Elemente Gemische mehrerer, chemisch nicht trennbarer Arten darstellen könnten. Soddy wies auch bereits darauf hin, daß durch diese Annahme eine große Schwierigkeit, die damals für die Atomtheorie noch bestand, gegenstandslos würde. Diese Schwierigkeit war hervorgerufen durch die Abweichungen der sogenannten Atomgewichte von den ganzen Zahlen.

Wenn tatsächlich die Atome aus positiven Elektronen (also Wasserstoffkernen) und aus negativen Elektronen aufgebaut sind und wenn die Masse der negativen Elektronen neben der der positiven vernachlässigt werden kann, dann müßten natürlich alle Atomgewichtszahlen ganzzahlig sein. Wenn dies nun auch bei vielen Elementen und gerade bei den häufigsten der Fall ist, so sind doch bei anderen Elementen, wie bei Chlor, die Abweichungen von der Ganzzahligkeit so bedeutend, daß sie mit jener notwendigen Folgerung der Atomtheorie zunächst nicht in Einklang gebracht werden konnten. Diese Schwierigkeit entfällt aber natürlich sofort, wenn die Grundstoffe tatsächlich gemäß der Annahme von Soddy Mischelemente sind. Denn dann würde dem sogenannten Atomgewicht nur die Bedeutung eines Durchschnittsgewichtes zukommen, während seine Konstanz wiederum ihre Erklärung in der Tatsache finden würde, daß ein einmal (z. B. zur Zeit des gasförmigen Zustandes der Erde) hergestelltes Mischungsverhältnis infolge der Untrennbarkeit der vermengten Atome dauernd bestehen bleiben müßte.

Diese von Soddy im Jahre 1910 entwickelte Anschauung fand eine experimentelle Bestätigung durch den von J. J. Thomson im Jahre 1913 mittels der Kanalstrahlenanalyse erbrachten Nachweis, daß das Edelgas Neon in der Tat aus zwei Atomarten von verschiedenem Atomgewicht (20 und 22) zusammengesetzt sein müsse. Im Jahre 1914 bestätigten genauere Messungen auch die Richtigkeit der von Soddy geäußerten Vermutung, daß sich das Atomgewicht des Bleis mit verschiedenen Werten ergeben müsse, je nachdem, ob es sich um „gewöhnliches" Blei handelt oder um Blei, das aus Uran-Mineralien oder schließlich um Blei, das aus Thorium-Mineralien gewonnen ist. (Wie in § 26 gezeigt werden wird, wandelt sich sowohl Uran als auch Thorium allmählich in Blei um.) Während sich nun das Atomgewicht des gewöhnlichen Bleis zu 207,2 ergibt, hat man in der Tat bei Blei aus Uranmineralien Atomgewichte bis hinab zu 206,05, bei Blei aus Thoriummineralien bis hinauf zu 207,9 gemessen.[1] Für Stoffe, die bei gleichem chemischen Verhalten ein verschiedenes Atomgewicht aufweisen, wurde bald die Bezeichnung als Isotope allgemein üblich.[2]

Die eigentliche Erforschung der Isotopen begann aber erst, als im Jahre 1919 Aston die Kanalstrahlenanalyse durch einen schon erwähnten Kunstgriff (vgl. § 4) zur sogenannten Massenspektroskopie ausgestaltete. Mittels der neuen Methode konnte Aston zunächst genauer nachweisen, daß in der Tat das Edelgas Neon aus zwei Isotopen von den genau ganzzahligen Atomgewichten 20,0 und 22,0 besteht.

---

[1] Vgl. Hönigschmid, Zeitschr. f. Elektrochemie, *24*, 1918, S. 163 und *25*, 1919, S. 91. Vgl. auch § 26, Anm. 7.

[2] Isos Topos heißt auf Griechisch der gleiche Platz. Der Name rührt daher, daß Isotope denselben Platz im periodischen System der Elemente einnehmen.

Er konnte bald darauf auch zeigen, daß das Chlor, dessen Abweichung von der Ganzzahligkeit stets als besonders störend empfunden worden war, ein Gemisch zweier Isotope ist, deren Atomgewichte sich genau ganzzahlig zu 35,0 und 37,0 ergaben; aus dem Mischungsgewicht (35,46) geht hervor, daß das leichtere Gas in etwa dreimal so großer Menge vertreten ist wie das schwerere (was übrigens auch aus der Intensität der Spektrogrammlinien erkennbar ist).

Mittels seines Massenspektrographen hat ASTON noch zahlreiche andere Elemente auf ihre Isotopie untersucht; doch blieb diese Methode notwendigerweise auf solche Grundstoffe beschränkt, die bei gewöhnlicher Temperatur in eine GEISSLERsche Röhre in gasförmigem Zustand eingeführt werden können, sei es als Element, sei es in der Form einer chemischen Verbindung. Später gelang auch die Analyse nicht flüchtiger Stoffe, indem diese auf die Anode der Entladungsröhre aufgetragen und die so entstandenen Anodenstrahlen untersucht wurden. Nach dieser Methode wurden weitere Analysen von ASTON, G. P. THOMSON und DEMPSTER durchgeführt.[3]

In Fig. 32 auf Tafel II sind nach ASTON die Massenspektren von Neon, Chlor, Argon und Krypton wiedergegeben, die auf das deutlichste die Ganzzahligkeit der reinen Atomgewichte beweisen.[4] Die ASTONsche Methode ist empfindlich genug, um auch bei einem Mischungsverhältnis von 1 zu 1000 noch das seltenere Isotop nachweisen zu können. Aus dem Grade der Schwärzung der einzelnen Linien lassen sich quantitative Schlüsse über die Mengenverhältnisse der Isotopen ziehen, und derart ist auch eine massenspektroskopische Bestimmung des Mischungs-

[3] DEMPSTER fing dabei die Anodenstrahlen, die nur durch ein Magnetfeld abgelenkt wurden, auf einer mit einem Elektrometer verbundenen Metallplatte auf, so daß er die relativen Mengen der Isotopen im Mischelement ziemlich genau bestimmen konnte.

[4] Als Bezugslinien dienen in diesen Spektrogrammen die Linien bekannter Atome oder Atomgruppen; vor allem des Kohlenstoffs (12), der C-Verbindungen: CH, CH_2, CH_3, CH_4 (13, 14, 15, 16), der C_2-Verbindungen (24, 25, 26, 27, 28, 29, 30), ferner von O (16), OH (17), OH_2 (18), CO (28) und CO_2 (44). Das Spektrum I zeigt außer diesen Linien, die fast stets auftreten, überdies noch deutlich genau bei 20 und 22 die beiden Neonlinien. Die Spektren II, III und IV zeigen die Linien von Cl^{35} und Cl^{37}, sowie bei 36 und 38 die Linien von $Cl^{35}H$ und Cl^{37} H. Überdies sehen wir die „Linien zweiter Ordnung“ bei 17,5 und 18,5. Sie entstehen, wenn ein Chlorion doppelt geladen ist, so daß also dann die spezifische Ladung doppelt so groß ist, was ebenso der Fall wäre, wenn bei einfacher Ladung die Masse auf die Hälfte reduziert würde. Die Linien 63 und 65 stammen von $COCl^{35}$ und $COCl^{37}$. Bei Argon treten in den Spektren V und VI außer den Linien erster Ordnung deutlich auch eine Linie zweiter Ordnung bei 20 und eine Linie dritter Ordnung bei 13,3 auf. Spektrum VIII ist das von Krypton, in dem deutlich fünf starke Linien bei 80, 82, 83, 84, 86 und eine sechste, schwache bei 78 erkennbar sind. Diese Linien treten in dem Massenspektrum des Kryptons auch in zweiter Ordnung auf. Von einer Erklärung des Spektrums VII möge hier abgesehen werden. Wegen der Einzelheiten der ASTONschen Massenspektrographie sei auf ASTONs Buch „Isotope“ verwiesen (deutsche Ausgabe Leipzig, HIRZEL, 1923).

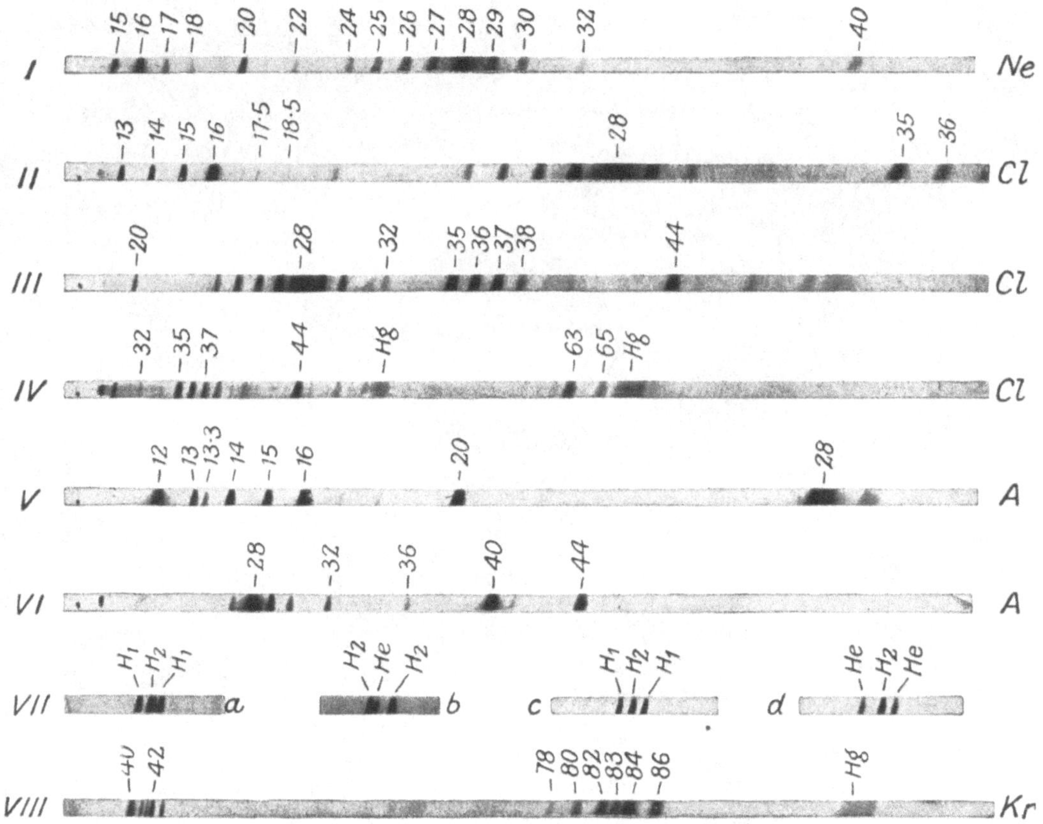

Fig. 32. Massenspektrogramme nach Aston.

Walter de Gruyter & Co., Berlin und Leipzig.

gewichtes möglich[5] (was allerdings genauer nach der DEMPSTERschen Methode gelingt).

Tabelle V.

Isotope.

Ordnungs-zahl	Element	Atom-gewicht	Zahl der Isotopen	Massen der Isotopen, nach ihrem Anteil am Gemisch geordnet
1	Wasserstoff	1,008	1	1,008
2	Helium	4,00	1	4
3	Lithium	6,94	2	7, 6
4	Beryllium	9,02	1	9
5	Bor	10,82	2	11, 10
6	Kohlenstoff	12,00	1	12
7	Stickstoff	14,008	1	14
8	Sauerstoff	16,000	1	16
9	Fluor	19,00	1	19
10	Neon	20,2	2	20, 22
11	Natrium	23,00	1	23
12	Magnesium	24,32	3	24, 25, 26
13	Aluminium	26,96	1	27
14	Silicium	28,3	2	28, 29
15	Phosphor	31,04	1	31
16	Schwefel	32,07	1	32
17	Chlor	35,46	2	35, 37
18	Argon	39,88	2	40, 36
19	Kalium	39,10	2	39, 41
20	Calcium	40,07	2	40, 44
21	Scandium	45,10	1	45
22	Titan	48,1	1	48
23	Vanadium	51,0	1	51
24	Chrom	52,0	1	52
25	Mangan	54,93	1	55
26	Eisen	55,85	1 (2)	56, (54)
27	Kobalt	58,97	1	59
28	Nickel	58,68	2	58, 60
29	Kupfer	63,57	2	63, 65
30	Zink	65,37	4	64, 66, 68, 70
31	Gallium	69,72	2	69, 71
32	Germanium	72,5	3	74, 72, 70
33	Arsen	74,96	1	75
34	Selen	79,2	6	80, 78, 76, 82, 77, 74
35	Brom	79,92	2	79, 81
36	Krypton	82,9	6	84, 86, 82, 83, 80, 78
37	Rubidium	85,5	2	85, 87
38	Strontium	87,6	1	88
39	Yttrium	88,9	1	89
47	Silber	107,88	2	107, 109
50	Zinn	118,7	7 (8)	120, 118, 116, 124, 119, 117, 122, (121)
51	Antimon	121,8	2	121, 123
53	Jod	126,92	1	127
54	Xenon	130,2	7 (9)	129, 132, 131, 134, 136, 128, 130, (126) (124)
55	Cäsium	132,8	1	133
80	Quecksilber	200,6	(6)	(197—200), 202, 204

[5] Bei Bor hat man sogar auf diesem Wege erkannt, daß sein „Atomgewicht" niedriger sein müsse als das bis dahin in den Atomgewichtstabellen angegebene;

Tabelle VI.

Radioaktive Isotope
(einschließlich der inaktiven Arten der Grundstoffe Nr. 81—92).

Ordnungszahl	Element	Zahl der Isotopen
81	Thallium	4
82	Blei	8
83	Wismut	5
84	Polonium	7
86	Emanation	3
88	Radium	4
89	Actinium	2
90	Thorium	6
91	Protactinium	3
92	Uran	2

Über die bisherigen Forschungsergebnisse auf dem Gebiete der Isotopie gibt, soweit es sich um die nicht radioaktiven Elemente handelt, die Tabelle V (nach dem Stande von Ende 1923) eine Übersicht; sie verzeichnet 46 Grundstoffe und 92 Atomarten, und, wenn auch die in der Tabelle eingeklammerten, noch unsicheren Ergebnisse mitberücksichtigt werden, gar 99 Atomarten. Ergänzt wird die Tabelle V durch die Tabelle VI, die sich auf die zehn radioaktiven Grundstoffe bezieht, die mit zwei Lücken die letzten zwölf Stellen des periodischen Systems ausfüllen. Von diesen Elementen sind 44 Arten bekannt. Insgesamt sind also nach dem derzeitigen Stande der Forschung von den 87 bekannten Elementen bereits 56, also mehr als die Hälfte, (und darunter alle mit den Ordnungszahlen von 1 bis 39) auf Isotopie untersucht worden, wobei ungefähr 140 Atomarten festgestellt wurden. Da noch 31 Elemente auf Isotopie zu untersuchen sind, so dürfte die Zahl aller vorkommenden Atomarten zweihundert vermutlich wohl übersteigen.

Unter den auf Isotopie untersuchten Grundstoffen haben sich 22 als einheitliche Elemente, als sogenannte Reinelemente erwiesen, wenigstens in dem Sinne, daß bei ihnen eine etwaige Beimengung von Isotopen zu gering ist, um nachgewiesen werden zu können.[6] Wie nicht anders zu erwarten ist, sind die Atomgewichte der Reinelemente mit sehr großer Annäherung ganzzahlig. Die kleinen Abweichungen erklären sich durch den in einem späteren Abschnitt (§ 29) näher zu besprechenden sogenannten Packeffekt.[7]

Besonders groß ist die Zahl der Isotopen bei Blei (8), bei Xenon (7 bis 9) und bei Zinn (7 bis 8). Der Gewichtsunterschied zwischen

genaue, direkte chemische Atomgewichtsbestimmungen haben in der Tat dann erwiesen, daß das Atomgewicht des Bors in der ersten Dezimalstelle um eine Einheit zu hoch angegeben worden war.

[6] Daß Wasserstoff und Sauerstoff Reinelemente sind, wurde auch durch Diffusionsversuche erwiesen.

[7] Auffällig sind allerdings die großen Abweichungen bei Strontium und Cäsium.

dem leichtesten und dem schwersten Isotop beträgt bei Selen, Krypton, Zinn und Xenon acht, bei Xenon vielleicht sogar zwölf Einheiten. Relativ am größten ist der Unterschied bei Lithium und Neon, wo das schwerere Isotop um 16 bzw. 10% schwerer ist als das leichtere.[8]

Bemerkenswert sind auch die Fälle von sogenannter Isobarie, nämlich Fälle, wo Atomarten von verschiedenem chemischen Charakter gleiches Atomgewicht besitzen. Derartige Isobarie besteht bei dem Atomgewicht 40 zwischen Argon und Calcium, bei dem Atomgewicht 70 zwischen Zink und Germanium, bei dem Atomgewicht 74 zwischen Germanium und Selen und bei den Atomgewichten 78,80 und 82 zwischen Selen und Krypton.[9]

Da Isotope in allen Eigenschaften übereinstimmen, die durch die den Kern umgebenden Elektronen bedingt sind, so eröffnet sich eine Möglichkeit zur Trennung von Isotopen nur durch solche Methoden, die die Verschiedenheit der Kerneigenschaften benutzen; hingegen müssen die in der Chemie üblichen Trennungsmethoden versagen, die sich vor allem auf die Verschiedenheit der Löslichkeit und des Dampfdruckes gründen und bei denen die äußeren Elektronen die wesentliche Rolle spielen. Eine Möglichkeit zur Trennung von Isotopen ergibt sich insbesondere durch Ausnutzung der Tatsache, daß die Verdampfungsgeschwindigkeit von der Atommasse abhängt. In der Tat ist es derart Brönsted und Hevesy gelungen, durch sukzessive Verdampfungen zwei Quecksilbersorten herzustellen, deren Dichte sich um ½‰, deren Mischungsgewicht sich also um 0,1 Einheiten unterscheidet. Nach demselben Verfahren konnten dieselben Forscher zwei Chlorsorten herstellen, die sich um mehr als zwei Einheiten in der zweiten Dezimalstelle des Mischungsgewichtes unterscheiden.[10] Eine Reindarstellung von Isotopen ist auf diesem Wege zunächst allerdings nicht zu erhoffen, da mit fortschreitender Trennung die Ausbeute immer geringer wird.[11]

In geringem Grade äußert sich übrigens die Verschiedenheit der Kernmasse und der Kernstruktur von Isotopen auch in spektralen

---

[8] Da der relative Unterschied der Atomgewichte zweier Isotope im allgemeinen nicht beträchtlich ist, so würde auch eine im Laufe der Zeit eintretende Verschiebung des Mischungsverhältnisses sich kaum in merklicher Weise offenbaren. So würde z. B. bei dem Brom, das zwei Isotope 79 und 81 in ungefähr gleicher Menge enthält, eine Änderung des Mischungsverhältnisses um je 1%, wie eine einfache Rechnung zeigt, doch nur eine Änderung des Mischungsgewichtes um zwei Einheiten in der zweiten Dezimalstelle bewirken (0,81 − 0,79 = 0,02).

[9] Überdies vielleicht bei dem Atomgewichte 121 zwischen Zinn und Antimon und bei dem Atomgewicht 124 zwischen Zinn und Xenon.

[10] Näheres hierüber im Lehrbuch der Radioaktivität von Hevesy und Paneth (Leipzig, Barth 1923), Kap. 19.

[11] Zurzeit erscheint es auch noch aussichtslos, das analytische Verfahren der Kanalstrahlmethode zu einem präparativen auszugestalten, indem die in der Entladungsröhre erzeugten Ionen der Isotopen infolge der sowohl im elektrischen als auch im magnetischen Felde verschiedenen Ablenkung getrennt aufgefangen würden.

Eigenschaften. Die Auffassung des Kernes als einer punktförmigen Ladung ist nur näherungsweise berechtigt, während bei verschiedener Zusammensetzung der Kerne trotz der Gleichheit der Kernladungszahl das den Kern umgebende elektrische Feld kleine Verschiedenheiten aufweisen kann. Hierauf ist wohl die von MERTON[12] festgestellte Tatsache zurückzuführen, daß die Spektrallinie des Bleis von 4058 Å.-E. bei dem Uranblei eine um 0,01 Å.-E. größere, bei dem Thoriumblei eine um 0,002 Å.-E. kleinere Wellenlänge aufweist als bei dem gewöhnlichen Blei. In viel stärkerem Grade als bei den optischen Spektren äußert sich die Isotopie bei den Molekularspektren, wovon bei deren Besprechung noch ausführlicher die Rede sein soll.

§ 24. Kernzerfall und Grundstoffverwandlung.

Die nähere Untersuchung der radioaktiven Strahlung führte wenige Jahre nach deren erster Wahrnehmung zu einer neuen Entdeckung von noch viel größerer Tragweite, nämlich zu der Entdeckung der Grundstoffverwandlungen. Im Jahre 1900 stellte RUTHERFORD die überraschende Tatsache fest, daß sich aus dem radioaktiven Elemente Thorium ständig ein selbst radioaktives Gas entwickelt, das er als Thoriumemanation bezeichnete[1], und ein ähnlicher Vorgang wurde bald darauf auch bei dem Radium durch DORN entdeckt. Heute wissen wir, daß die Thoriumemanation und die Radiumemanation isotope Arten des Edelgases von der Kernladungszahl 86 sind; die elementare Natur der Emanation offenbarte sich durch ihr charakteristisches Spektrum.

Zur Erklärung der Emanationsbildung stellten nun im Jahre 1902 RUTHERFORD und SODDY eine Theorie auf, die sich zwar durch große Einfachheit auszeichnete, die aber andererseits einen völligen Bruch mit bis dahin tief eingewurzelten und grundlegenden Vorstellungen der Physik und der Chemie bedeutete. Die Theorie von RUTHERFORD und SODDY, die als die Zerfallstheorie bezeichnet wird, beruht nämlich auf der Annahme, daß die Atome radioaktiver Substanzen einem stufenweise fortschreitenden Zerfall unterliegen und daß die Absplitterung der fortgeschleuderten und als radioaktive Korpuskularstrahlung sich offenbarenden Teilchen den chemischen Charakter des zurückbleibenden Atoms verändert.[2]

---

[12] T. R. MERTON, Proc. Roy. Soc. *100,* 1921, S. 84.

[1] Den Anstoß zu RUTHERFORDS Entdeckung gab die bereits von dem Ehepaar CURIE beobachtete Tatsache, daß Körper, die sich in demselben Raum mit Radium befinden, selbst radioaktiv werden. Diese Erscheinung, die man damals als „induzierte Radioaktivität" bezeichnete, wurde von RUTHERFORD bei dem Thorium näher untersucht, wobei er eben feststellte, daß die „induzierte Aktivität" durch die Emanation bewirkt wird.

[2] Die Zerfallstheorie eröffnete derart eigentlich ein völlig neues Gebiet der Naturlehre. Denn bei den Vorgängen, deren Beschreibung bis dahin der Physik zu-

Vom Standpunkte der später entstandenen Theorie des Kernatoms müssen wir die Zerfallsvorgänge offenbar in den Atomkern selbst verlegen; und da andererseits die Kernladungszahl den chemischen Charakter bestimmt, so wird dadurch die Tatsache der radioaktiven Grundstoffumwandlung ohne weiteres verständlich. Je nachdem, ob das zerfallende Atom ein α- oder ein β-Teilchen ausstößt, ergeben sich zwei Arten der Umwandlung, die man kurz als α- und β-Umwandlung unterscheidet. Da ein α-Teilchen eine positive Ladung von zwei Elementarquanten und eine Masse von vier Wasserstoffatomen hat (§ 4), so erniedrigt eine Alpha-Umwandlung die Ordnungszahl um zwei und das Atomgewicht um vier. Hingegen erhöht eine Beta-Umwandlung, weil die β-Teilchen mit negativen Elektronen identisch sind, die Ordnungszahl um eins, ohne eine merkliche Änderung des Atomgewichtes. Im periodischen System der Elemente verschiebt also eine α-Umwandlung den sich verwandelnden Stoff um zwei Stellen nach links, eine β-Umwandlung hingegen um eine Stelle nach rechts.

In der Tat weist die Emanation, die unmittelbar aus dem α-strahlenden Radium hervorgeht, ein um vier Einheiten niedrigeres Atomgewicht auf[3], nämlich 222 gegen 226, und während das Radium der zweiten Gruppe des periodischen Systems angehört, nämlich der Gruppe der Erdalkalien, gehört die Emanation als Edelgas der nullten oder, was dasselbe ist, der achten Gruppe an.

Daß sich bei dem Zerfall der selbst wiederum radioaktiven Emanation Helium bildet, ist auf spektroskopischem Wege zuerst von Ramsay und Soddy im Jahre 1903 gezeigt worden; es war der erste Fall, in dem die Entstehung eines bereits von früher her den Chemikern bekannt gewesenen Elementes aus einem anderen Grundstoffe beobachtet wurde. Daß die Atome des gebildeten Heliums aber in der Tat mit den bei dem Zerfall radioaktiver Substanzen fortgeschleuderten α-Teilchen identisch sind (allerdings erst nach deren Neutralisierung), haben durch einen schönen Versuch im Jahre 1909 Rutherford und Royds nachgewiesen.

---

gefallen war, bleiben ja die Molekeln ungeändert; als chemisch bezeichnete man wieder bis dahin solche Vorgänge, die innerhalb der Molekeln stattfinden, ohne aber in den Atomen Veränderungen hervorzurufen. Die Erscheinungen der Radioaktivität wurden hingegen durch die Rutherfordsche Zerfallstheorie auf Vorgänge zurückgeführt, die sich innerhalb der Atome selbst abspielen und diese dadurch verändern. Daß die Radioaktivität eine Eigenschaft der Atome selbst ist, ging übrigens auch schon daraus hervor, daß sich die Aktivität als völlig unabhängig von der Art der chemischen Verbindung erwies und es sich auch zeigte, daß sie selbst durch Temperaturänderungen um tausend Grad in keiner Weise beeinflußt wird, während die Geschwindigkeit der meisten chemischen Reaktionen durch eine Temperaturerhöhung um nur zehn Grad bereits verdoppelt wird.

[3] Die Dichte und somit auch das Atomgewicht der Emanation wurden zuerst (1902) von Gray und Ramsay ermittelt, die mittels einer besonderen Mikrowage das Gewicht eines gemessenen Volumens der Radiumemanation bestimmten.

Sie brachten eine α-strahlende Substanz in eine zugeschmolzene Glasröhre, deren Wand nicht dicker war als etwa ein hundertstel Millimeter und die daher die α-Strahlen hindurchtreten ließ. Diese Glasröhre befand sich in einem anderen, ebenfalls zugeschmolzenen, dickwandigen Glasgefäß. Da außerhalb des größeren Gefäßes α-Strahlen nicht nachgewiesen werden konnten, war es klar, daß alle α-Teilchen, die durch die dünne Glaswand hindurchgetreten waren, in dem evakuierten Zwischenraum zwischen den beiden Wänden verblieben. In diesem Zwischenraum konnten aber nun RUTHERFORD und ROYDS in der Tat nach einiger Zeit das Auftreten von Helium spektroskopisch nachweisen.

Wie die nähere Untersuchung ergab, erzeugt ein Präparat, das ein Gramm Radium enthält (also z. B. in der Form von 1,314 g $Ra\,Cl_2$) in einem Jahr ungefähr 167 cmm Helium, was bei der Dichte des Heliums von 0,000179 einer Masse von 0,0000298 g entspricht.[4] Da die Masse eines Heliumatoms gleich ist dem Atomgewicht (4,00), gebrochen durch die LOSCHMIDTsche Zahl, erhalten wir also die Zahl der von einem Gramm Radium in einem Jahre erzeugten Heliumatome, indem wir die vorhin angegebene Zahl 0,0000298 durch vier dividieren und mit der LOSCHMIDTschen Zahl ($6{,}062 \cdot 10^{23}$) multiplizieren.[5] Wir finden so, daß ein Gramm Radium in einem Jahre $4{,}52 \cdot 10^{18}$ Heliumatome produziert.

Andererseits haben die schon früher (in § 4) erwähnten genauen, nach der Szintillationsmethode durchgeführten Zählungen ergeben, daß ein Gramm Radium in einer Sekunde $3{,}72 \cdot 10^{10}$ α-Teilchen emittiert.[6] Diese Zahl ist viermal so groß, wenn das Präparat außer dem Radium auch die drei α-strahlenden Zerfallsprodukte, die sich aus dem Radium bilden, im Gleichgewichte mit diesem enthält (vgl. das im Anschluß an die Gl. 12 des § 25 Gesagte). Da ein Tag 86400 Sekunden und das Jahr 365 Tage hat, ergibt sich somit die Zahl der von dem Radiumpräparat in einem Jahre emittierten α-Teilchen zu $3{,}72 \cdot 10^{10} \times 4 \times 365 \times 86400$, also zu $4{,}69 \cdot 10^{18}$. Die gute Übereinstimmung zwischen den festgestellten Zahlen der emittierten α-Teilchen und der gebildeten Heliumatome stellt eine bedeutungsvolle empirische Bestätigung der Zerfallstheorie dar; andererseits ermöglicht auch umgekehrt die Beobachtung der Geschwindigkeit der Heliumbildung aus Radium in Verbindung mit der Zählung der α-Teilchen eine unmittelbare, wenn auch nicht sehr genaue Bestimmung der LOSCHMIDTschen Zahl.

---

[4] Die Dichte des einatomigen Heliums ist nur doppelt so groß wie die des zweiatomigen Wasserstoffs.

[5] Da nach dem bekannten Gesetz von AVOGADRO die Zahl der in 1 ccm bei Normaldruck und 0° enthaltenen Molekeln für alle Gase dieselbe ist, nämlich gleich ist $2{,}708 \cdot 10^{19}$, so findet man die Zahl der einatomigen Heliummolekeln, die in 0,167 ccm enthalten sind, auch einfach durch Multiplikation der beiden zuletzt angegebenen Zahlen.

[6] Die genaue Bestimmung dieser Zahl verdanken wir HESS und LAWSON (1918).

Für jede radioaktive Substanz erscheint nun als eine charakteristische Konstante das Verhältnis zwischen den in einer Sekunde zerfallenden und den vorhandenen Atomen der betreffenden Substanz. Man nennt dieses Verhältnis die Zerfallskonstante, wobei die Annahme wesentlich ist, daß die Zahl der in einem Zeitelemente zerfallenden Atome stets der Zahl der vorhandenen Atome proportional ist. Bezeichnen wir die Zerfallskonstante mit λ und die Zahl der vorhandenen Atome mit N, so gilt also für die Zahl der in einem Zeitelement Δt zerfallenden Atome die Beziehung

$$\Delta N = -\lambda N \Delta t \,. \tag{1}$$

Wenn wir die Differenzen durch die Differentiale ersetzen, führt die Integration zu der Gleichung

$$N = N_0 e^{-\lambda t}, \tag{2}$$

wobei N_0 die Zahl der Atome zur Zeit $t = 0$ bedeutet. Die Zeit T, für die N halb so groß wie N_0 wird, in der also die Hälfte der ursprünglich vorhandenen Atome zerfällt, wird als die Halbwertszeit oder Halbierungszeit bezeichnet. Ihr Zusammenhang mit der Zerfallskonstante ergibt sich aus der Beziehung

$$\tfrac{1}{2} = e^{-\lambda T};$$

somit ist

$$T = \frac{\ln 2}{\lambda} = \frac{0{,}693}{\lambda} \,. \tag{3}$$

Der reziproke Wert der Zerfallskonstante stellt die sogenannte mittlere Lebensdauer dar; sie ist größer als die Halbwertszeit, aus der sie sich durch Division durch 0,693 ergibt.

Für das Radium läßt sich die Zerfallskonstante ohne weiteres aus der Zahl der in der Sekunde emittierten α-Teilchen berechnen. Die Zahl der in einem Gramm Radium enthaltenen Atome finden wir ja einfach, indem wir die Loschmidtsche Zahl durch das Atomgewicht des Radiums (226) dividieren. Wir finden so $2{,}68 \cdot 10^{21}$, und da in einer Sekunde $3{,}72 \cdot 10^{10}$ α-Teilchen emittiert werden und somit ebensoviel Radiumatome zerfallen, ergibt sich für die Zerfallskonstante des Radiums der Wert

$$\lambda(\mathrm{Ra}) = \frac{3{,}72 \cdot 10^{10}}{2{,}68 \cdot 10^{21}} = 1{,}39 \cdot 10^{-11}\ \mathrm{sec}^{-1}. \tag{4}$$

Hieraus folgt nach Gl. 3 für die Halbwertszeit des Radiums

$$T(\mathrm{Ra}) = 4{,}99 \cdot 10^{10}\ \mathrm{sec} = 1580\ \text{Jahre}. \tag{5}$$

Für viele radioaktive Substanzen läßt sich die Halbwertszeit (bis hinab zu Werten von ungefähr 0,002 Sekunden) auch durch Beobachtungen über die Intensitätsverringerung der radioaktiven Strahlungswirkungen ermitteln. Bezeichnen wir nämlich die mittels irgendeines Apparates[7] gemessene Intensität der radioaktiven Strahlung zu einer beliebigen Zeit und zur Zeit $t = 0$ mit J und J_0, so gilt, wie das Experiment zeigt, die Beziehung

$$J = J_0 e^{-\lambda t}, \tag{6}$$

wobei sich bei dem Radium für die Exponentialkonstante eben derselbe Wert ergibt wie für die Zerfallskonstante nach der Szintillationsmethode. Dadurch erscheint es zugleich bewiesen, daß die jeweilige Intensität der radioaktiven Strahlung proportional ist der jeweils vorhandenen Zahl von Atomen der radioaktiven Substanz.

§ 25. Das radioaktive Gleichgewicht.

Die fundamentale Gleichung der Zerfallstheorie (Gl. 2 des § 24) möge im folgenden auf den besonderen Fall eines selbst radioaktiven Umwandlungsproduktes angewendet werden, das sich aus einer Muttersubstanz von sehr viel längerer Lebensdauer bilde (wie beispielsweise Radiumemanation aus Radium, deren Halbwertszeiten sich ungefähr wie 1 : 150000 verhalten).

Die Zerfallskonstante der Muttersubstanz möge mit λ, die des Umwandlungsproduktes mit λ' bezeichnet werden. In einem bestimmten Augenblick seien von der Muttersubstanz N Atome vorhanden, von der Tochtersubstanz N' Atome. Zu der beliebig gewählten Zeit $t = 0$ seien die Werte von N und N' durch die Konstanten N_0 und N_0' gegeben.

Wir betrachten nun ein beliebig gewähltes Zeitelement Δt; in ihm werden gleichzeitig Atome des Umwandlungsproduktes zerfallen, und andererseits werden neue Atome des Umwandlungsproduktes infolge des Zerfalles der Muttersubstanz entstehen. Die Zahl der zerfallenden Atome ist $\lambda' N' \Delta t$, die Zahl der neu entstehenden ist $\lambda N \Delta t$.

Wenn nun, wie angenommen wurde, die Muttersubstanz im Verhältnis zum Umwandlungsprodukt sehr langlebig ist, dann wird selbst nach einer Zeit, die wesentlich größer ist als die Halbwertszeit des Umwandlungsproduktes, dennoch der Quotient N/N_0 von Eins nicht merklich verschieden sein.[1] Wir können also, wenn wir den Zustand des Umwandlungsproduktes betrachten, die veränderliche Größe N stets durch die Konstante N_0 ersetzen. Die Änderung, die in einem Zeitelement dt die Zahl der Atome des Umwandlungsproduktes erfährt, ist demnach durch die Beziehung gegeben

$$\frac{dN'}{dt} = -\lambda' N' + \lambda N_0. \tag{1}$$

[7] Am einfachsten ist es, die Leitfähigkeit zu messen, die infolge der ionisierenden Wirkung der radioaktiven Strahlung die Luft erlangt.

[1] Für ein System, das von Radium und Radiumemanation gebildet wird, denke man etwa an eine Zeit von einem Jahre.

Um diese Gleichung zu integrieren, differentiieren wir zunächst zweckmäßig nochmals nach der Zeit; bezeichnen wir zur Abkürzung vorübergehend den Differentialquotienten dN'/dt mit φ, so erhalten wir dann

(2) $$\frac{d\varphi}{dt} = -\lambda'\varphi,$$

woraus ohnes weiteres folgt (wenn wir wiederum statt φ den Differentialquotienten dN'/dt schreiben)

(3) $$\frac{dN'}{dt} = C.e^{-\lambda' t}.$$

Da danach für $t = 0$ der Differentialquotient dN'/dt gleich der Konstanten C sein muß, so können wir deren Wert leicht mittels der Gl. 1 bestimmen. Nach Gl. 1 muß nämlich sein

(4). $$\left|\frac{dN'}{dt}\right|_{t=0} = -\lambda' N_0' + \lambda N_0.$$

Die rechte Seite dieser Gleichung stellt also die Konstante C dar, so daß die Gl. 3 in der Form zu schreiben ist

(5) $$\frac{dN'}{dt} = (-\lambda' N_0' + \lambda N_0)e^{-\lambda' t}.$$

Hieraus folgt durch abermalige Integration

(6) $$N' = N_0' e^{-\lambda' t} - \frac{\lambda}{\lambda'} N_0 e^{-\lambda' t} + C'.$$

Die Integrationskonstante C' ist dadurch bestimmt, daß für $t = 0$ die Zahl N' gleich N_0' werden muß. Setzen wir also in Gl. 6 die Zeit $t = 0$, so finden wir

(7) $$N_0' = N_0' - \frac{\lambda}{\lambda'} N_0 + C',$$

woraus folgt

(8) $$C' = \frac{\lambda}{\lambda'} N_0.$$

Die Gl. 6 kann somit in der Form geschrieben werden

(9) $$N' = N_0' e^{-\lambda' t} + \frac{\lambda}{\lambda'} N_0 (1 - e^{-\lambda' t}).$$

In dieser Gleichung wollen wir für t einen Wert einsetzen, der groß sei gegenüber der Halbwertszeit des Umwandlungsproduktes, gleichwohl aber noch klein gegenüber der Halbwertszeit der Muttersubstanz. Für einen solchen Wert von t kann der Ausdruck $e^{-\lambda' t}$ einfach gleich Null gesetzt werden. Die Gl. 9 nimmt dann die Gestalt an

(10) $$N'\lambda' = N_0 \lambda.$$

Ist diese Beziehung aber erfüllt, dann muß nach Gl. 1

(11) $$\frac{dN'}{dt} = 0$$

sein. Die Zahl der Atome des Umwandlungsproduktes muß also konstant sein, weil eben innerhalb einer beliebigen Zeit ebensoviel Atome des Umwandlungsproduktes neu entstehen, wie in derselben Zeit zerfallen. Das aus der Muttersubstanz und ihrem Umwandlungsprodukt bestehende System befindet sich dann, wie man sagt, im radioaktiven Gleichgewicht. Selbst wenn zur Zeit $t = 0$ kein Gleichgewicht vorhanden war, so muß es jedenfalls nach einer Zeit bestehen, die groß ist gegen die Halbwertszeit des Umwandlungsproduktes, falls während dieser Zeit kein äußerer Eingriff in das System (etwa durch Entfernung des gebildeten Umwandlungsproduktes) erfolgt.

Wir wollen endlich annehmen, daß sich aus dem Umwandlungsprodukt wiederum eine neue aktive Substanz bilde, deren Atomzahl und Zerfallskonstante mit N'' und λ'' bezeichnet werden mögen, aus dieser abermals eine neue aktive Substanz und so fort. Dann muß zwischen allen Umwandlungsprodukten und der Muttersubstanz im Falle des radioaktiven Gleichgewichtes die Beziehung bestehen

$$N_0 \lambda = N' \lambda' = N'' \lambda'' = N''' \lambda''' \text{ usw.} \tag{12}$$

Da die Zahl der in der Zeiteinheit zerfallenden Atome einer radioaktiven Substanz durch das Produkt aus der Zerfallskonstante und der Zahl der vorhandenen Atome gegeben ist, so zerfallen somit von allen Substanzen, die sich miteinander im radioaktiven Gleichgewicht befinden, in derselben Zeit gleich viel Atome. Dadurch erklärt es sich auch, daß ein Radiumpräparat, das außer dem Radium noch drei α-strahlende Umwandlungsprodukte des Radiums (Ra Em, Ra A, Ra C), im Gleichgewicht mit dem Radium enthält, viermal soviel α-Teilchen emittiert als das Radium allein.

Die Gl. 12 gestattet es auch, aus der bekannten Zerfallskonstanten irgendeines Umwandlungsproduktes die Zerfallskonstante der langlebigen Muttersubstanz zu ermitteln. Man hat beispielsweise gefunden, daß in allen Uranmineralien auf ein Gramm Uran ein Gehalt von $3{,}4 \cdot 10^{-7}$ g Radium kommt. Da die Atomgewichte von Uran und Radium 238 und 226 sind[2], so entfallen also im radioaktiven Gleichgewicht auf n Uranatome $n \times 3{,}4 \cdot 10^{-7} \times 238/226$ oder $n \times 3{,}6 \cdot 10^{-7}$ Radiumatome. Wir erhalten demnach die Halbwertszeit des Urans, indem wir die des Radiums (1580 Jahre) durch $3{,}6 \cdot 10^{-7}$ dividieren; wir finden so für die Halbwertszeit des Urans 4400 Millionen Jahre. Mit diesem Werte stimmt auch gut derjenige überein, der direkt nach der Szintillationsmethode ermittelt wurde. Wie die Zählungen ergaben, sendet ein Gramm Uran in einer Sekunde $2{,}3 \cdot 10^4$ α-Teilchen aus, wovon aber nur die Hälfte von Uran I herrührt, die andere Hälfte hingegen von Uran II, das sich, wie im nächsten Abschnitte gezeigt werden wird, mit

[2] Das Uran II, das als Isotop immer im Mischelement Uran enthalten ist, braucht dabei nicht berücksichtigt zu werden, da sein Anteil am Mischelement nur etwa $0{,}025\,^0/_0$ ausmacht.

dem Uran I stets in viel geringerer Menge im radioaktiven Gleichgewicht befindet. Da das Atomgewicht des Urans 238 beträgt, sind in einem Gramm Uran etwa $2{,}55 \cdot 10^{21}$ Atome enthalten. Die Zerfallskonstante des Urans ergibt sich also, indem wir durch diese Zahl die Hälfte von $2{,}3 \cdot 10^4$ dividieren. Wir finden so

$$\lambda\,(\mathrm{U}) = 4{,}5 \cdot 10^{-18}\,\mathrm{sec}^{-1}\ .$$

Für die Halbwertszeit des Urans ergibt sich daraus (nach Gl. 3 des § 24) ein Betrag von $4{,}9 \cdot 10^9$ Jahren, in guter Übereinstimmung mit dem indirekt ermittelten Werte.

Auch für das Verhältnis der Halbwertszeiten von Radium und Radiumemanation erweist sich die Gl. 12 gut erfüllt. Auf ein Gramm Radium kommt im Gleichgewicht ein Emanationsgehalt von 0,663 cmm oder $6{,}56 \cdot 10^{-6}$ g, welche als Maßeinheit dienende Menge ein „Curie" genannt wird.[3] Die Halbwertszeit der Emanation müßte daher gleich sein der des Radiums, multipliziert mit $6{,}56 \cdot 10^{-6}$ und überdies mit dem Verhältnis der Atomgewichte von Radium und Emanation, also mit 226/222.[4] Hieraus folgt nach Gl. 5 des § 24 für die Halbwertszeit der Emanation $3{,}33 \cdot 10^5$ sec, während die unmittelbare Beobachtung aus der Abnahme der Strahlungsintensität für die Halbwertszeit der Radiumemanation $3{,}29 \cdot 10^5$ sec oder 3,81 Tage ergibt.

Die Gl. 9 wollen wir schließlich auf den besonderen Fall anwenden, daß in einem bestimmten Augenblick, den wir als Nullpunkt der Zeitmessung wählen wollen, die Tochtersubstanz von der längerlebigen Muttersubstanz getrennt werde, mit der sie sich bis dahin im radioaktiven Gleichgewicht befunden haben möge. Von dem Augenblick der Trennung an müssen wir also zwei Präparate unterscheiden; im ersten bildet sich die zur Zeit $t = 0$ völlig entfernte Tochtersubstanz von neuem nach, während in dem zweiten, von der Muttersubstanz freien Präparat die darin enthaltenen Tochteratome infolge ihres fortschreitenden Zerfalls sich ständig vermindern. Die Zahlen der Tochteratome in den beiden Präparaten mögen für eine beliebige Zeit mit N_1' und N_2' bezeichnet werden.

Für die Zahl N_1' folgt nun aus der Gl. 9, weil ja zur Zeit $t = 0$ N_1' gleich Null zu setzen ist,

$$N_1' = \frac{\lambda}{\lambda'} N_0 (1 - e^{-\lambda' t})\,. \tag{13}$$

Hingegen ist zur Zeit $t = 0$ die Zahl N_2' wegen des bis dahin bestandenen

[3] Als Maßeinheit für Emanationskonzentrationen wird die Mache-Einheit benutzt; sie entspricht einem Emanationsgehalt von $3{,}64 \cdot 10^{-10}$ Curie/Liter. (Die in einem Liter enthaltene Emanationsmenge erzeugt dann, wenn sie in ein Elektroskop übergeführt wird, einen Sättigungsstrom von 10^{-3} elektrostatischen Einheiten pro Sekunde.) Die stärksten Heilquellen weisen 2000 bis 3000 Mache-Einheiten auf.

[4] Denn auf n Radiumatome kommen im Gleichgewicht $n \times 6{,}56 \cdot 10^{-6} \times 226/222$ Emanationsatome.

Gleichgewichtes gleich $N_0 \lambda/\lambda'$. Somit ist zu einer beliebigen Zeit (nach Gl. 2 des § 24)

$$(14) \qquad N_2' = \frac{\lambda}{\lambda'} N_0 e^{-\lambda' t}.$$

Durch Addition der Gl. 13 und 14 finden wir

$$(15) \qquad N_1' + N_2' = \frac{\lambda}{\lambda'} N_0;$$

d. h. die Summe der Tochteratome in beiden Präparaten erfährt durch die Trennung keine Änderung und bleibt konstant.

Ein anschauliches Beispiel für die Erfüllung dieser Gesetzmäßigkeit bietet die Trennung des Uran X vom Uran. Uran X ist viel kürzer-

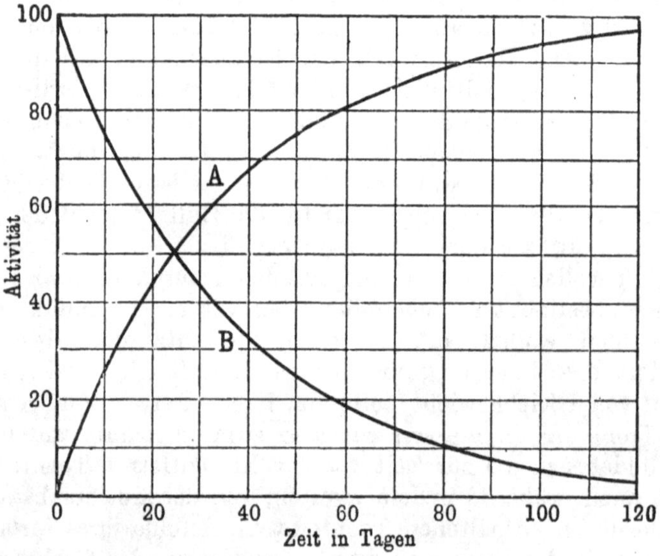

Fig. 33. Trennung des Uran X vom Uran.

lebig als Uran, indem seine Halbwertszeit nur 23,8 Tage beträgt.[5] Da Uran ein α-Strahler ist, Uran X hingegen ein β-Strahler, so stellt die Intensität der von den getrennten Präparaten ausgehenden β-Strahlung ein Maß für die Zahl der vorhandenen Uran-X-Atome dar.[6] In Fig. 33 zeigt die *A*-Kurve die ansteigende β-Intensität des „sich erholenden" Uranpräparates, die *B*-Kurve die abfallende β-Intensität des abgetrennten Uran-X-Präparates. Zu jeder Zeit ergibt die Summe der Ordinaten der beiden Kurven denselben Wert, der dem gleich hundert gesetzten Anfangswerte gleich ist.

---

[5] Von den geringen Beimengungen von Uran X_2 und Uran II kann abgesehen und somit schlechthin von Uran und Uran X gesprochen werden. Vgl. § 26.

[6] Die α-Strahlung kann durch Absorption ausgeschaltet werden.

§ 26. Die Umwandlungsreihen.

Zurzeit kennt die Physik 40 radioaktive Grundstoffe[1] oder, wie man sie kurz nennt, „Radioelemente“ mit den verschiedensten Lebensdauern; die Halbwertszeiten betragen zwischen 10^{-11} sec und 10^{12} Jahren. Sieht man von Kalium und Rubidium ab, bei denen eine schwache β-Strahlung nachgewiesen wurde, so verteilen sich die übrigen Radioelemente auf die letzten zwölf Stellen des periodischen Systems mit den Ordnungszahlen 81 bis 92, jedoch mit Auslassung der 85. und der 87. Stelle.

Wie nun die genaue Erforschung der Radioelemente gezeigt hat, lassen sie sich (vom Kalium und Rubidium abgesehen) derart in drei Umwandlungsreihen einordnen, daß jedes Element einer solchen Reihe aus dem ihm in der Reihe vorangehenden entweder durch eine α- oder eine β-Umwandlung hervorgeht. Die drei Reihen werden als die Uran-Radiumreihe, die Aktiniumreihe und die Thoriumreihe unterschieden, wobei jedoch die zweite offenbar nur eine Abzweigung der ersten ist.

Die Uran-Radiumreihe ist durch die Tabelle VII dargestellt, aus der ohne weiteres die Atomgewichte ersichtlich sind, die bei einer durch einen vertikalen Pfeil angedeuteten α-Umwandlung um vier abnehmen, während sie bei einer durch einen horizontalen Pfeil ausgedrückten β-Umwandlung ungeändert bleiben. Unter den Namen der Radioelemente sind die Ordnungszahl, die Gruppe des periodischen Systems und die Halbwertszeit eingetragen. (Dabei bedeuten in dieser und den beiden folgenden Tabellen die Symbole a, d, h, m, s Jahre, Tage, Stunden, Minuten, Sekunden.)

Wie aus der Tabelle VII ersichtlich ist, besteht das Uran als Mischelement aus zwei Isotopen, von denen das leichtere aus dem schwereren durch eine α- und zwei β-Umwandlungen hervorgeht. Doch kommen im Gleichgewicht auf ein Gramm Uran I nur 0,25 mg Uran II und gar nur $1{,}5 \cdot 10^{-11}$ g Uran X_1 und $4{,}9 \cdot 10^{-16}$ g Uran X_2. Vom praktisch-chemischen Standpunkte aus kann somit das Mischelement als reines Uran I angesehen werden. Uran II kann wegen der Isotopie vom Uran I nicht getrennt werden; dagegen können Uran X_1 und Uran X_2 als Isotope von Thorium und Protaktinium durch geeignete Fällungsmethoden abgeschieden werden.

Von dem Uran II führt eine α-Umwandlung zu der langlebigen Muttersubstanz des Radiums, dem Ionium. Da dieses ein Thoriumisotop ist, konnte es nicht rein dargestellt, sondern nur in Thoriumpräparaten angereichert werden, und zwar bis zu 30%.[2] Aus dem Radium, das bereits in einigen hundert Grammen aus Mineralien gewonnen und zum Teil auch chemisch rein dargestellt werden konnte,

[1] Dabei sind die stabilen Endprodukte der Umwandlungen nicht mitgezählt.

[2] Während reines Thorium ein Atomgewicht von 232,1 hat, weist das an Ionium reichste Thoriumpräparat ein Mischungsgewicht von 231,5 auf.

bildet sich wiederum durch eine α-Umwandlung die Radiumemanation. Da sie als Edelgas nicht chemisch gebunden, sondern in dem Radiumsalz nur okkludiert ist, kann sie durch Erhitzen leicht befreit werden.

Tabelle VII.

Die Uran-Radiumreihe.

Atomgewicht							
238	Uran I 92, VI a $4{,}4 \cdot 10^9$ a						
	↓						
234	Uran X_1 → 90, IV a 23,8 d	Uran X_2 → 91, V a 1,14 m	Uran II 92, VI a $1 \cdot 10^6$ a				
			↓				
230			Ionium 90, IV a $9 \cdot 10^4$ a				
			↓				
226			Radium 88, II a 1580 a				
			↓				
222			Ra-Emanation 86, VIII b 3,81 d				
			↓				
218			Ra A 84, VI b 3,05 m				
			↓				
214			Ra B → 82, IV b 26,8 m	Ra C → 83, V b 19,5 m	Ra C′ 84, VI b $1{,}5 \cdot 10^{-8}$ s		
				↓	↓		
210				Ra C″ → 81, III b 1,32 m	Ra D → 82, IV b 16 a	Ra E → 83, V b 4,85 d	Ra F 84, VI b 136,5 d
							↓
206							Ra G 82, IV b stabil

Aus der Radiumemanation bildet sich der sogenannte **kurzlebige aktive Niederschlag des Radiums**; er besteht aus fünf Stoffen: Ra A, Ra B, Ra C, Ra C′ und Ra C″, deren genetische Zusammenhänge aus Tabelle VII ersichtlich sind. Diese Stoffe sind durchwegs fest und unmittelbar nach ihrer Entstehung meist positiv geladen, weshalb sie leicht auf negativ geladenen Platten abgeschieden werden können. Die fünf Elemente sind so kurzlebig, daß sie nur in Mischungen beobachtet werden können, wobei aber das Mischungsverhältnis beliebig variiert werden kann. Die Analyse der Kurven, die den Abfall der Aktivität solcher Gemische darstellen, ermöglichte die Bestimmung der Halbwertszeiten der einzelnen Bestandteile des kurzlebigen Niederschlages; besonders geringe Halbwertszeiten wurden indirekt ermittelt auf Grund des in dem nächsten Abschnitt zu besprechenden Zusammenhanges zwischen der Lebensdauer und der Reichweite der emittierten α-Strahlen.

Bei dem Radium C zeigt die Umwandlungsreihe eine Verzweigung, indem von dem Ra C eine β-Umwandlung zu dem äußerst kurzlebigen Ra C′, hingegen eine α-Umwandlung zu dem Ra C″ führt. Die α-Umwandlung tritt jedoch viel seltener ein als die β-Umwandlung; von 10000 Ra C-Atomen erfahren nur 4 die α-Umwandlung in Ra C″.

Wenn eine genügend große Menge Radiumemanation (etwa ein halber Kubikmillimeter) in einem geschlossenen Glasgefäß zerfällt, so bildet sich an den Gefäßwänden ein feiner Niederschlag, der die Eigenschaften einer als Radium D bezeichneten Bleiart zeigt. Wie das Umwandlungsgesetz erkennen läßt, muß das Radium D durch eine α-Umwandlung aus dem α-strahlenden Ra C′ hervorgehen (und überdies durch eine β-Umwandlung aus dem Ra C″). Radium D hat die verhältnismäßig recht große Halbwertszeit von 16 Jahren; es wandelt sich unter schwacher β-Strahlung in ein als Radium E bezeichnetes Wismutisotop um, aus dem sich abermals unter β-Strahlung das als Polonium bezeichnete Ra F bildet. Das Polonium ist ein α-Strahler; da nach dem Abklingen seiner α-Strahlung keine weiteren neuen Strahlen mehr auftreten, so muß angenommen werden, daß der durch α-Umwandlung aus dem Polonium hervorgehende und als Ra G bezeichnete Grundstoff, der nach dem Umwandlunsgesetz eine Bleiart sein muß und das sogenannte Uranblei darstellt, das Endprodukt der Uran-Radiumreihe ist.

Eine vielfache Analogie mit der Radiumreihe weist die durch die Tabelle VIII dargestellte Aktiniumreihe auf. Sie läßt sich mit Sicherheit von dem Protaktinium bis zu ihrem vermutlichen Endprodukt, dem Bleiisotop Aktinium D, verfolgen. Das Protaktinium ist ein sehr langlebiges Element mit einer Halbwertszeit von 12000 Jahren; seine durch α-Umwandlung entstehende Tochtersubstanz ist das Aktinium, dessen weit geringere Halbwertszeit nur 20 Jahre beträgt. Eine Reindarstellung ist bisher weder bei dem Protaktinium noch bei dem Aktinium gelungen, da sie von ihren Homologen Tantal und Lanthan noch nicht völlig getrennt werden konnten. Von dem Aktinium führen eine β- und zwei α-Umwandlungen zu der Aktiniumemanation, deren Lebensdauer jedoch nur nach Sekunden zählt. Aus der Aktiniumemanation bildet sich der aktive Niederschlag des Aktiniums. Die Reihenfolge der Umwandlungen dieses Niederschlages weist eine ziemliche Ähnlichkeit mit den Umwandlungen des Radiumniederschlages auf. Doch ist im Gegensatze zu dem wenn auch nur schwach aktiven Ra D das Ac D bereits stabil, und während von den Ra C-Atomen fast alle eine β-Umwandlung erfahren, ist es bei den Atomen des Ac C gerade umgekehrt. Von 10000 Ac C-Atomen gehen 9984 unter α-Strahlung in Ac C″ über und nur 16 unter β-Strahlung in Ac C′.

Tabelle VIII.

Die Aktiniumreihe.

Atomgewicht					
230	Uran Y → 90, IV a 24,6 h	Protaktinium 91, V a $1{,}2 \cdot 10^{4}$ a			
		↓			
226		Aktinium → 89, III a 20 a	Radio Ac 90, IV a 18,9 d		
			↓		
222			Ac X 88, II a 11,2 d		
			↓		
218			Ac Em 86, VIII b 3,92 s		
			↓		
214			Ac A 84, VI b $2 \cdot 10^{-3}$ s		
			↓		
210			Ac B → 82, IV b 36,1 m	Ac C → 83, V b 2,16 m	Ac C′ 84, VI b ca. $5 \cdot 10^{-3}$ s
				↓	↓
206				Ac C″ → 81, III b 4,76 m	Ac D 82, IV b stabil

Daß die Aktiniumreihe eine Abzweigung der Uranreihe darstellt, wird durch die Erfahrungstatsache wahrscheinlich gemacht, daß sich die Glieder der Aktiniumreihe in allen Uranmineralien mit demselben dreiprozentigen Anteil an der gesamten Aktivität vorfinden. Dies spricht dafür, daß in der Uranreihe eine Verzweigung derart erfolgt, daß von je hundert Atomen 97 die Umwandlung zum Radium und 3 die Umwandlung zum Aktinium erfahren. An welcher Stelle die Verzweigung stattfindet, ist jedoch noch ungewiß. Wahrscheinlich ist nur auf Grund des Umwandlungsgesetzes, daß die Muttersubstanz des Protaktiniums das β-strahlende Thoriumisotop Uran Y ist, das sich im Uran findet, zu dessen Aktivität drei Prozent beiträgt, aber nur in einer Menge von etwa $2 \cdot 10^{-14}$ g auf ein Gramm Uran kommt. Möglich ist ferner, daß das Uran Y (gleich dem Ionium) durch eine α-Umwandlung aus dem Uran II hervorgeht, so daß die Verzweigung bei diesem Radioelement mittels zweier α-Umwandlungen eintreten würde. Auch die Atomgewichte der Aktiniumreihe sind nur hypothetisch, da bisher noch kein einziges Glied der Aktiniumreihe in einer Menge rein dargestellt werden konnte, die eine experimentelle Atomgewichtsbestimmung ermöglichen würde.[3]

Unsicher ist auch noch die Stellung, die in der Uranreihe das offenbar durch eine Abzweigung entstehende Uran Z einnimmt. Es ist ein Isotop des Protaktiniums, hat eine Halbwertszeit von 6,7 Stunden und trägt zur Aktivität des Urans, in dem es sich stets findet, etwa 3,5 Promille bei, während sein Mengenanteil nur $5 \cdot 10^{-16}$ g auf ein Gramm Uran beträgt.

Daß die Thoriumreihe ganz unabhängig von der Uranreihe ist, geht daraus hervor, daß man sowohl von Thorium fast freie Uranmineralien als auch von Uran fast freie Thoriummineralien kennt. Die Thoriumreihe ist durch die Tabelle IX dargestellt.

Tabelle IX.

Die Thoriumreihe.

Atomgewicht					
232	Thorium 90, IV a ca. $2 \cdot 10^{10}$ a ↓				
228	Mesothor 1 → 88, II a 6,7 a	Mesothor 2 → 89, III a 6,2 h	Radiothor 90, IV a 1,90 a ↓		
224			Thorium X 88, II a 3,64 d ↓		
220			Th Em 86, VIII b 54,5 s ↓		
216			Th A 84, VI b 0,14 s ↓		
212			Th B → 82, IV b 10,6 h	Th C → 83, V b 60,8 m ↓	Th C′ 84, VI b ca. 10^{-11} s ↓
208				Th C″ 81, III b → 3,20 m	Th D 82, IV b stabil

[3] In geringen Mengen konnte Ac X rein gewonnen werden mittels der im nächsten Abschnitt (§ 27) zu besprechenden Methode der Rückstoßstrahlen. Eine experimentelle Atomgewichtsbestimmung ist am ehesten bei dem Protaktinium zu erhoffen, sobald von diesem eine größere Menge rein gewonnen sein wird.

Von der Ausgangssubstanz der Thoriumreihe, dem Thorium, führt eine α-Umwandlung zu dem verhältnismäßig langlebigen Mesothor 1. Da seine Halbwertszeit 6,7 Jahre beträgt und in allen Thormineralien auf 1 g Thorium etwa $3 \cdot 10^{-10}$ g Mesothor 1 kommen, so ergibt sich nach dem Gesetze des radioaktiven Gleichgewichtes die Halbwertszeit des Thoriums zu etwa $2 \cdot 10^{10}$ Jahren. Mesothor 1 kann aus Mineralien nicht rein gewonnen werden, da es ein Isotop des Radiums ist und alle Thormineralien stets auch etwas Uran und somit auch Radium enthalten[4]; nur in minimalen Mengen kann reines Mesothor durch Bildung aus Thoriumsalzen gewonnen werden, die vorher von Uran und dessen Umwandlungsprodukten gereinigt wurden.

Von dem Mesothor 1 führen über das sehr kurzlebige Mesothor 2 zwei β-Umwandlungen[5] zu dem Radiothor, das ein um vier Atomgewichtseinheiten leichteres Isotop des Thoriums darstellt und eine Halbwertszeit von fast zwei Jahren aufweist. Von dem Radiothor führen zwei α-Umwandlungen zu der sehr kurzlebigen Thoriumemanation, aus der sich wiederum der aktive Niederschlag des Thoriums bildet. Dieser weist eine ziemliche Analogie mit den Niederschlägen des Radiums und Aktiniums auf und endet in seiner Entwicklung bei dem Bleiisotop Thorium D. Von dem Thorium C zerfallen ungefähr 65% unter β-Umwandlung und ungefähr 35% unter α-Umwandlung. Ungefähr der zehntausendste Teil der Atome des Th C zerfällt unter Aussendung von α-Strahlen von abnorm großer Reichweite (11,3 cm), so daß bei dem Th C eine wenigstens dreifache Verzweigung der Thoriumreihe angenommen werden muß.

Das Endprodukt aller drei Umwandlungsreihen stellt in verschiedenen Isotopen das Blei dar. Infolgedessen müssen sich sowohl in Uran- als auch in Thoriummineralien im Laufe sehr langer Zeiten merkliche Mengen Blei bilden, so daß die Feststellung des Bleigehaltes eine Altersbestimmung der Mineralien und damit auch der geologischen Schichten ermöglicht, in denen die Mineralien gefunden werden. Da von n Uranatomen im Laufe eines Jahres $n \times 1{,}5 \cdot 10^{-10}$ zerfallen, andererseits aber das Atomgewicht des Bleis sich zu dem des Urans wie 206 : 238 verhält, so erzeugt ein Gramm Uran jährlich $1{,}3 \cdot 10^{-10}$ g Uranblei. Das ungefähre Alter eines Minerals ergibt sich also in Jahren, wenn man die zu 1 g Uran gehörige Menge von Uranblei mit dem reziproken Werte von $1{,}3 \cdot 10^{-10}$, also mit rund 8000 Millionen multipliziert.[6] Einem zehnprozentigen Gehalt an Uranblei entspricht

[4] Da zu 1 g Thorium $3 \cdot 10^{-10}$ g Mesothor, hingegen zu 1 g Uran $3{,}4 \cdot 10^{-7}$ g Radium gehören, so kommt selbst dann, wenn das Thormineral nur zu ein Promille durch Uran verunreinigt ist, auf das im Mineral enthaltene Mesothor eine ungefähr gleich große Menge Radium.

[5] Mesothor 1 sendet allerdings keine nachweisbaren Strahlen aus; daß es aber bei der Umwandlung in Mesothor 2 ein β-Teilchen abgeben muß, folgt daraus, daß Mesothor 2 die Ordnungszahl 89 hat.

[6] Bei einer genauen Berechnung muß allerdings berücksichtigt werden, daß

somit ein Alter von ungefähr 800 Millionen Jahren. Den Altersbestimmungen darf aber stets nur der Gehalt an Uranblei (Ra G) zugrundegelegt werden, von dem eine meist vorhandene Verunreinigung durch gewöhnliches Blei unterschieden werden muß. Da indessen die Atomgewichte des Uranbleis und des gewöhnlichen Bleis verschieden sind (206,0 und 207,2), so ermöglicht eine Atomgewichtsbestimmung des Gemisches von Ra G und gewöhnlichem Blei ohne weiteres die Feststellung des Anteiles beider.[7]

Als ältestes Mineral erwies sich derart ein in Mozambique aufgefundenes Zirkon, dessen Alter sich zu 1500 Millionen Jahren aus dem 21%igen Gehalt an Uranblei ergab; als jüngstes Uranmineral erscheint der in der Carbonformation vorkommende Uraninit mit einem Alter von 320 Millionen Jahren und einem Uranbleigehalt von etwa 4%.[8]

Ob die Uran- und die Thoriumreihe, die vermutlich beide mit dem Blei enden, mit Elementen von noch höherem Atomgewicht als dem des Urans oder Thoriums beginnen, ist eine offene Frage. Doch ist es unwahrscheinlich, daß solche höhere Elemente aufgefunden werden können; denn entweder sind sie kürzerlebig als Uran oder Thor, dann wären sie nach dem vorhin über das Alter der Mineralien Gesagte bereits längst zerfallen, da seit der Erstarrung der Erde wohl kaum eine Neubildung von Elementen stattgefunden hat; oder aber müßten sie sich, falls sie eine genügend lange Lebensdauer haben, infolge des radioaktiven Gleichgewichtes in den Uran- oder Thormineralien in erkennbarer Menge vorfinden, und sie hätten dann ihrer Entdeckung bisher wohl kaum entgehen können. Dagegen erscheint es nicht ausgeschlossen, daß Elemente mit höherem Atomgewicht als dem des Urans anderen als den drei besprochenen Umwandlungsreihen angehören, die nur wegen der Seltenheit ihrer Glieder bisher noch nicht aufgefunden wurden.

Als Glieder solcher noch nicht bekannter Umwandlungsreihen sind vielleicht auch diejenigen Isotopen von Kalium und Rubidium anzusehen, die die Ursache der bei diesen beiden Metallen von CAMPBELL im Jahre 1907 entdeckten β-Aktivität sind. Es ist allerdings sowohl bei dem Kalium als auch bei dem Rubidium noch eine offene Frage, ob eines der beiden bekannten Isotope radioaktiv ist oder aber die Aktivität durch ein drittes, noch unbekanntes Isotop verursacht wird. Ist ersteres der Fall, so ergeben sich aus der Härte der ausgesandten β-Strahlen

auch die Menge des Urans im Laufe der Zeit bereits abgenommen hat; die danach verbesserte Berechnung führt zu einem etwas kleineren Alter der Mineralien.

[7] Während z. B. das in Ostafrika aufgefundene Morogoroerz das Atomgewicht 206,05 aufweist und demnach nur Uranblei enthalten dürfte, folgt bei dem nordkarolinischen Uraninit aus dem für sein Blei festgestellten Atomgewicht von 206,4, daß 70% des Bleis sich aus dem Uran gebildet haben und 30% von einer Verunreinigung herrühren.

[8] Thormineralien sind häufig sekundären Ursprungs, so daß aus dem für sie berechneten Alter nicht immer auf das Alter der geologischen Schichte geschlossen werden darf, in der sie gefunden wurden. Das für die Thormineralien berechnete Alter beträgt zwischen 10 Millionen und 600 Millionen Jahren.

schätzungsweise die Halbwertszeit des stärker strahlenden Rubidiums zu ungefähr hundert Milliarden Jahren und die des Kaliums zu ungefähr einer Billion Jahren.[9]

Unter den Radioelementen sind die allermeisten erst nach der im Jahre 1896 erfolgten Entdeckung der Radioaktivität aufgefunden worden; früher waren eigentlich, wenn man von dem Kalium und Rubidium absieht, nur das Uran und das Thorium bekannt gewesen. Unter den erst später entdeckten Radioelementen stellen fünf in dem Sinne neu entdeckte Grundstoffe dar, daß sie Hauptrepräsentanten von Stellen des periodischen Systems sind, die bis dahin leer gewesen waren. Es sind dies die im Jahre 1898 von dem Ehepaar CURIE entdeckten Elemente Radium und Polonium, das im Jahre 1899 von DEBIERNE und GIESEL entdeckte Aktinium, die im Jahre 1900 von RUTHERFORD und DORN aufgefundene Emanation und endlich das im Jahre 1918 von HAHN und MEITNER entdeckte Protaktinium.[10] Die genetischen Zusammenhänge zwischen den Radioelementen wurden klar, als im Jahre 1913 SODDY und FAJANS (noch vor der Entdeckung der natürlichen Reihe der Grundstoffe) das Gesetz der α- und der β-Umwandlung auffanden.

§ 27. Die radioaktive Strahlung.

Die auffälligste Folgeerscheinung des Kernzerfalls, durch die die Physiker überhaupt erst auf die Tatsache der Kernzersetzung aufmerksam wurden, ist die von den zerfallenden Atomen ausgehende radioaktive Strahlung, die teils von korpuskularer Natur, teils von elektromagnetischer Wellennatur ist. Die radioaktiven Strahlen stammen entweder als sogenannte primäre Strahlen aus dem Atomkern, oder aber werden sie durch die primären Strahlen als sogenannte sekundäre Strahlen in den den Kern umgebenden Elektronengruppen des Atoms hervorgerufen.

Zu den primären Strahlen gehören zunächst die aus dem Atomkern bei dessen Zerfall fortgeschleuderten α- und β-Teilchen. Die Anfangsgeschwindigkeiten der α-Teilchen stellen Konstanten dar, die für die α-strahlenden Radioelemente charakteristisch sind. In cm/sec ausgedrückt, liegen die Anfangsgeschwindigkeiten zwischen $1{,}40 \cdot 10^9$ bei Uran I und $2{,}06 \cdot 10^9$ bei Thorium C'; die abnorm raschen α-Strahlen, die, wie schon erwähnt, der etwa zehntausendste Teil der zerfallenden Thorium-C-Atome aussendet, haben eine Geschwindigkeit von $2{,}3 \cdot 10^9$.

Die Reichweite der α-Strahlen ist in einer gegebenen Substanz, wie schon in einem früheren Abschnitte (§ 4) erwähnt wurde, der dritten Potenz der Anfangsgeschwindigkeit proportional; die-

[9] Über den Zusammenhang zwischen der Härte der β-Strahlen und der Lebensdauer vgl. § 27.

[10] Vor dem Protaktinium war allerdings bereits sein kurzlebiges Isotop Uran X_2 (damals auch „Brevium“ genannt) entdeckt worden.

selbe Beziehung besteht auch zwischen der jeweils noch zurücklegbaren Strecke und der während des Fluges ständig abnehmenden jeweiligen Geschwindigkeit. Die Reichweiten in Luft bei Atmosphärendruck und 0^0 stellen ebenfalls für die α-strahlenden Radioelemente charakteristische Konstanten dar; sie liegen zwischen 2,53 cm bei Uran I und 8,17 cm bei Thorium C′. Die besonders raschen α-Strahlen, die der zehntausendste Teil der zerfallenden Th-C-Atome emittiert, haben eine Reichweite von 11,3 cm. Im übrigen ist die Reichweite direkt proportional der absoluten Temperatur des Gases und umgekehrt proportional seinem Druck, weshalb die α-Strahlen im Vakuum eine sehr große Reichweite aufweisen. Auf Ra C′ bezogen, hängt die Reichweite in Luft bei 0^0 und Atmosphärendruck mit der Anfangsgeschwindigkeit durch die Beziehung zusammen

(1) $v^3 = 1{,}076 \cdot 10^{27} R_0$,

bzw.

(2) $v = 1{,}025 \cdot 10^9 R_0^{1/3}$

Die Reichweite bei 15^0, die häufig angegeben wird, ergibt sich aus R_0 durch Multiplikation mit 1,055.

Eine einfache Gesetzmäßigkeit verknüpft die Reichweite der α-Strahler mit ihrer Lebensdauer. Wie Geiger und Nuttall im Jahre 1911 fanden, sind nämlich innerhalb jeder Umwandlungsreihe die Logarithmen der Zerfallskonstanten lineare Funktionen der Logarithmen der Reichweite. Es besteht die Beziehung

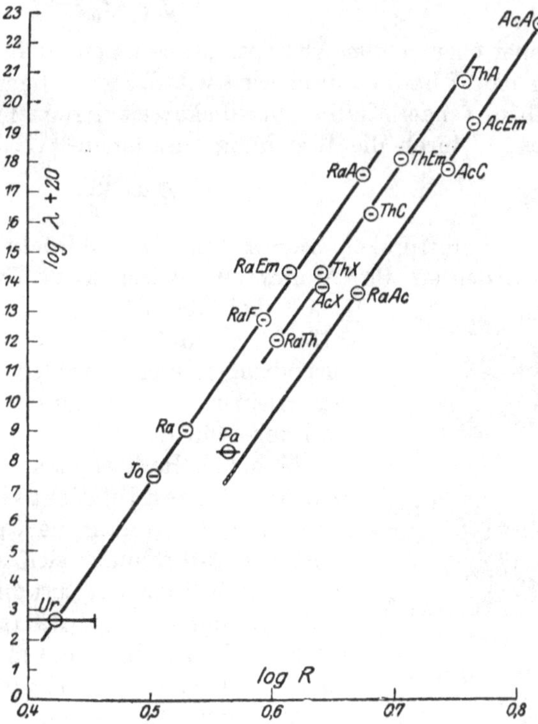

Fig. 34. Zusammenhang zwischen Reichweite und Zerfallskonstante.
(Aus Ztschr. f. Physik, Bd. VIII, Springer, Berlin.)

$$\text{(3)} \qquad \log \lambda = A + B \log R_0 \ ,$$

wobei B eine universelle Konstante ist, A hingegen für jede der drei Umwandlungsreihen einen bestimmten Wert hat (vgl. Fig. 34). Wenn Briggssche Logarithmen benutzt werden, ist B gleich 60 und für die Uran-Radiumreihe A gleich $-41{,}5$ zu setzen. Mittels der Gl. 3 konnte für sehr kurzlebige Radioelemente die Halbwertszeit ermittelt werden.

Daß indessen die Gl. 3 nicht allgemein gilt, beweist der aus Fig. 34 ersichtliche Fall des Ac X, dessen Reichweite der Thorium-, nicht aber der Aktiniumreihe entspricht.[1]

Wie für die α-strahlenden Radioelemente die Reichweite, so wird für die β-strahlenden als charakteristische Konstante gewöhnlich der Absorptionskoeffizient in Aluminium angegeben. Da die Intensität der β-Strahlen, wie die Erfahrung zeigt, nach einem Exponentialgesetz abnimmt, so verringert sie sich bei dem Passieren einer Schichte von der Dicke d von J_0 auf J gemäß der Beziehung

$$J = J_0 e^{-\mu d} , \tag{4}$$

wobei eben μ den Absorptionskoeffizienten bedeutet. Den Wert von d, für den J halb so groß wird wie J_0, bezeichnet man als die Halbwertsschicht oder Halbierungsdicke; sie hängt mit dem Absorptionskoeffizienten durch die Beziehung zusammen[2]

$$D = \frac{\ln 2}{\mu} . \tag{5}$$

In reziproken Zentimetern ausgedrückt, liegen die Absorptionskoeffizienten für Aluminium zwischen 13 (bei Ra B und Ra C) und 5500 (bei Ra D), die Halbierungsdicken zwischen $5{,}13 \cdot 10^{-2}$ und $1{,}26 \cdot 10^{-4}$ cm. Den härteren, also durchdringenderen Strahlen entspricht dabei natürlich der kleinere Absorptionskoeffizient und die größere Halbwertsschicht.

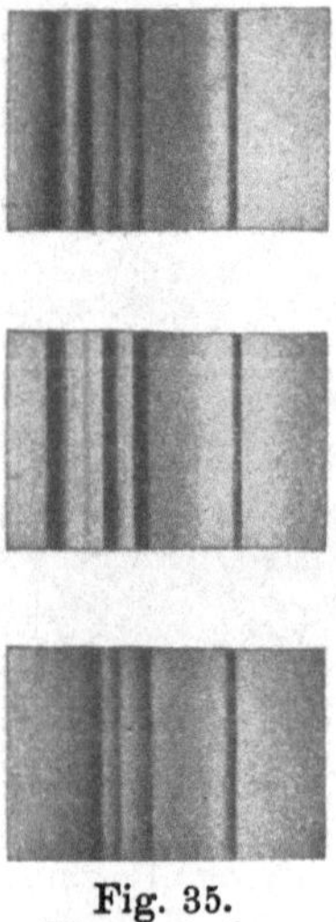

Fig. 35. Magnetische β-Strahlspektren.

Manche Radioelemente weisen mehrere, auseinanderliegende Werte des Absorptionskoeffizienten auf[3], woraus hervorgeht, daß die von ihnen emittierte β-Strahlung sich aus Strahlen von verschiedener Geschwindigkeit zusammensetzt. Noch deutlicher beweisen dies die magnetischen Spektren, die auf der Tatsache beruhen, daß in einem Magnetfeld Strahlen von verschiedener Geschwindigkeit verschieden stark abgelenkt werden. Wenn man daher die durch einen Magneten abgelenkte β-Strahlung auf eine photographische Platte fallen läßt, die durch sie geschwärzt wird, so treten bei geeigneter Versuchsanordnung auf der Platte scharfe schwarze Linien auf, deren jede einer bestimmten, leicht ermittelbaren Anfangsgeschwindigkeit entspricht[4] (Fig. 35); allerdings rührt ein Teil der Linien von den (später zu

[1] Wie die Fig. 34 zeigt, gilt die Gleichung von GEIGER und NUTTALL überhaupt für die Thorium- und die Aktiniumreihe bei weitem nicht so genau wie für die Uran-Radiumreihe.

[2] Zwischen Halbwertsschicht und Absorptionskoeffizient besteht derselbe Zusammenhang wie zwischen Halbwertszeit und Zerfallskonstante.

[3] Radium B weist z. B. drei μ-Werte auf: 890, 77 und 13,1.

[4] Vgl. Gl. 1 des § 3.

besprechenden) sekundären β-Strahlen her, und nur die Linien größerer Geschwindigkeit sind primären Ursprungs.[5] Die Anfangsgeschwindigkeiten der β-Strahlen liegen zwischen $9{,}9 \cdot 10^9$ und $2{,}994 \cdot 10^{10}$ cm/sec; sie betragen zwischen 33 und 99,8% der Lichtgeschwindigkeit. Die raschesten β-Strahlen wurden im magnetischen Spektrum des Radium C festgestellt. Größeren Werten der Anfangsgeschwindigkeit entsprechen im allgemeinen kleinere Halbwertszeiten.[6]

Indem man die Aufladung mißt, die ein von β-Strahlen getroffenes Elektroskop erfährt, läßt sich die Zahl der von einem β-Strahler in der Sekunde emittierten β-Teilchen berechnen. Die Zählungen ergeben, daß diese Zahl immer gleich ist der Zahl der in der Sekunde unter β-Umwandlung zerfallenden Atome. So wurde beispielsweise festgestellt, daß die mit einem Gramm Radium im Gleichgewicht befindliche Menge der β-strahlenden Elemente Ra B und Ra C zusammen in einer Sekunde $7 \cdot 10^{10}$ β-Teilchen aussendet. Die Hälfte hiervon stimmt aber wiederum überein mit der Zahl der von einem Gramm Radium (ohne Umwandlungsprodukte) emittierten α-Teilchen, die sich ja, wie schon erwähnt, zu $3{,}72 \cdot 10^{10}$ ergibt. (Die Übereinstimmung ist nicht vollkommen, weil zu den primären β-Teilchen auch noch sekundäre hinzukommen.) Durch die Aussendung der negativen β-Teilchen erfahren die β-strahlenden Präparate starke positive Aufladungen, die bei geeigneter Versuchsanordnung 150000 Volt erreichen können.

Die primären γ-Strahlen entstehen, wenn die fortgeschleuderten α- oder β-Teilchen noch innerhalb des Kernes durch Bremsung kinetische Energie verlieren. Ebenso wie die β-Strahlen werden auch die γ-Strahlen gewöhnlich durch ihren Absorptionskoeffizienten in Aluminium charakterisiert; für die härtesten γ-Strahlen, die von dem Thorium C'' stammen, beträgt der Absorptionskoeffizient $0{,}0916\ \text{cm}^{-1}$, für die weichsten Strahlen, die das Ionium emittiert, $1088\ \text{cm}^{-1}$. In Luft beträgt die Halbwertsschicht für die härtesten γ-Strahlen etwa 150 m, für die raschesten β-Strahlen hingegen nur etwa 1 m.

Für die weichen und mittleren γ-Strahlen konnten auch die Wellenlängen nach der Kristallmethode ermittelt werden (vgl. § 19). So wurden in dem gemeinsamen γ-Spektrum des Gemisches von Ra B und Ra C über zwanzig getrennte Linien nachgewiesen, deren Wellenlängen zwischen 71 X-E. und 1365 X-E. liegen. Kleinere Wellenlängen konnten, wovon in einem späteren Abschnitt (§ 31) noch eingehender die Rede sein wird, nur indirekt berechnet werden, wobei die Rechnungen bis hinab

[5] Analoges gilt wohl auch von den auseinanderliegenden Werten des Absorptionskoeffizienten.

[6] Die Auffindung eines quantitativen Zusammenhanges zwischen Zerfallskonstante und Absorptionskoeffizienten (nach Analogie der Gleichung von Geiger und Nuttall) ist vor allem deshalb noch nicht gelungen, weil eine genaue Scheidung zwischen primären und sekundären Linien im magnetischen β-Strahlspektrum noch nicht möglich war.

zu 20 X-E. führten. Für die härtesten Strahlen ergaben Schätzungen eine vermutliche Wellenlänge von nur 5 X-E. Um Strahlen von solcher Härte in Röntgenröhren zu erzeugen, wäre nach der Gleichung von Duane und Hunt eine Spannung von ungefähr zwei Millionen Volt erforderlich, die die höchste bisnun hergestellte etwa siebenfach übertreffen müßte. Nur die härtesten unter den γ-Strahlen dürften indessen primäre Strahlen sein.

Die sekundären radioaktiven Strahlen, die in dem außerhalb des Kerns liegenden Teile des Atoms entstehen, sind entweder β- oder γ-Strahlen. Die sekundären β-Strahlen sind die Folge eines lichtelektrischen Effektes, der in den den Kern umgebenden Elektronengruppen durch die aus dem Kerne dringenden primären γ-Strahlen hervorgerufen wird. Sekundäre β-Strahlen können außer bei solchen Radioelementen, die eine β-Umwandlung erfahren, natürlich auch bei solchen beobachtet werden, die eine α-Umwandlung durchmachen; in der Tat zeigt sich eine schwache β-Strahlung sekundären Ursprungs bei den α-Strahlern Radium, Radioaktinium und Radiothor.[7] Die sekundären γ-Strahlen, die durch primäre β- oder auch durch primäre α-Strahlen erzeugt werden, sind nichts anderes als charakteristische Strahlen der betreffenden Grundstoffe, die auch in deren Röntgenspektren auftreten.

Zu den von radioaktiven Substanzen ausgehenden Korpuskularstrahlen gehören auch die sogenannten Rückstoßstrahlen. Jedes Atom, das ein α- oder β-Teilchen abstößt, muß nach dem Satze von der Erhaltung der Bewegungsgröße einen Rückstoß mit einer Geschwindigkeit erfahren, die sich zu der des fortgeschleuderten α- oder β-Teilchens so verhält wie dessen Masse zu der Masse des Atomrestes. Wenn daher beispielsweise ein Radium-A-Atom von dem Atomgewicht 218 ein α-Teilchen von der Masse 4 mit einer Geschwindigkeit von $1{,}69 \cdot 10^9$ cm/sec ausstößt, so muß das durch die Umwandlung entstandene Radium-B-Atom mit einer Geschwindigkeit fortgestoßen werden, die gleich ist der vorhin angegebenen Geschwindigkeit des α-Teilchens, multipliziert mit 4/214. Dies ergibt eine Geschwindigkeit von etwa $3 \cdot 10^7$ cm/sec; und diese Geschwindigkeit ist immerhin groß genug, um die Rückstoßstrahlen erkennbar zu machen.[8]

---

[7] Außer durch primäre γ-Strahlen können sekundäre β-Strahlen vermutlich auch durch primäre Korpuskularstrahlen erzeugt werden. Von solcher Art dürften die aus langsamen Elektronen bestehenden sogenannten „δ-Strahlen" sein, die alle α-strahlenden Substanzen abgeben.

[8] Diese Rückstoßstrahlen weisen wie α-Strahlen eine Reichweite auf, die bei den Strahlen des Ra B in Luft 0,14 mm beträgt. Die Auffangung der Rückstoßstrahlen ermöglichte bei einigen Radioelementen, wie z. B. bei Ac X, eine Reindarstellung, allerdings nur in minimaler Menge. Bei der Aussendung von β-Teilchen ist der Nachweis der Rückstoßstrahlen viel schwieriger, weil ja die Bewegungsgröße eines β-Teilchens wegen der etwa 7000 mal kleineren Masse trotz der etwa 20 mal größeren Geschwin-

Unter den Wirkungen der radioaktiven Strahlen sind am auffälligsten die Ionisierung der Luft und die ständige Wärmeentwicklung. Die Zahl der Ionenpaare, die in der Luft ein α-Teilchen erzeugt, erweist sich proportional der kinetischen Anfangsenergie des α-Teilchens und somit nach Gl. 2 proportional dem Quadrate aus der dritten Wurzel der Reichweite. Bezeichnen wir die Zahl der Ionenpaare mit k, so gilt (auf die Daten von Ra C′ bezogen) die Gleichung

$$k = 6{,}25 \cdot 10^4 \, R_0^{2/3} \,. \tag{6}$$

Die weitreichenden α-Teilchen von Ra C′ erzeugen danach ungefähr je 220000, aber auch die langsamen α-Teilchen von Uran I noch etwa je 120000 Ionenpaare. Die Ionisationswirkung der β-Strahlen ist wesentlich geringer; bei vollständiger Absorption der β-Strahlung in Luft erzeugt ein rasches β-Teilchen doch nur etwa 10000 Ionenpaare.[9] Auch die γ-Strahlen wirken ionisierend. Die gesamte Ionisationswirkung der von einer bestimmten Menge Ra C ausgehenden γ-Strahlen ist ungefähr ebensogroß wie die der β-Strahlen, die von dieser Menge Ra C emittiert werden.[10]

Die Ionisationswirkung der radioaktiven Strahlung ermöglicht den Nachweis außerordentlich geringer und unwägbarer Mengen von Radioelementen. Am einfachsten erfolgt der Nachweis und auch die Messung so kleiner Mengen, indem die Zeit beobachtet wird, die die Blättchen eines geladenes Elektroskops zum Zusammenfallen brauchen, wenn durch die radioaktive Substanz die Luft leitend gemacht wird.[11] Mittels dieser Methode gelingt es, noch ungefähr den billionsten Teil eines Grammes bei radioaktiven Stoffen nachzuweisen.[12]

Die Wärme, die ein in einem Gefäße eingeschlossenes aktives Präparat ständig entwickelt, rührt von der kinetischen Energie der an den Gefäßwänden aufgehaltenen α- und β-Strahlen sowie der Rückstoß-

---

digkeit weit kleiner ist als bei einem α-Teilchen. Doch konnten immerhin auch die aus Ra-C-Atomen bestehenden Rückstoßstrahlen beobachtet werden, die bei dem β-Zerfall von Ra B entstehen.

[9] Längs eines Zentimeters der Bahn erzeugt ein β-Teilchen in Luft bei Normaldruck im Mittel etwa 70 Ionenpaare.

[10] An sich ist die ionisierende Wirkung der γ-Strahlen, auf 1 cm der Bahn bezogen, viel geringer als die der β-Strahlen. Dies wird jedoch durch die viel größere Bahnlänge der γ-Strahlen wieder ausgeglichen.

[11] Stärkere radioaktive Präparate werden durch die Intensität des von ihnen erzeugten „Sättigungsstroms" gemessen.

[12] Aus einem Gramm Radium lassen sich ja beispielsweise überhaupt nur etwa drei millionstel Milligramm Radium A gewinnen. — Die außerordentliche Empfindlichkeit der radioaktiven Messungen findet eine wichtige Anwendung in der von Hevesy ersonnenen Methode der radioaktiven Indikatoren. Chemische Prozesse, an denen sich Blei oder Wismut nur in sehr geringem Ausmaße beteiligt, werden hierbei dadurch nachweisbar und meßbar gemacht, daß man dem Wismut oder Blei isotope und daher von ihnen nicht trennbare Radioelemente beimengt, deren Anwesenheit auch in den kleinsten Mengen noch deutlich erkennbar ist.

strahlen und von der absorbierten elektromagnetischen Energie der γ-Strahlen her. Aus den charakteristischen Konstanten der Strahlen und aus den Zerfallskonstanten der Radiumreihe läßt sich die Wärme, die ein Gramm Radium samt seinen kurzlebigen Umwandlungsprodukten in einer Stunde produzieren muß, zu 137 Kalorien berechnen, von welcher Wärmemenge 90,1% durch die α-Strahlen, 3,4% durch die β-Strahlen, 4,7% durch die γ-Strahlen und 1,8% durch die Rückstoßstrahlen erzeugt werden. Die experimentelle Messung ergibt in guter Übereinstimmung mit dem Rechnungsergebnis für die stündliche Wärmeentwicklung 136 Kalorien.[13]

Die gesamte Wärmemenge, die ein Gramm Radium bei seinem völligen Zerfall zu erzeugen vermag, beträgt $3{,}7 \cdot 10^9$ Kalorien. Diese Wärmemenge ist, wie zum Vergleich angeführt sei, ungefähr eine Million mal so groß wie die Wärmemenge, die ein Gramm Knallgas bei seiner Umwandlung in Wasser erzeugt, obwohl diese chemische Reaktion mit einer ungewöhnlich hohen Wärmetönung verbunden ist.[14]

§ 28. Die Zertrümmerung der Grundstoffe.

Bei den radioaktiven Vorgängen stellt der Kernzerfall einen spontan verlaufenden und in keiner Weise beeinflußbaren Vorgang dar. Es bedeutete daher eine Entdeckung von der größten Tragweite, als im Jahre 1919 RUTHERFORD zum ersten Male die auf künstlichem Wege bewirkte Zerlegung eines Grundstoffs nachwies, und noch dazu eines Grundstoffs von niedriger Ordnungszahl.

Die Grundlage der RUTHERFORDschen Entdeckung bildeten Beobachtungen über die Entstehung der bereits in einem früheren Abschnitt (§ 4) besprochenen H-Strahlen. Bald nach deren Auffindung machte MARSDEN in Gemeinschaft mit LANTSBERRY die überraschende Wahrnehmung, daß ein mit Radium C überzogenes Nickelblech auch durch gewöhnliche Luft hindurch Szintillationen in einer Entfernung erregte, die weit größer war, als die Reichweite der von dem Nickelblech emittierten α-Strahlen in Luft beträgt. Denn während die Reichweite dieser (eigentlich von dem Zerfallsprodukt Ra C' herrührenden) α-Strahlen nur 7 cm beträgt, konnten Szintillationen noch in einer Entfernung von 40 cm wahrgenommen werden, was um so mehr überraschen mußte, als selbst die aus Wasserstoff gewonnenen H-Strahlen in Luft nur eine Reichweite von 29 cm aufweisen.

---

[13] Auch bei Polonium, Thorium und Uran konnte die ständige Wärmeentwicklung nachgewiesen werden. 1 g Uran erzeugt im Gleichgewicht mit seinen Zerfallsprodukten in der Stunde ungefähr den zehntausendsten Teil einer Kalorie.

[14] Selbst wenn die Sonne ausschließlich aus Uran und seinen Umwandlungsprodukten bestünde, würde jedoch die Zerfallswärme nur die Hälfte der tatsächlich ausgestrahlten Wärmemenge decken.

Als Rutherford diese zunächst rätselhafte Erscheinung weiter verfolgte, machte er nun die wichtige Entdeckung, daß die Zahl der Szintillationen von der Substanz abhing, die den Raum zwischen dem Nickelblech und dem Leuchtschirm erfüllte. Die Szintillationen blieben aus, wenn der Zwischenraum leer oder anstatt mit Luft mit Kohlensäure oder mit Sauerstoff gefüllt war; dagegen stieg die Zahl der Szintillationen, als Rutherford die Luft durch reinen Stickstoff ersetzte. Zugleich bewiesen Versuche über elektrische und magnetische Ablenkung, daß die weitreichenden Strahlen in der Tat H-Strahlen waren, also aus Wasserstoffkernen bestanden.

Diese Tatsachen führten Rutherford zu der bedeutungsvollen Erkenntnis, daß durch die α-Teilchen eine Zertrümmerung von Stickstoffkernen herbeigeführt wird, wobei aus den zertrümmerten Kernen Wasserstoffkerne fortgeschleudert werden.

Wie die Berechnungen auf Grund der Szintillationszählungen ergaben, kommt im Durchschnitt nur ein einziger freigemachter Wasserstoffkern auf einige hunderttausend emittierte α-Teilchen. Da eine Menge Ra C′, die sich im radioaktiven Gleichgewicht mit einem Gramm Radium befindet, in der Sekunde $3{,}72 \cdot 10^{10}$ α-Teilchen aussendet, so werden somit durch ein Präparat von 1 g Radium (von dem für die Stickstoffzertrümmerung nur das Ra C′ in Betracht kommt[1]) in einem Jahre ungefähr 10^{12} Wasserstoffkerne freigemacht; die nach erfolgter Neutralisierung entstandenen Wasserstoffatome würden somit nach einem Jahre erst ein Volumen von dem ungefähr tausendsten Teile eines Kubikmillimeters ergeben.

Wie Rutherford bei späteren Versuchen fand, werden durch die α-Teilchen des Ra C′ Wasserstoffkerne auch aus den Atomen von Bor, Fluor, Natrium, Aluminium und Phosphor frei gemacht, nach neuesten Versuchen wahrscheinlich auch aus Atomen von Beryllium, Magnesium und Silicium.

Die Zertrümmerung der Grundstoffkerne gelingt nur, wenn die α-Strahlen eine Reichweite von wenigstens 5 cm haben (was eben bei Ra C′ der Fall ist). Daß aber die in die Atomkerne hineingeschossenen α-Teilchen eigentlich nur eine auslösende Wirkung haben und der Vorgang der Zertrümmerung im wesentlichen in einer Explosion besteht, geht aus der Tatsache hervor, daß sich die kinetische Energie eines H-Teilchens größer ergibt als die des α-Teilchens selbst. Bei Aluminium, bei dem H-Strahlen bis zu 90 cm Reichweite auftreten, übertreffen die H-Teilchen die α-Teilchen um etwa 50% an kinetischer Energie. Auch zeigt es sich, daß die H-Strahlen nicht nur in der Richtung der α-Strahlen auftreten, sondern zum Teil auch in entgegengesetzter Richtung, was ebenfalls für die Annahme einer durch die α-Teilchen ausgelösten Kernexplosion spricht.

---

[1] Die anderen α-strahlenden Umwandlungsprodukte haben eine zu geringe Reichweite.

§ 29. Die Struktur der Atomkerne.

Die durch die Kernzertrümmerung hervorgerufenen H-Strahlen stellen in Verbindung mit der radioaktiven β-Strahlung einen überzeugenden empirischen Beweis für die Richtigkeit der modernen Auffassung dar, die sich alle Atome aus positiven und negativen Elektronen zusammengesetzt denkt. Andererseits scheint aber aus der Tatsache der radioaktiven α-Strahlung deutlich hervorzugehen, daß sich die Kerne nicht unmittelbar aus positiven und negativen Elektronen aufbauen, sondern daß die Elektronen in den Kernen besonders häufig in der Form von Aggregaten enthalten sind, die eine Masse von vier Wasserstoffatomen bei einer positiven Ladung von zwei Elementarquanten besitzen.

Die wesentliche Rolle, die in dem Aufbau der Kerne den Alphateilchen zukommt, erhellt außer aus den radioaktiven Erscheinungen auch deutlich aus der Tatsache, daß gerade die häufigsten Atomarten ein durch vier teilbares Atomgewicht aufweisen. Bei den Grundstoffen, deren Atomgewicht und Ordnungszahl von der Form sind

$$(1) \qquad A = 4n\,, \qquad z = 2n\,,$$

— und solche Grundstoffe kennen wir von $n = 3$ bis $n = 10$ — werden wir offenbar einen reinen Alphaaufbau annehmen müssen (vgl. die erste Horizontalreihe in Tabelle X). Daß solche, aus lauter positiven α-Teilchen zusammengesetzte Kerne gleichwohl zusammenhalten, erklärt sich daraus, daß die α-Teilchen selbst aus je vier positiven und je zwei negativen Elektronen bestehen und daher trotz ihrer positiven Gesamtladung bei genügender Annäherung und geeigneter Anordnung einander elektrostatisch anziehen können.

Die durch vier teilbaren Atomgewichte erscheinen bis zu dem Ende der natürlichen Reihe durch verhältnismäßig häufige Atomarten von stets gerader Ordnungszahl vertreten. Von dem Atomgewicht 44 an (und teilweise infolge von Isobarie schon bei 40) ist aber hierbei das Atomgewicht größer als die doppelte Ordnungszahl. Ist das Atomgewicht $4n$ und die Ordnungszahl $2n'$, so nimmt bei dem Fortschreiten in der natürlichen Reihe die Differenz $n - n'$ zu, um schließlich gleich 13 zu werden (Thorium hat das Atomgewicht $232 = 4 \times 58$ und die Ordnungszahl $90 = 2 \times 45$).

Diese Tatsache läßt sich am einfachsten durch die Hypothese erklären, daß die Kerne dieser Atome außer positiven α-Teilchen von der Ladung $+2e$ auch noch neutralisierte Alphateilchen enthalten, die, ohne die Kernladung zu erhöhen, gleichwohl vier Einheiten zu dem Atomgewicht beitragen. Diese von Lise Meitner aufgestellte Hypothese stützt sich vor allem auf die Erfahrungstatsache, daß in den radioaktiven Zerfallsreihen häufig auf einen α-Strahler zwei β-Strahler oder auf einen β-Strahler ein α- und ein β-Strahler folgen (vgl. die früheren Tabellen VII—IX in § 26).

Über den hypothetischen Aufbau von Atomkernen aus positiven und neutralisierten α-Teilchen gibt Tabelle X eine Übersicht. Sie bezieht sich auf die Elemente mit den geraden Ordnungszahlen bis zu 42. Da die Grundstoffe bis zur Ordnungszahl 39 bereits durchwegs auf Isotopie untersucht sind (vgl. die frühere Tabelle V in § 23), so sind nur die Atomarten Zr_{92} und Mo_{96} unsicher, wenn auch die Existenz der letzteren Atomart wegen der Ganzzahligkeit des „Atomgewichtes" von Molybdän (96,0) höchst wahrscheinlich ist.[1]

Tabelle X.

Aufbau von Atomkernen aus α-Teilchen.

(n α-Teilchen, von denen s neutralisiert sind; unter dem chemischen Symbol Ordnungszahl und Atomgewicht.)

$s=0$ $A=4n$ $z=2n$	$n=3$ C 6, 12	$n=4$ O 8, 16	$n=5$ Ne 10, 20	$n=6$ Mg 12, 24	$n=7$ Si 14, 28	$n=8$ S 16, 32	$n=9$ A 18, 36	$n=10$ Ca 20, 40
$s=1$ $A=4n$ $z=2n-2$	$n=10$ A 18, 40	$n=11$ Ca 20, 44	$n=12$ Ti 22, 48	$n=13$ Cr 24, 52	$n=14$ Fe 26, 56	$n=15$ Ni 28, 60	$n=16$ Zn 30, 64	
$s=2$ $A=4n$ $z=2n-4$	$n=17$ Zn 30, 68	$n=18$ Ge 32, 72	$n=19$ Se 34, 76	$n=20$ Kr 36, 80				
$s=3$ $A=4n$ $z=2n-6$	$n=20$ Se 34, 80	$n=21$ Kr 36, 84	$n=22$ Sr 38, 88	$n=23$ Zr ? 40, 92	$n=24$ Mo ? 42, 96			

Neben den Elementen mit einem durch vier teilbaren Atomgewicht sind besonders häufig auch solche mit einem Atomgewicht von der Form $4n+3$, wobei die Ordnungszahl stets ungerade ist. Insbesondere sind die Grundstoffe mit Atomgewicht und Ordnungszahl von der Form

$$A = 4n + 3\,, \qquad z = 2n + 1 \tag{2}$$

von $n = 1$ bis $n = 9$, jedoch mit Ausschluß von $n = 3$, durch verhältnismäßig häufige Atomarten vertreten.[2] Vielen Grundstoffen, die ein durch vier teilbares Atomgewicht haben, entspricht auch ein Grundstoff mit einer um Eins höheren Ordnungszahl und einem um drei höheren Atomgewicht; dies spricht dafür, daß die Kerne solcher Atome außer positiven und neutralisierten α-Teilchen vielleicht noch ein einzelnes Aggregat von der Masse 3 und der Ladung $+e$ enthalten.

---

[1] Vertreter höherer Reihen als der in Tab. X angeführten wären z. B. die Isotopen von 50 Sn mit den Atomgewichten 116, 120 und 124, für die $s = 4, 5, 6$ zu setzen wäre. Für die Isotopen von 54 X mit den Atomgewichten 128, 132 und 136 ist $s = 5, 6$ oder 7. Bei dem Isotop von 80 Hg mit dem Atomgewicht 204 ist s gleich 11 zu setzen.

[2] Es sind dies: Li 3/7, B 5/11, F 9/19, Na 11/23, Al 13/27, P 15/31, Cl 17/35, K 19/39.

Weniger häufig als die Atomarten von dem Atomgewicht $4n$ und $4n + 3$ sind solche mit einem Atomgewicht von der Form $4n + 1$ oder $4n + 2$. Im allgemeinen gilt auch hier die Regel, daß die Ordnungszahl bei geradem Atomgewicht gerade und bei ungeradem Atomgewicht ungerade ist; doch gibt es von dieser Regel auch Ausnahmen, die namentlich im Beginn der natürlichen Grundstoffreihe vorkommen.[3]

Ein wesentlicher Unterschied zeigt sich zwischen den Elementen mit gerader und denen mit ungerader Ordnungszahl hinsichtlich der Isotopie. Elemente mit ungerader Ordnungszahl sind isotopenarm. Sie sind (wie die frühere Tabelle V in § 23 zeigt) entweder Reinelemente, oder aber bestehen sie aus nur zwei Isotopen, deren ungerade Atomgewichte sich um zwei Einheiten unterscheiden. (Eine Ausnahme bilden, abgesehen von unbeständigen Radioelementen, der dritte und fünfte Grundstoff, Lithium und Bor, bei denen der Atomgewichtsunterschied nur Eins beträgt.) Elemente mit gerader Ordnungszahl haben hingegen im allgemeinen eine größere Zahl von Isotopen, namentlich dann, wenn die Ordnungszahl nicht niedrig ist.

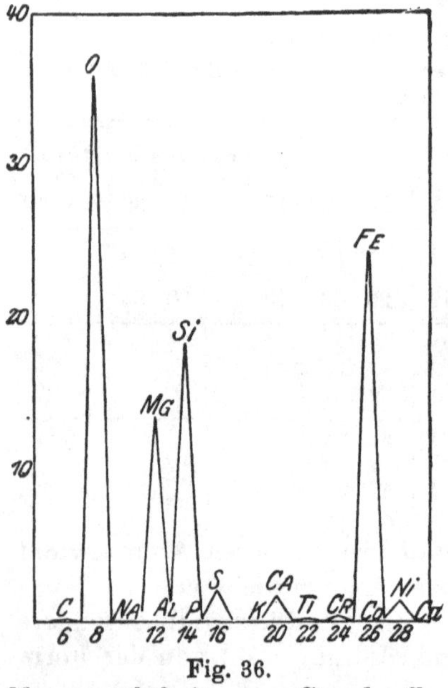

Fig. 36.
Mengenverhältnisse von Grundstoffen in Steinmeteoriten.

Auch zeigt es sich, daß Elemente mit gerader Ordnungszahl, offenbar infolge einer größeren Kernstabilität, häufiger sind als Elemente mit ungerader Ordnungszahl. Besonders deutlich geht dies aus der Fig. 36 hervor, die die durchschnittlichen Gewichtsprozente der Elemente in Steinmeteoriten in ihrer Abhängigkeit von der als Abszisse aufgetragenen Ordnungszahl zeigt. Es ist wohl auch kein Zufall, daß die fünf Lücken in der natürlichen Grundstoffreihe durchwegs ungerade Ordnungszahlen haben.

Über die Lineardimensionen der Atomkerne vermögen wir einige Erkenntnisse aus den schon früher erwähnten Versuchen zu ziehen, die die Streuung der Alphastrahlen bei ihrem Durchgang durch Metallfolien betreffen (s. § 21). Denn die Streuung hängt ja nach dem Coulombschen Gesetz außer von der Kernladung auch von der Ausdehnung der Kerne ab, so daß aus den Versuchsergebnissen eine obere Grenze für den Kernradius (unter der Annahme einer Kugelgestalt des Kernes) abgeleitet werden konnte. Für den Goldkern wurde derart

[3] Solche Ausnahmen sind einerseits Li_6, B_{10}, N_{14}, andererseits Be_9, Mg_{25}, Si_{29}.

als obere Grenze des Halbmessers ein Wert von etwa $4 \cdot 10^{-12}$ cm ermittelt, also weniger als ein Tausendstel des Atomradius. Andererseits folgt aus den Formeln für die sogenannte elektromagnetische Masse einer kugelförmigen Volumladung, daß, woferne die Masse der Elektronen nur elektromagnetischen Ursprungs ist, das negative Elektron einen Radius von etwa $2 \cdot 10^{-13}$ cm und das positive Elektron einen Halbmesser von etwa $1 \cdot 10^{-16}$ cm haben müßte; aber auch dann, wenn die Masse der Elektronen teilweise anderen Ursprungs wäre, stellen die angegebenen Werte obere Grenzen dar, weil ja bei noch kleinerem Radius die elektromagnetische Masse der Elektronen größer werden müßte als ihre tatsächliche. Der Radius des Goldkerns wäre also höchstens nur ungefähr zwanzigmal so groß wie der der negativen Elektronen, die in ihm zusammen mit positiven Elektronen enthalten sind.

Infolge der geringen linearen Ausdehnung der Kerne ist ihre innere Energie verhältnismäßig ungeheuer groß; sie ist so groß, daß das Massenäquivalent, das ihr nach dem relativitätstheoretischen Satze von der Trägheit der Energie zukommt und das sich durch Division durch c^2 ergibt, einen merklichen Einfluß auf die Atommasse haben kann. Um dies einzusehen, brauchen wir ja nur zu bedenken, daß bereits die kinetische Energie eines einzelnen, aus einem Atomkern fortgeschleuderten α-Teilchens (nach Gl. 2 des § 4) bis zu $1{,}3 \cdot 10^{-5}$ erg beträgt; das Massenäquivalent hiervon ist aber $1{,}4 \cdot 10^{-26}$ g, also fast 1% von der Masse eines Wasserstoffatoms.

Hat nun ein Kern die innere Energie W, die mit positivem oder negativem Vorzeichen gerechnet werde, je nachdem ob bei der „Packung“ der Kernbestandteile Energie zugeführt oder frei wurde, so erscheint die Masse gegenüber der Summe der Massen der Kernbestandteile um den Betrag W/c^2 vermehrt. Woferne der Kern n Wasserstoffkerne enthält (die Masse der negativen Elektronen kann außer Betracht bleiben), so müßte somit das Atomgewicht gleich sein

$$A = n \cdot 1{,}008 + \frac{W L}{c^2}, \tag{3}$$

wenn mit L in üblicher Weise die LOSCHMIDTsche Zahl bezeichnet wird.

Umgekehrt können wir auch aus der Gl. 3 die innere Energie berechnen. Betrachten wir beispielsweise das Helium, für das A gleich 4,00 ist und n gleich 4 zu setzen ist, so finden wir

$$W = -\frac{0{,}03 \cdot c^2}{L} = -4{,}5 \cdot 10^{-5} \text{ erg}. \tag{4}$$

Die innere Energie eines α-Teilchens ist also ungefähr dreimal so groß wie seine kinetische Energie bei der größten Geschwindigkeit, die bei α-Strahlen beobachtet wurde.

Aus dem negativen Vorzeichen in Gl. 4 folgt, daß bei der Zusammensetzung eines Heliumkerns aus seinen Bestandteilen, also bei der Bildung von Helium aus Wasserstoff, Energie frei wird. Bei der Bildung eines Gramms Helium würden, da in einem Gramm $1{,}5 \cdot 10^{23}$

Heliumatome enthalten sind, $6{,}8 \cdot 10^{18}$ erg oder ungefähr $1{,}6 \cdot 10^{11}$ Kalorien frei werden. Die Wärmeentwicklung, mit der die Synthese von 1 g Helium aus 1 g Wasserstoff verbunden wäre, wäre demnach etwa fünf Millionen mal so groß wie diejenige, die bei der Verbrennung von 1 g Wasserstoff zu Wasser erreicht wird. Die große innere Energie erklärt es, daß die α-Teilchen auch in den Fällen, in denen sie andere Atomkerne zertrümmern, selbst erhalten bleiben.

Die außerordentliche Stabilität der Heliumkerne ist wohl die Ursache der ausgezeichneten Rolle, die sie bei dem Aufbau der höheren Kerne spielen. Auch die Synthese der höheren Kerne aus den Heliumkernen ist offenbar mit einem Energieumsatz verbunden; aber aus dem Umstande, daß die Reinelemente und die Isotopen nahezu ganzzahlige Atomgewichte (in bezug auf O = 16) haben, müssen wir wohl schließen, daß dieser Energieumsatz viel kleiner ist als derjenige, der bei der Heliumsynthese auftritt. Ja, die Abweichungen der Atomgewichte von der Ganzzahligkeit sind so gering, daß wir nicht einmal zu sagen vermögen, ob beispielsweise bei der Synthese eines Sauerstoffkerns aus vier Heliumkernen Energie verbraucht oder gewonnen wird.

Die bei einer Kernsynthese aufgewendete Energie wird bei dem radioaktiven Zerfall und bei der künstlichen Kernzertrümmerung teilweise wieder frei. Da bei der Umwandlung eines Uranatoms in ein Uranbleiatom acht α-Teilchen fortgeschleudert werden, mit einer kinetischen Energie, deren Massenäquivalent in jedem Falle nahezu 1‰ der Wasserstoffatommasse ausmacht, so müßte der Atomgewichtsunterschied zwischen Uran und Uranblei jedesfalls größer als 32 und somit zumindest etwa 32,06 sein; er erweist sich tatsächlich größer als 32, zu 32,1 bis 32,2.

Durch die Entdeckung der Isotopie und durch den Hinweis auf den Packeffekt hat so die neuere Atomforschung die Abweichungen der Atomgewichte von der Ganzzahligkeit zu erklären vermocht. In den Atomgewichten darf daher mit Recht die moderne Physik, wie es schon vor mehr als hundert Jahren, im Jahre 1815, PROUT behauptet hatte, einen deutlichen Beweis dafür erblicken, daß sich alle Grundstoffe aus Wasserstoff zusammensetzen; in dem Sinne nämlich, daß, wie wir heute wissen, die beiden Bestandteile des leichtesten aller Atome, der Wasserstoffkern und sein Trabant, die Atome aller Elemente aufbauen.[4]

[4] Daß der Aufbau der Kerne ebenso durch Quantenbeziehungen geregelt wird wie die Gruppierung der Elektronen um den Kern, scheint aus neuesten Forschungen über die β-Strahlspektren hervorzugehen; vgl. ELLIS und SKINNER, Proc. Roy. Soc. A, *105*, 1924, S. 185–198. Beachtenswert ist auch, daß, wenn man in einem nach Quantenbeziehungen konstruierten Atommodell positive und negative Elektrizität ihre Rollen vertauschen läßt, sich ein Modell ergibt, das etwa tausendmal kleinere Lineardimensionen hat und daher als ein Kernmodell angesehen werden kann. Die Verkleinerung hat ihre Ursache in der Massenverschiedenheit von positiven und negativen Elektronen. Die Auffassung des Kernes als eines „invertierten" RUTHERFORDschen Atommodells geht auf LENZ zurück.

V. Kapitel.

Allgemeine Theorie der Spektren und des Atombaus.

§ 30. Die Röntgenserien.

Bereits MOSELEY hat bei der Begründung der Röntgenspektroskopie eine wichtige Beziehung aufgefunden, die eine quantentheoretische Deutung der Röntgenlinien vom Standpunkte der BOHRschen Spektraltheorie zuläßt. Wie MOSELEY fand, ist nämlich die stärkste Linie der K-Serie, die K_α-Linie, durch die für die Frequenz geltende Formel darstellbar

$$(1) \qquad \nu(K_\alpha) = \frac{3}{4} R(z - a)^2,$$

wobei R die RYDBERGsche Konstante bedeutet, z die Kernladungszahl des betreffenden Grundstoffs und a eine konstante Zahl, die für die meisten Grundstoffe nur wenig von 1,6 verschieden ist.

Auf Grund der BOHRschen Spektraltheorie kann die Gl. 1 nun offenbar so gedeutet werden, daß die K_α-Linie durch den Übergang eines Elektrons aus einer zweiquantigen in eine einquantige Bahn entsteht (denn es ist ja $^3/_4$ gleich $^1/_{1^2} - ^1/_{2^2}$). Die Zahl a aber gewinnt, woferne wir das Atom in grober Annäherung als wasserstoffähnlich ansehen, die Bedeutung einer sogenannten Abschirmungskonstanten. Der Kern wirkt so, als ob ein Teil seiner Ladung, nämlich $a \cdot e$ abgeschirmt wäre; denn in der Tat wirkt ja auf das den Übergang vollziehende Elektron nicht nur die Anziehung seitens des Atomkerns, sondern auch die Abstoßung seitens der anderen negativen Elektronen, die außer dem betrachteten noch den Kern umgeben. Daß aber die Abschirmungskonstante der K_α-Linie für die verschiedensten Grundstoffe nahezu ganz denselben Wert hat, ist offenbar so zu deuten, daß sich der die K_α-Linie verursachende Übergang in einem Teilbereich des Atoms vollzieht, der (falls die Kernladungszahl nicht allzu klein ist) bei allen Atomen von beliebiger Kernladungszahl gleich beschaffen ist. Woferne wir von den Grundstoffen mit ganz niedriger Kernladungszahl absehen, muß also offenbar bei allen Grundstoffen die Anordnung der Elektronen, die sich in ein- und zweiquantigen Bahnen bewegen, nahezu dieselbe sein.

Für die stärkste Linie der L-Serie, für die sogenannte L_α-Linie, fand ebenfalls schon MOSELEY die Beziehung

$$\nu(L_\alpha) = \frac{5}{36} R (z - b)^2, \tag{2}$$

wobei b wiederum eine Abschirmungskonstante ist. Für die meisten Grundstoffe ist sie ungefähr gleich 3,5; doch sind die Abweichungen in dem Werte der Abschirmungskonstante bei der L_α-Linie wesentlich größer als bei der K_α-Linie.

Die L_α-Linie ist nach Gl. 2 offenbar so zu deuten, daß sie durch den Übergang eines Elektrons aus einer dreiquantigen in eine zweiquantige Bahn entsteht. Die zweitstärkste Linie der K-Serie,

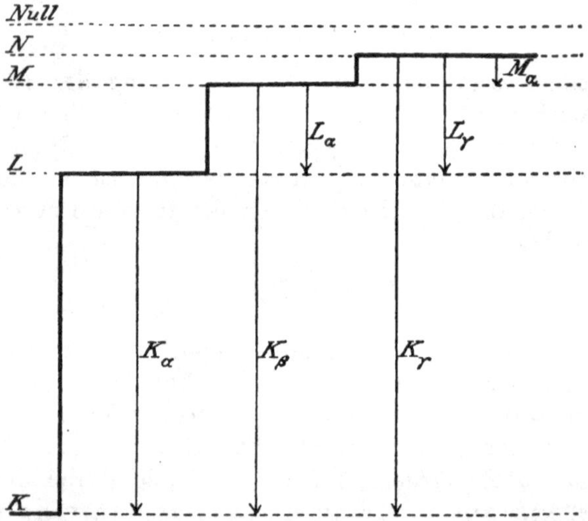

Fig. 37. Schema der wichtigsten Röntgenlinien.

die gewöhnlich als K_β-Linie bezeichnet wird, entsteht, wie die Wellenlänge zeigt, durch den Übergang aus einem dreiquantigen in einen einquantigen Zustand. In ähnlicher Weise entsteht die zweitstärkste Linie der L-Serie, für die die Bezeichnung L_γ üblich geworden ist[1], durch den Übergang aus einem vierquantigen in den zweiquantigen Zustand und die stärkste Linie der M-Serie, die sogenannte M_α-Linie, durch den Übergang aus einem vierquantigen in den dreiquantigen Zustand. Dem Übergang aus dem vierquantigen in den einquantigen Zustand entspricht eine schwache Linie der K-Serie, die sogenannte K_γ-Linie, die kürzerwellig als die K_β-Linie ist.

Die Entstehung der genannten Linien ist schematisch durch die Fig. 37 dargestellt, die nach demselben Prinzip wie die frühere Fig. 5 konstruiert ist. Das einquantige Niveau wird als K-Niveau bezeichnet,

[1] Die Bezeichnung L_β wird in anderem Sinne gebraucht.

das zweiquantige als L-Niveau, das dreiquantige als M-Niveau, das vierquantige als N-Niveau usw. Die Linien der K-Serie entstehen durch Übergang in ein K-Niveau, die Linien der L-Serie durch Übergang in ein L-Niveau und so fort.

Aus der schematischen Darstellung ergeben sich ohne weiteres die folgenden, für die Frequenzen geltenden Kombinationsbeziehungen:

$$(3) \quad \begin{cases} K_\beta = K_\alpha + L_\alpha\,, \\ K_\gamma = K_\alpha + L_\gamma = K_\beta + M_\alpha\,, \\ L_\gamma = L_\alpha + M_\alpha\,. \end{cases}$$

Diese Beziehungen erweisen sich als mit großer Annäherung erfüllt; kleine wahrnehmbare Abweichungen erklären sich durch die in dem nächsten Abschnitt näher zu besprechende Feinstruktur der Röntgenspektren.

Jedem Energieniveau läßt sich (wie schon in § 9 erwähnt wurde) ein sogenannter Term zuordnen, der sich ergibt, wenn die mit positivem Vorzeichen genommene Energie durch das Produkt $c\,h$ dividiert wird. Dieser Term stellt eine reziproke Wellenlänge dar, und die Wellenlänge der Emissionslinie, die bei dem Übergange zwischen zwei Niveaus entsteht, ist dann durch die Beziehung gegeben

$$(4) \qquad \frac{1}{\lambda} = T'' - T'\,,$$

wenn T' und T'' die Terme des Anfangs- und des Endniveaus bedeuten. Schreiben wir statt der Terme als deren reziproke Werte die für die Niveaus charakteristischen Wellenlängen, so nimmt die Gl. 4 die Form an

$$(5) \qquad \frac{1}{\lambda} = \frac{1}{\lambda''} - \frac{1}{\lambda'}\,.$$

Jedes Energieniveau läßt sich auch durch eine in Volt ausgedrückte äquivalente Spannung charakterisieren, die gemäß der Gleichung von Duane und Hunt (Gl. 3 des § 20) aus λ' oder λ'' berechnet wird.

Für die Erregung der Röntgenlinien gilt nun, wie die Experimente schon bald nach der Entdeckung der Röntgenspektren gezeigt haben, die wichtige Gesetzmäßigkeit, daß die zur Erregung einer bestimmten Linie erforderliche Anregungsspannung immer gleich ist der charakteristischen Spannung des Endniveaus. Nicht der Wert von λ ist es also, der gemäß der Gleichung von Duane und Hunt die Anregungsspannung bestimmt, sondern immer der Wert von λ''. Auch das Umgekehrte gilt. Wenn die Spannung allmählich wächst und dabei den Wert erreicht, der der Gleichung von Duane und Hunt für λ'' entspricht, so werden bei dieser Spannung gleichzeitig alle Linien erregt, für die die Wellenlänge λ'' das gemeinschaftliche Endniveau charakterisiert.

Aus dieser Tatsache hat zuerst Kossel im Jahre 1914 den wichtigen Schluß gezogen, daß die Emission einer Röntgenlinie nur erfolgen könne, wenn vorher ein Elektron des emittierenden Atoms aus seiner normalen Bahn bis über die Atomgrenze entfernt wurde. Es muß also zunächst gewissermaßen ein Platz im Atom frei geworden sein. Kommt diesem Platz die Energie $-h\nu''$ zu und nimmt den leer gewordenen Platz ein Elektron ein, das vorher ein Energieniveau $-h\nu'$ innehatte, so tritt eben eine Linie von der Frequenz $\nu''-\nu'$ auf. Damit aber diese Linie entstehen könne, muß die Energie $h\nu''$ vorher aufgewendet worden sein.

Einen überzeugenden Beweis für die Richtigkeit der Kosselschen Auffassung bietet die Erscheinung der Absorptionskanten des kontinuierlichen Röntgenspektrums. Wenn das Röntgenlinienspektrum eines Grundstoffs statt durch Kathodenstrahlen durch primäre kontinuierliche Röntgenstrahlung erregt wird, dann offenbaren sich die Wellenlängen, die für die Energieniveaus des zu erregenden Linienspektrums charakteristisch sind, als Absorptionskanten in dem primären Röntgenspektrum.

Die Deutung dieser Erscheinung ist durch die Kosselsche Auffassung ohne weiteres gegeben. Nach dem Einsteinschen Lichtquantengesetz müssen wir ja annehmen, daß aus der primären kontinuierlichen Strahlung Lichtquanten absorbiert werden, die sich in Lichtquanten der sekundären Linienstrahlung umwandeln. Es kann demnach nach der Kosselschen Theorie eine Linie der K-Serie nur durch primäre Strahlen hervorgerufen werden, deren Frequenz zumindest so groß ist wie die charakteristische Frequenz des K-Niveaus. Hingegen werden zur Erregung der K-Linien keine primären Strahlen absorbiert, deren Wellenlänge größer ist als die für das K-Niveau charakteristische Wellenlänge. Es ist daher das Auftreten einer Absorptionskante bei dieser Wellenlänge zu erwarten, und in analoger Weise bei den Wellenlängen, die für das L- und M-Niveau charakteristisch sind.

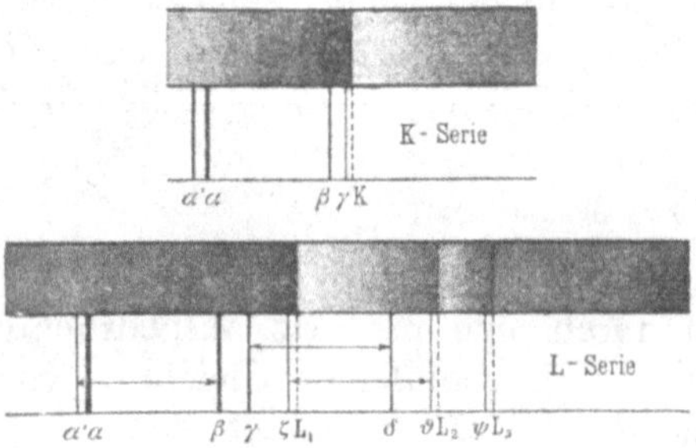

Fig. 38. Absorptionskanten des kontinuierlichen Röntgenspektrums.

In der Tat zeigt dies das Experiment. Fig. 38 gibt in ihrem oberen Teil photographisch die Absorptionskante der K-Serie des Silbers wieder; darunter sind (mit größeren Wellenlängen) die vier Linien der K-Serie des Silbers eingetragen. Die primäre Röntgenstrahlung wurde durch eine Röhre von 40 Kilovolt hervorgerufen, so daß sich gemäß der Gleichung von Duane und Hunt das kontinuierliche Röntgenspektrum bis hinab zu etwa 300 X-E. erstreckte. Die scharfe Absorptionskante, die die Photographie zeigt, entspricht einer Wellenlänge von 485 X-E. Da die Wellenlängen der Absorptionskanten für die Energieniveaus selbst charakteristisch sind, also dem Unterschied zwischen einem Niveau und der Nullinie entsprechen, so stellen (wie dies auch Fig. 38* zeigt) die Absorptionskanten zugleich die Seriengrenzen dar.

Die Aufgabe der experimentellen Röntgenspektroskopie besteht nun vor allem in der Durchführung exakter Wellenlängenbestimmungen sowohl für die Absorptionskanten als auch die einzelnen Emissionslinien. Die weitaus präziseste Messungsmethode ist die direkte, die sich auf die Braggsche Gleichung für die Kristallreflexion gründet; doch ist diese Methode nur innerhalb eines beschränkten Wellenlängenbereiches anwendbar. Die meisten Wellenlängen werden mittels eines Steinsalz- oder Kalkspatkristalls gemessen, die, wie schon in einem früheren Abschnitt (§ 19) erwähnt wurde, für Wellenlängen bis hinauf zu etwa 5000 X-E. ausreichen. Bis zu mehr als doppelt so großen Wellenlängen gelangt man bei Benutzung von Gips oder Glimmer, die eine größere Gitterkonstante aufweisen. Die Präzisionsmessungen mittels der Kristalle sind vor allem von Siegbahn derart vervollkommnet worden, daß heute Röntgenwellenlängen mit einer Genauigkeit von etwa einem Millionstel des gemessenen Wertes bestimmt werden können. (Mit einer solchen Genauigkeit können nämlich Wellenlängen miteinander verglichen oder auf eine idealisierte Gitterkonstante bezogen werden.[2])

Neben dieser direkten Präzisionsmethode kommt nur eine untergeordnete Bedeutung den indirekten Methoden zu; doch sind diese von der größten Wichtigkeit in dem Grenzgebiet zwischen den größten mit Kristallen meßbaren und den kleinsten ultravioletten Wellenlängen. Die wichtigste derartige indirekte Methode gründet sich auf die Gleichung von Duane und Hunt, indem aus ihr bei gemessener Anregungsspannung (die sich durch die plötzlich einsetzende Absorption als solche bekundet) die Wellenlängen der Seriengrenzen ermittelt werden.

In Ausnahmefällen können bei niedrigen Kernladungszahlen die charakteristischen Wellenlängen auch mittels der optischen Beugungsgitter gemessen werden, weil ja mit abnehmender Kernladungszahl alle Serien allmählich in das ultraviolette Gebiet hinüberrücken.

Was nun zunächst die K-Serie betrifft, so ist die Seriengrenze durch Messung der Absorptionskanten für die Elemente von 12 Mg bis 92 U bekannt; sie beträgt bei Mg 9511,2 X-E., bei dem U 107,5 X-E. Die Wellenlängen der einzelnen Linien der K-Serie sind bekannt von 11 Na bis 60 Nd, überdies bei 74 W, 77 Ir und 78 Pt. Die außerordentliche Genauigkeit, mit der der lineare Zusammenhang zwischen der Quadratwurzel aus der Frequenz der K_{α}-Linie und der chemischen Ordnungszahl erfüllt ist, ist aus Fig. 39 ersichtlich.

---

[2] S. § 19.

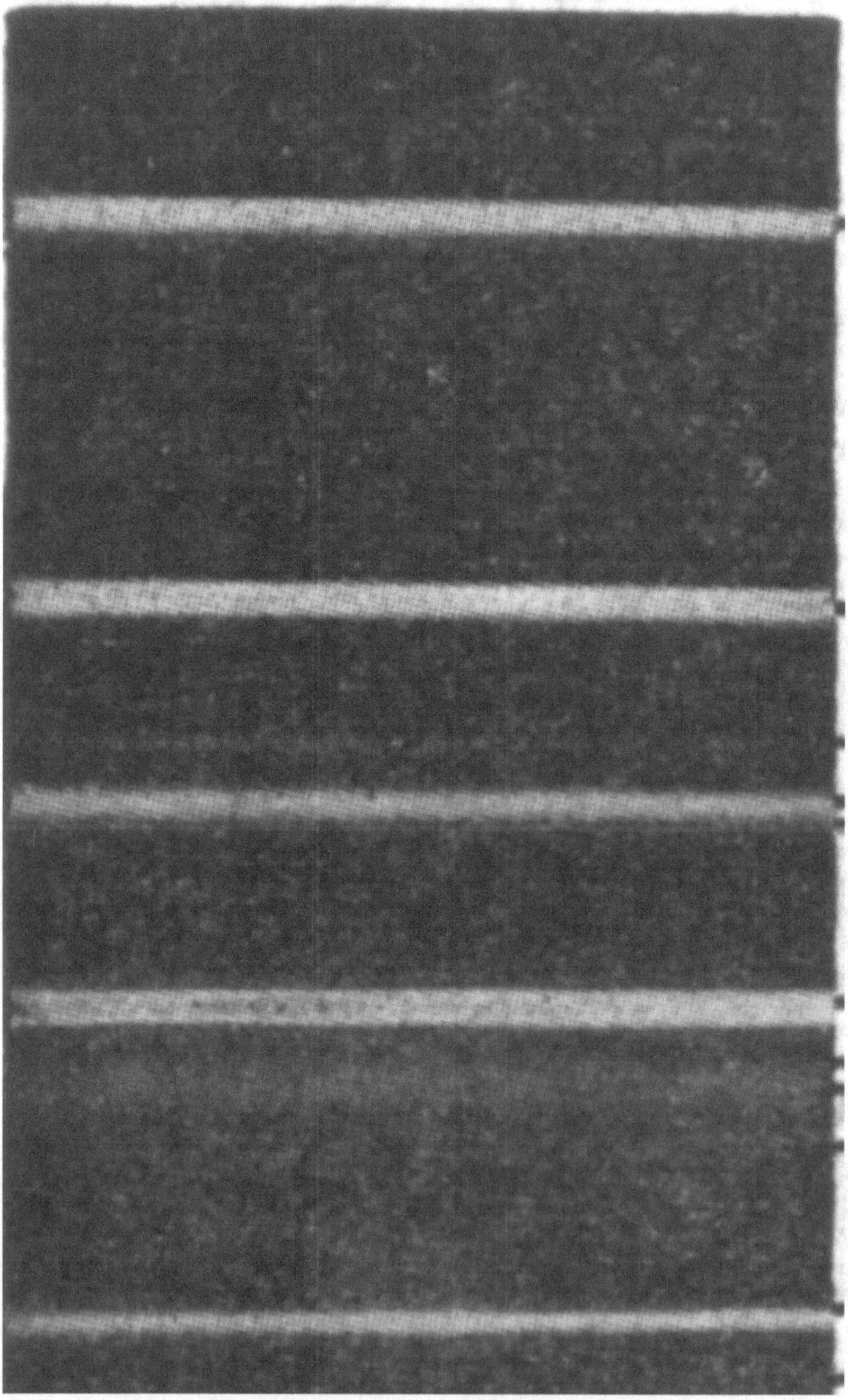

Stenström durchgeführt wurden, liegen von 66 Dy bis 92 U vor. Auf indirektem Wege konnte die M-Grenze bei vielen Elementen gemessen werden, so beispielsweise bei 42 Mo, bei dem sie bei ungefähr 34 Å.-E. liegt.

Die N-Serie wurde 1922 von Dolejsek aufgefunden[4]; Messungen liegen bisher nur bei 83 Bi, 90 Th und 92 U vor. Die N-Serie ist so weich, daß ihre Linien selbst bei den genannten höchsten Elementen knapp an der Grenze des mittels der Kristalle noch meßbaren Wellenlängenbereiches liegen.

§ 31. Die Feinstruktur der Röntgenspektren.

Die nähere Erforschung der Röntgenspektren führte bald zu der Erkenntnis, daß die Mannigfaltigkeit der wahrnehmbaren Linien zu groß ist, als daß zu ihrer Erklärung die einfache Annahme eines einzelnen L-, eines einzelnen M-Niveaus usw. ausreichen würde. Es erwies sich vielmehr als notwendig, bei den Niveaus (außer bei dem K-Niveau) verschiedene Modifikationen zu unterscheiden. Auch die Untersuchung der Absorptionskanten ließ diese Notwendigkeit deutlich erkennen. Es zeigte sich, daß die L-Grenze bei den Elementen, bei denen sie festgestellt wird, dreifach, die M-Grenze aber fünffach ist; nur die K-Grenze erweist sich durchwegs als einheitlich (s. die frühere Fig. 38).

Nachdem einmal die zahlreichen Linien der verschiedenen Serien festgestellt waren, war es eine der wichtigsten Aufgaben der Röntgenspektroskopie, die Mannigfaltigkeit dieser Linien auf Grund ihrer Kombinationsbeziehungen auf eine minder komplizierte Mannigfaltigkeit von Energieniveaus zurückzuführen und derart ein Schema für die Entstehung der Röntgenlinien zu schaffen. Die endgültige Lösung dieser schwierigen Aufgabe, die im Jahre 1922 gelang, ist vor allem das Verdienst von vier Forschern: Smekal, Wentzel, Coster und Bohr.

Nach Bohr geben wir dieses Schema am einfachsten folgendermaßen wieder. Wir charakterisieren jedes Niveau durch drei Quantenzahlen in der symbolischen Form $n\,(k_1, k_2)$. Die Zahl n, die sogenannte Hauptquantenzahl, ist natürlich für das K-Niveau mit 1 anzunehmen, für das L-Niveau mit 2, für das M-Niveau mit 3, für das N-Niveau mit 4, für das O-Niveau mit 5 usw. Die sogenannte erste Nebenquantenzahl k_1 soll bei gegebener Hauptzahl alle ganzzahligen Werte von Eins bis zu einer oberen Grenze durchlaufen, die von der Kernladungszahl des Atoms abhängen, aber keinesfalls größer als die Hauptzahl sein soll. Woferne k_1 größer als Eins ist, sollen endlich zu einem gegebenen Wertepaar von n und k_1 zwei Niveaus existieren, eines, für das k_2 gleich k_1 gesetzt und das als das normale Niveau bezeichnet wird, und ein zweites Niveau, für das k_2 um Eins kleiner als k_1 an-

[4] Dolejsek, Zs. f. Physik, *10*, 1922, S. 129.

genommen wird und das ein anomales Niveau genannt wird; für $k_1 = 1$ wäre dann natürlich nur das normale Niveau möglich.

Die Maximalzahl der möglichen Niveaus, die zu einer Hauptzahl n gehören, ist somit $2n - 1$, ohne daß aber diese Zahl bei den Atomen aller Elemente erreicht werden müßte. Dabei wollen wir (in Übereinstimmung mit § 13) festsetzen, daß von zwei Niveaus derselben Hauptquantenzahl stets das mit der größeren ersten Nebenzahl das höhere sein, d. h. näher zur Nullinie liegen soll und daß bei gleichen Werten von n und k_1 stets das normale Niveau höher sein soll als das anomale. In steigender Reihe sind dann beispielsweise die fünf möglichen M-Niveaus durch die folgenden Symbole dargestellt:

$$3\,(1,1);\quad 3\,(2,1);\quad 3\,(2,2);\quad 3\,(3,2);\quad 3\,(3,3)\,.$$

Das Auswahlprinzip der Röntgenlinien läßt sich nun nach Bohr folgendermaßen formulieren: Zwischen den verschiedenen Energieniveaus finden nur solche zu der Entstehung von Röntgenlinien führende Übergänge statt, bei denen sich die erste Nebenzahl um Eins ändert und die zweite Nebenzahl entweder ungeändert bleibt oder ebenfalls eine Änderung um Eins erfährt. Es müssen also die beiden Bedingungen erfüllt sein

$$(1)\qquad \begin{cases} \Delta k_1 = \pm 1 \\ \Delta k_2 = \begin{cases} 0 \\ \pm 1 \end{cases} \end{cases}$$

(Daß die Hauptquantenzahl n bei einem solchen Übergang nicht ungeändert bleibt, ist dabei vorausgesetzt).

Fig. 40 stellt das Schema der Röntgenlinien dar, wie es sich nach dem angegebenen Auswahlprinzip für die Elemente mit den höchsten Ordnungszahlen (von der Emanation angefangen) ergibt. Bei diesen höchsten Grundstoffen gibt es 1 K-Niveau, 3 L-Niveaus, 5 M-Niveaus, 7 N-Niveaus, 5 O-Niveaus und 3 P-Niveaus.[1] Aus Fig. 40 ersehen wir, daß beispielsweise dem Übergang aus einem L-Niveau in ein K-Niveau zwei, dem Übergang aus einem M-Niveau in ein L-Niveau sieben Linien entsprechen.[2] Aus Fig. 40 ist es auch deutlich ersichtlich, wie die einzelnen Liniengruppen in Untergruppen zerfallen, die durch dasselbe Endniveau und somit durch dieselbe Absorptionskante gekennzeichnet sind. Durch einfache vertikale Striche sind in Fig. 40 die Niveaus bezeichnet, die allmählich in Wegfall kommen, wenn wir die natürliche

[1] Bei den O- und P-Niveaus ist also die größtmögliche denkbare Zahl (9 bzw. 11) nicht erreicht; wohl aber ist dies bei dem K-, den L-, M- und N-Niveaus der Fall.

[2] Außer den durch das Schema wiedergegebenen Linien gibt es allerdings noch schwächere Linien, die entstehen, wenn mehr als ein Elektron aus dem Atominnern entfernt wurde. So konnte man z. B. bei den Elementen Mg, Al, Si je sechs verschiedene Linien feststellen, die durch Übergang aus einem zweiquantigen in den einquantigen Zustand entstehen.

Grundstoffreihe von der Emanation bis hinab zu dem Xenon verfolgen. Für die dem Krypton benachbarten Elemente fallen überdies auch die Niveaus weg, die in Fig. 40 durch zwei vertikale Striche gekennzeichnet sind. Als Beispiel einer photographischen Aufnahme einer L-Serie möge Fig. 41 dienen, die das L-Spektrum des Rhodiums mit 11 Linien wiedergibt.[3]

Die einzelnen Energieniveaus oder, was dasselbe ist, die einzelnen Terme, kennen wir heute für die meisten Elemente ziemlich genau.

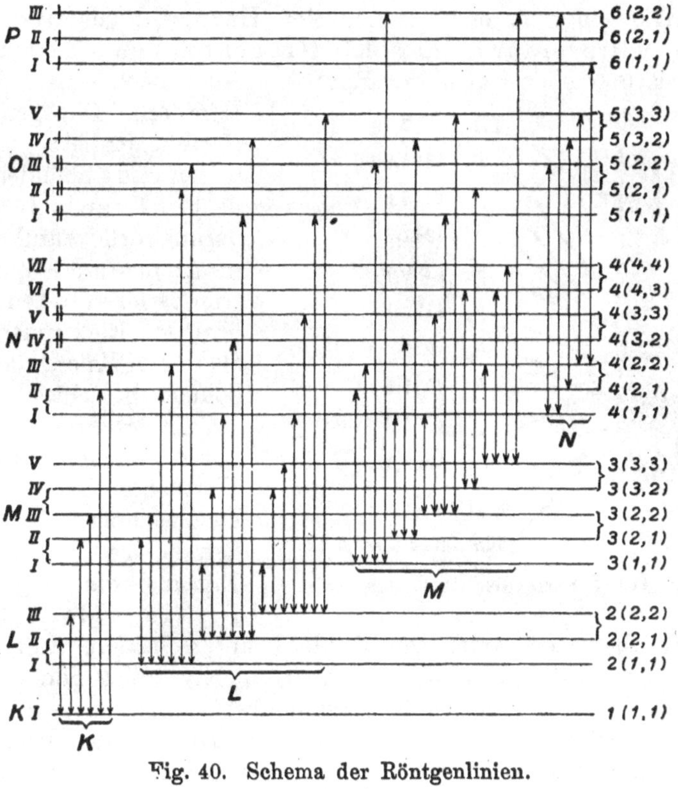

Fig. 40. Schema der Röntgenlinien.

Sie konnten entweder unmittelbar durch Messung von Absorptionskanten ermittelt werden oder aber auf Grund des angegebenen Linienschemas durch Messung von Emissionslinien. In ihrer Abhängigkeit von der Ordnungszahl sind die Terme durch Fig. 42 dargestellt; als Ordinaten sind dabei die Quadratwurzeln aus den Termen auf-

[3] Bei den Linien sind die entsprechenden Wellenlängen in X-E. angegeben. Außer den Rhodiumlinien zeigt die Fig. 41 auch die K_α-Linie des Eisens, das als geringfügige Verunreinigung in dem Rhodium enthalten ist. Durch die Röntgenspektroskopie sind Verunreinigungen selbst dann erkennbar, wenn sie nur ein hundertstel bis ein zehntel Prozent betragen.

getragen, die auf den Rydberg-Term als Einheit bezogen sind.[4] Doch entspricht nur der ausgezogene Teil der Kurven wirklich gemessenen Werten; die unterhalb der Figur eingetragenen Zahlensymbole und Striche dienen einer späteren Betrachtung (in § 35). Die einzelnen Termkurven verlaufen, entsprechend dem Moseleyschen Gesetz, ziemlich geradlinig; sie sind um so stärker gegen die Abszissenachse geneigt, je größer die Hauptquantenzahl ist.

Wenn man von der zweiten Nebenzahl absieht, so erklärt sich die Mannigfaltigkeit der zu einer bestimmten Hauptzahl gehörigen Terme durch die Ellipsenform der Elektronenbahnen, die zu ihrer Charakterisierung eben außer der Hauptzahl auch noch eine Nebenzahl erfordern. Dagegen ist die Verschiedenheit der normalen und anomalen Terme nach Bohr vermutlich darauf zurückzuführen, daß in Atomen, die ein Elektron verloren haben, für die übrigen Elektronen mehr als eine Anordnungsmöglichkeit besteht.

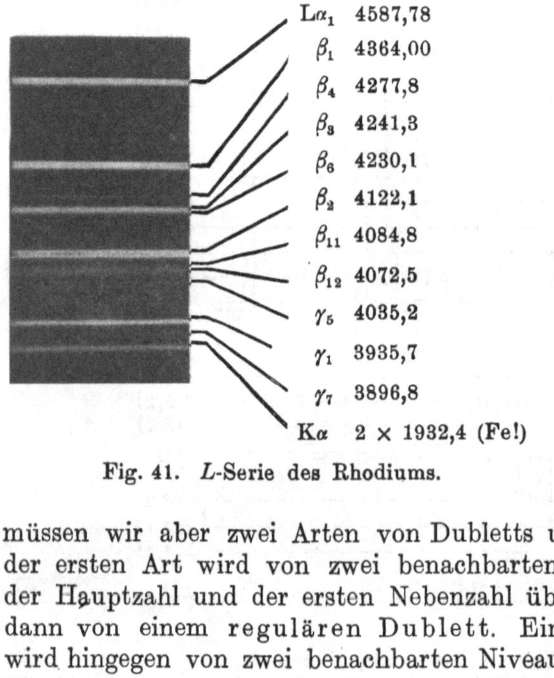

Fig. 41. *L*-Serie des Rhodiums.

Innerhalb derselben, durch einen bestimmten Wert der Hauptzahl gekennzeichneten Gruppe bilden je zwei benachbarte Niveaus ein sogenanntes Niveaudublett. Dabei müssen wir aber zwei Arten von Dubletts unterscheiden. Ein Dublett der ersten Art wird von zwei benachbarten Niveaus gebildet, die in der Hauptzahl und der ersten Nebenzahl übereinstimmen; wir sprechen dann von einem regulären Dublett. Ein Dublett der zweiten Art wird hingegen von zwei benachbarten Niveaus gebildet, die bei gleichen Werten von n und k_2 in der ersten Nebenzahl um Eins verschieden sind; ein solches Dublett wird als irregulär bezeichnet. Innerhalb jeder Gruppe wechseln reguläre und irreguläre Dubletts miteinander ab. In der früheren Fig. 40 sind die regulären Dubletts durch Klammern auf der rechten Seite, die irregulären durch Klammern auf der linken Seite angedeutet. Die durch das elementare Wirkungsquantum dividierte Differenz der Energiewerte eines Dubletts bezeichnet man als seine Schwingungsdifferenz.

[4] Die den Wellenlängen reziproken Terme ergeben sich also durch Multiplikation des Quadrates der Ordinate mit 109737. Die noch ziemlich unsicheren *P*-Terme, die man natürlich nur für die allerhöchsten Grundstoffe berechnet hat, sind in Fig. 42 nicht eingetragen.

Wie nun Sommerfeld im Jahre 1916 fand, gilt für die Schwingungsdifferenz eines regulären Dubletts die einfache Beziehung

$$\Delta \nu = \Delta \nu_H \ (z - b)^4 ; \tag{2}$$

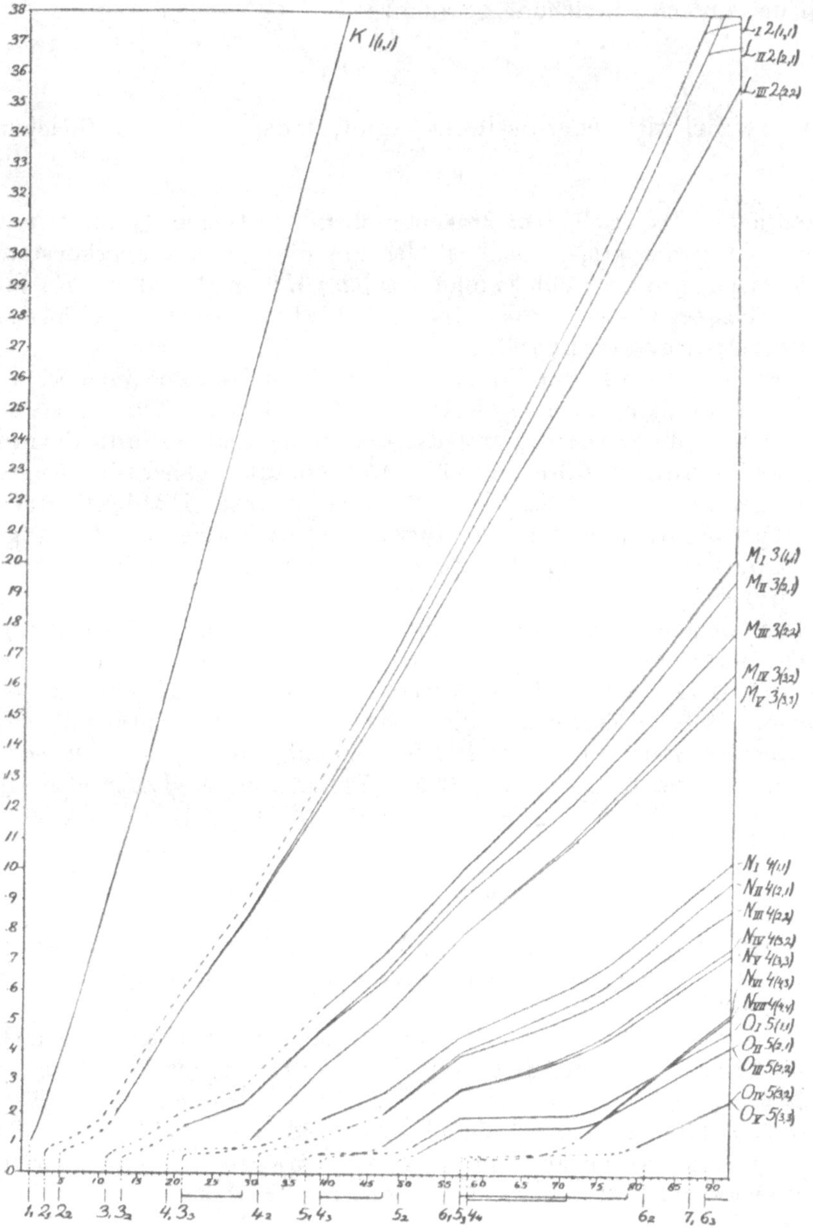

Fig. 42. Röntgenterme der Grundstoffe.

dabei bedeutet $\Delta \nu_H$ die sogenannte Schwingungsdifferenz des Wasserstoffdubletts (Gl. 11 des § 13), z die Ordnungszahl und b die betreffende Abschirmungskonstante.[5]

Mit der Schwingungsdifferenz hängt der Wellenlängenunterschied durch die einfache Beziehung zusammen

$$\Delta \lambda = -\frac{c}{\nu^2} \Delta \nu , \tag{3}$$

welche Formel sich ohne weiteres ergibt, indem man die Gleichung

$$c = \lambda \nu$$

differentiiert. Da nach dem MOSELEYschen Gesetz die Quadratwurzel aus der Frequenz proportional ist der um die Abschirmungskonstante verminderten Ordnungszahl, so folgt aus den Gl. 2 und 3, daß die Wellenlängendifferenz eines regulären Dubletts nahezu unabhängig von der Ordnungszahl ist.

Für die irregulären Dubletts gilt ebenfalls eine einfache, von G. HERTZ im Jahre 1920 entdeckte Gesetzmäßigkeit. Für sie erweist sich nämlich die Schwingungsdifferenz als nahezu unabhängig von der Ordnungszahl. In Fig. 42 verlaufen daher die Kurven zweier Terme, die miteinander ein irreguläres Dublett bilden, nahezu parallel, während die Kurven zweier Terme, die ein reguläres Dublett bilden, mit fortschreitender Ordnungszahl immer mehr divergieren.

Zum Schlusse sei noch erwähnt, wie aus dem magnetischen β-Strahlspektrum eines Radioelementes die Wellenlängen seiner γ-Strahlen berechnet werden können, woferne aus röntgenspektroskopischen Messungen die Energieniveaus eines mit dem Radioelement isotopen Grundstoffs bekannt sind. Nach der schon in einem früheren Abschnitt (§ 5) abgeleiteten fundamentalen Beziehung muß ja für die kinetische Energie eines sekundären β-Teilchens die Gleichung gelten

$$E_{\text{kin}} = h \nu + W , \tag{4}$$

wenn ν die Frequenz der primären γ-Strahlen ist und W die Arbeit, die erforderlich ist, um das β-Teilchen aus seiner gewöhnlichen Bahn „bis in das Unendliche" zu entfernen.

Wir wollen nun annehmen, daß in dem magnetischen β-Strahlspektrum eines Radioelementes zwei Linien auftreten, die den Geschwindigkeiten v' und v'' entsprechen mögen. Die Verschiedenheit der Werte erklärt sich offenbar daraus, daß in den beiden Fällen das sekundäre β-Teilchen aus verschiedenen Niveaus ausgelöst wird. Erfolgt aber in beiden Fällen die Auslösung durch γ-Strahlen von derselben

---

[5] Für das Dublett der Energieniveaus L (1,1) und L (2,1) ist z. B. b gleich 3,5.

Frequenz, so finden wir, indem wir die Gl. 4 auf beide Fälle anwenden und subtrahieren,

$$E_{\text{kin}}' - E_{\text{kin}}'' = W' - W'' ; \tag{5}$$

dabei muß bei der Berechnung der kinetischen Energie auch die Abhängigkeit der Masse von der Geschwindigkeit (gemäß Gl. 6 des § 3) berücksichtigt werden.

Wenn nun tatsächlich beide sekundären β-Strahlen durch primäre γ-Strahlen von derselben Frequenz hervorgerufen werden, so erkennen wir dies daraus, daß dann der durch h dividierte Energieunterschied $W' - W''$ die Frequenz einer bekannten Röntgenlinie des isotopen Grundstoffs ergibt. Ist dies aber der Fall, und sind uns die Energieniveaus des isotopen Grundstoffs bekannt, so können wir es ohne weiteres angeben, aus welchen Niveaus in den beiden Fällen das sekundäre β-Teilchen ausgelöst wird. In der Gl. 4 ist dann für W einfach die Energie des betreffenden Niveaus einzusetzen (also der mit $h\,c$ multiplizierte Spektralterm); da die kinetische Energie des sekundären β-Teilchens bekannt ist, kann somit aus der Gl. 4 die Frequenz des primären γ-Strahls berechnet werden.

Mittels dieser von Ellis und von Lise Meitner ersonnenen Methode[6] hat man beispielsweise gefunden, daß zwei Linien im β-Strahlspektrum von Radiothor von 51 und 47% der Lichtgeschwindigkeit Auslösearbeiten entsprechen, die identisch sind mit den Energiewerten, die bei dem isotopen Thorium dem M_{I}- und dem L_{I}-Niveau zukommen; die Wellenlänge des primären γ-Strahls ergibt sich daraus zu 146 X-E. In dem magnetischen Spektrum von Thorium B finden sich, um noch ein zweites Beispiel anzuführen, drei Linien von 63,0, 71,4 und 72,1% der Lichtgeschwindigkeit. Ihnen entsprechen die Auslösearbeiten aus dem K-, dem L_{II}- und dem L_{I}-Niveau bei dem isotopen Blei, und für die Wellenlänge der primären γ-Strahlung folgt daraus ein Wert von 52 X-E.

§ 32. Anregung und Ionisierung der Atome.

Schon das Spektrum des einfachsten aller Atome, das Wasserstoffspektrum, zeigt es deutlich, daß ein um den Atomkern umlaufendes Elektron sich außer in seiner gewöhnlichen Bahn vorübergehend auch in einer höherquantigen Bahn bewegen kann. Wir bezeichnen nun ganz allgemein ein Atom als angeregt, wenn in ihm ein Elektron eine von seiner gewöhnlichen verschiedene Bahn beschreibt, in der dem Elektron eine höhere Energie als in der gewöhnlichen Bahn zukommt. Die Anregung eines Atoms erfordert daher stets eine Energiezufuhr, während bei der Rückkehr des Atoms in den Grundzustand Energie frei wird.

[6] C. D. Ellis, Proc. Roy. Soc., *99*, 1921, S. 261; L. Meitner, Zeitschr. f. Physik, *9*, 1922, S. 131 und 145.

Die Mannigfaltigkeit der höheren Niveaus, auf die das Elektron vorübergehend gehoben werden kann, ist, wie die späteren spektroskopischen Betrachtungen zeigen werden, sehr groß; aber jedem dieser Niveaus, die im normalen Atom nicht vorkommen und die nur im angeregten Atomzustand realisiert sein können, entspricht ebenso wie dem Grundzustand ein ganz bestimmter Wert der Energie, und so ist unter der Mannigfaltigkeit der angeregten Zustände jedenfalls ein Zustand dadurch ausgezeichnet, daß seine Energie den geringsten Überschuß über die normale Energie aufweist. Dieser Zustand wird im engeren Sinne dieses Wortes als angeregter Zustand schlechthin bezeichnet und sein Energieüberschuß die Anregungsenergie des Atoms genannt. Diese stellt also die geringste Energiemenge dar, die ein normales Atom des betreffenden Grundstoffs bei einer Änderung seiner inneren Energie überhaupt aufzunehmen vermag.

Am leichtesten erfolgt die Anregung der Atome natürlich bei den Elektronen, die am lockersten gebunden sind; es sind dies offenbar dieselben peripheren Elektronen, deren sich das Atom entledigt, wenn es als positives Ion eine chemische Verbindung eingeht und die darum als Valenzelektronen bezeichnet werden. Da die Elemente der ersten Vertikalreihe des periodischen Systems positiv einwertig sind, die der zweiten Vertikalreihe positiv zweiwertig und so fort, so müssen wir somit in den Atomen der Elemente der ersten Vertikalreihe je ein einzelnes Valenzelektron annehmen, in den Atomen der Grundstoffe der zweiten Vertikalreihe je zwei Valenzelektronen, und so fort.

Auf einen Bahnwechsel eines peripheren Valenzelektrons sind wohl im allgemeinen diejenigen Änderungen der inneratomaren Energie zurückzuführen, die sich gemäß der Bohrschen Frequenzbedingung in den optischen Spektren offenbaren. Denn im optischen Gebiet ist ja ein Lichtquantum rund tausendmal kleiner als im Gebiet der Röntgenstrahlen, so daß die optischen Linien nur durch solche Elektronen erzeugt werden können, bei denen ein Bahnwechsel infolge der lockeren Bindung durch einen verhältnismäßig geringen Energieaufwand bewerkstelligt werden kann. Daß sich im allgemeinen die Anregung der Atome nur bei den peripheren Valenzelektronen äußert, wird im übrigen auch dadurch verständlich, daß nur diese Elektronen, die im normalen Atom die höchstquantigen Bahnen beschreiben, bei einer Überführung in eine noch höherquantige Bahn diese leer finden, während im allgemeinen ein inneres Elektron bei einem Übergang in eine höherquantige Bahn diese bereits vollständig besetzt vorfinden müßte (wie aus den später näher zu besprechenden Vorstellungen über die Elektronengruppierung folgt).

Wir müssen annehmen, daß ein angeregter Atomzustand nicht nur abnorm, sondern auch höchst unbeständig ist. Nach einer sehr kurzen Verweilzeit, für die später zu erörternde Beobachtungen die Größenordnung von 10^{-8} sec ergeben, erfolgt im allgemeinen die Rückkehr in den Normalzustand, und zwar erfolgt sie eben, wofern die überschüssige Energie nicht in kinetische Energie verwandelt wird, unter Emission eines Lichtquants, dessen Frequenz nach der Bohrschen Beziehung gleich ist dem Quotienten aus der abgegebenen Energie und dem elementaren Wirkungsquantum. War der angeregte Atomzustand nicht der niedrigste, sondern war es ein „in höherem Grade angeregter" Zustand, so kann die Rückkehr in den Grundzustand natürlich auch stufenweise erfolgen, so daß in dem entstehenden Emissionsspektrum dann auch solche Linien auftreten, bei denen sowohl das Anfangs- als auch das Endniveau nur in einem angeregten Zustand möglich ist.

Umgekehrt kann auch die Anregung eines Atoms oder seine Überführung aus einem bereits angeregten Zustand in einen in noch höherem Grade angeregten durch Absorption eines Lichtquantums bewerkstelligt werden, wofern die mit dem elementaren Wirkungsquantum multiplizierte Frequenz des Lichtquants gleich ist dem Unterschied der Energie in dem vorhandenen und in einem höherquantigen Zustand.

Viel häufiger als durch Absorption erfolgt indessen die Anregung der Atome derart, daß die dazu erforderliche Energie dem Wärmevorrat des betreffenden Körpers entnommen wird. In einem Gase erfolgen ja nach der grundlegenden Vorstellung der kinetischen Wärmetheorie unaufhörlich Zusammenstöße zwischen den rasch bewegten Molekeln. Hierbei kann natürlich Translationsenergie in inneratomare Energie verwandelt werden, was allerdings, wofern sich das gestoßene Atom vorher im Grundzustand befand, nur möglich ist, wenn die relative kinetische Energie zumindest ebenso groß ist wie die Anregungsenergie. (Bei den vor allem untersuchten einatomigen Dämpfen der Metalle der ersten zwei Vertikalreihen sowie bei den Edelgasen decken sich die Begriffe des Atoms und der Molekel.) Wenn nun derart durch Zusammenstöße angeregte Atome unter Emission von Lichtquanten in den Grundzustand zurückkehren, so tritt die allgemein bekannte Erscheinung des sogenannten Temperaturleuchtens ein. Außer durch genügende Erhitzung können übrigens die Atome von Gasen auch durch Stöße rasch bewegter Ionen in elektrischen Feldern angeregt werden, wie das Leuchten verdünnter Gase in Geisslerschen Röhren beweist.

Die Anregungsenergie im engeren Sinne dieses Wortes, also die kleinste Energiemenge, die ein bis dahin noch normales Atom aufzunehmen vermag, kann (wie in den nächsten Abschnitten eingehender gezeigt werden wird) ohne weiteres aus den optischen Spektren und auch mittels anderer Methoden ermittelt werden. Für die Alkalimetalle beträgt sie zwischen $2 \cdot 10^{-12}$ und $3 \cdot 10^{-12}$ Erg und ist für Cäsium am kleinsten. Für die Elemente der zweiten Vertikalreihe des periodischen Systems ist die Anregungsenergie etwa zwei- bis dreimal so groß wie für Cäsium; für das der vierten Vertikalreihe angehörige Blei ist sie noch etwas kleiner als für Cäsium und noch um etwa 20% kleiner für das der dritten Vertikalreihe angehörige Thallium. Die Spektrallinien, die der Anregung im engeren Sinne des Wortes entsprechen, liegen bei den meisten Alkalimetallen im optischen Gebiet, ebenso bei Mg, Ca, Sr und Ba, während sie bei Zn, Cd und Hg bereits in das Ultraviolette fallen.

Die mittlere Energie, die eine einatomige Gasmolekel infolge ihrer Translation bei einer absoluten Temperatur T hat, ist nun, wie aus der kinetischen Gastheorie folgt, gleich $^3/_2\, k\, T$, wobei k, die sogenannte Boltzmannsche Konstante, gleich $1{,}372 \cdot 10^{-16}$ erg/grad ist.[1] Bei Zimmertemperatur, für die T rund 300 beträgt, ist somit der Mittelwert der Translationsenergie einer einatomigen Molekel etwa $6 \cdot 10^{-14}$ Erg. Andererseits ist ganz allgemein nach einer fundamentalen Beziehung der Molekularstatistik der Bruchteil α der Molekeln, dessen Translationsenergie größer als das x-fache des Durchschnittswertes ist, gleich e^{-x}.

Für Cäsium ist demnach bei Zimmertemperatur der Bruchteil α der Atome, deren Translationsenergie die Anregungsenergie übertrifft, (weil x ungefähr gleich 30 zu setzen ist) etwa gleich 10^{-13}. Bei einer Temperatur von 1200^0 ($= 1500^0$ abs.) wird x etwa gleich 6 und somit α ungefähr gleich 1/400. Während also bei Zimmertemperatur nur ein völlig bedeutungsloser Bruchteil der Atome über eine kinetische Energie verfügt, die durch ihre Übertragung auf ein anderes Atom dieses anzuregen vermöchte[2], ist bei 1200^0 dieser Bruchteil groß genug, um ein merkliches Leuchten des Dampfes hervorzurufen.

Nach der Theorie müssen wir erwarten, daß bei dem Einsetzen des Temperaturleuchtens in jedem Dampf zuerst die Spektrallinie auftritt, die dem Übergang aus dem niedrigsten angeregten Zustand in den Grundzustand entspricht. Je längerwellig diese Linie, je kleiner also die Anregungsenergie ist, bei um so tieferer Temperatur muß die Strahlungsemission einsetzen. Bei fortgesetztem Überschreiten dieser Temperatur müssen wir wieder erwarten, daß die übertragene Translationsenergie immer häufiger auch zu höheren Anregungen ausreicht und infolgedessen ständig neue Spektrallinien zu der ursprünglichen hinzukommen. In der Tat zeigen sich alle diese Folgerungen aus der Theorie durch das Experiment bestätigt.

Die Energie, die erforderlich ist, um ein Valenzelektron völlig aus seinem Atom zu entfernen, kann ebenfalls aus dem optischen Spektrum

---

[1] Für zweiatomige Gasmolekeln tritt an die Stelle des Faktors 3/2 der Faktor 5/2. Die Boltzmannsche Konstante ist der Quotient aus der Gaskonstante und der Loschmidtschen Zahl.

[2] Eigentlich kommt es nicht auf die mittlere Translationsenergie an sich an, sondern auf den Mittelwert der Relativenergie bei dem Zusammenstoß. Beide Größen sind aber, wie aus der kinetischen Gastheorie folgt, nur durch einen unwesentlichen Faktor voneinander verschieden.

(und auch nach anderen, später zu erörternden Methoden) ermittelt werden. Ist nämlich die Zurückführung der optischen Spektrallinien auf Terme gelungen, so braucht man nur den Term, der dem niedrigsten Niveau entspricht, also den größten Zahlenwert hat und der als der Grundterm bezeichnet wird, mit dem Produkt ch zu multiplizieren, um in Erg diese Energie, die sogenannte Ionisierungsenergie, zu erhalten.

Bei den Alkalimetallen und auch bei den Grundstoffen der zweiten Vertikalreihe des periodischen Systems erweist sich die Ionisierungsenergie ungefähr zwei- bis dreimal so groß wie die Anregungsenergie. Beziehen wir den Bruchteil α, statt wie früher auf die Anregung, nunmehr auf die Ionisierung, so werden wir daher denselben Wert von α bei einer zwei- bis dreimal so hohen Absoluttemperatur erwarten müssen. Indessen läßt sich die Ionisierung bereits bei einem viel kleineren Werte von α feststellen als die Anregung. Bringt man nämlich Salze eines Metalls in eine Flamme, so macht sich eine noch so geringe Ionisierung sofort durch eine merkliche elektrische Leitfähigkeit der Flamme bemerkbar, für deren Nachweis wir in dem Galvanometer ein außerordentlich empfindliches Instrument besitzen. Wie es die Theorie erwarten läßt, zeigt sich bei gegebener Temperatur die Flammenleitung um so intensiver, je kleiner der optische Grundterm des betreffenden Metalls ist.

Ionisierte Atome können natürlich in ganz ähnlicher Weise wie neutrale Atome angeregt werden, indem ein übrig gebliebenes Valenzelektron aus seiner Grundbahn in eine höherquantige Bahn gehoben wird. Neben den Spektren ihrer neutralen Atome können daher die Grundstoffe auch Spektren ihrer ionisierten Atome zeigen, wofür das in einem früheren Abschnitt (§ 10) besprochene Spektrum des ionisierten Heliums das einfachste Beispiel bietet. Die Spektren der ionisierten Atome setzen selbstverständlich höhere Temperaturen oder stärkere elektrische Felder voraus als die Spektren der neutralen Atome. Während die Spektren der neutralen Atome außer in GEISSLERschen Röhren vor allem im elektrischen Lichtbogen erzeugt werden, ruft man die Spektren der ionisierten Atome am besten durch elektrische Funkenentladung hervor. Man unterscheidet darum nach der Erzeugungsart die Spektren der neutralen und der ionisierten Atome gewöhnlich als Bogenspektren und Funkenspektren. Je nachdem, ob es sich um eine einfache, zweifache oder dreifache Ionisierung handelt, spricht man von einem Funkenspektrum schlechthin oder von einem Funkenspektrum zweiter oder dritter Ordnung.

Es ist klar, daß das Funkenspektrum eines Elements von der chemischen Ordnungszahl $(z+1)$ eine weitgehende Ähnlichkeit mit dem Bogenspektrum des Grundstoffs von der Ordnungszahl z aufweisen muß; nur daß, wofern das Spektrum angenähert „wasserstoffartig“ ist, die Terme vervierfacht erscheinen, wie dies ja schon das einfache

Beispiel des ionisierten Heliums zeigte. Ebenso erscheinen im Funkenspektrum zweiter und dritter Ordnung die Terme verneunfacht bzw. versechzehnfacht (vgl. den nächsten Abschnitt, § 33). Ganz allgemein gilt der von SOMMERFELD und KOSSEL im Jahre 1919 aufgestellte sogenannte spektroskopische Verschiebungssatz, wonach die Funkenspektren der Elemente einer beliebigen Vertikalreihe des periodischen Systems in ihrem Charakter (vor allem hinsichtlich der später zu besprechenden Feinstruktur) mit den Bogenspektren der vorangehenden Vertikalreihe übereinstimmen.

Am leichtesten, schon durch eine Temperaturerhöhung bis zu etwa 2000° C, sind die Funkenspektren der zweiten Vertikalreihe erregbar, deren einfache Ionen ja noch ein übrig gebliebenes, locker gebundenes Valenzelektron enthalten. So treten bei den Elementen der zweiten Vertikalreihe oft Bogen- und Funkenlinien miteinander vermischt auf. Hingegen sind die Funkenspektren der Alkalimetalle sehr schwer erregbar, da ihre Atome schon vorher im neutralen Zustand nur ein einziges Valenzelektron hatten.

Durch diese Folgerungen aus der BOHRschen Atomtheorie erklären sich auch, wie zuerst im Jahre 1920 der indische Physiker SAHA gezeigt hat, manche scheinbar paradoxe Ergebnisse der Sonnenspektroskopie.[3] Es war früher ganz unverständlich gewesen, warum in dem Sonnenspektrum zwar das Natrium sehr stark, das Kalium hingegen nur schwach vertreten ist und das Rubidium und Cäsium völlig fehlen. Nach der treffenden Erklärung, die SAHA gab, sind die Alkalimetalle auf der Sonne ebenso vorhanden wie auf der Erde; aber sie bleiben zum Teil unerkennbar, weil sie infolge der hohen Temperatur fast durchweg ionisiert sind und sich ihre Funkenspektren, deren Linien im Ultravioletten liegen, der spektroskopischen Wahrnehmung entziehen. Daß aber durch die Bogenlinien im Sonnenspektrum Na stark vertreten ist, K nur schwach und Rb und Cs überhaupt nicht, erklärt sich wieder daraus, daß Rb und Cs die geringste Ionisierungsenergie haben, die von K etwas und die von Na wesentlich größer ist.[4] Im Gegensatz zu den Alkalimetallen sind die alkalischen Erden in dem sichtbaren Teile des Sonnenspektrums auch durch die Linien ihrer ionisierten Atome vertreten; so gehören beispielsweise die beiden starken FRAUNHOFERschen Linien *H* und *K* dem Funkenspektrum des Calciums an.[5]

Auch für die merkwürdige Tatsache, daß das Sonnenspektrum das schwere Calcium in viel größeren Höhen der Sonnenatmosphäre anzeigt als den viel leichteren Wasserstoff, fand SAHA auf Grund der BOHRschen

[3] Phil. Mag. *40*, 1920, S. 472 und 809, sowie *41*, 1921, S. 267. Vgl. auch den Bericht von KOHLSCHÜTTER in den „Naturwissenschaften" *9*, 1921, S. 863.

[4] Vgl. die spätere Tabelle XVII in § 37. — Außer der Verschiedenheit der Ionisierungsenergie spielt allerdings auch die verschiedene Häufigkeit eine Rolle.

[5] Die frühere Anschauung, daß Calcium das häufigste Element in der Sonnenatmosphäre sei, ist durch die Forschungen SAHAS natürlich hinfällig geworden.

Atomtheorie eine einfache Deutung. Die im sichtbaren Wellenlängenbereich gelegenen Calciumlinien erfordern nämlich eine geringere Anregungsenergie als die ebenfalls im sichtbaren Bereich gelegenen Linien des Wasserstoffs, dessen leicht erregbare Linien dem Ultraviolett angehören.[6] In den höheren Regionen der Sonnenatmosphäre, in denen die Temperatur niedriger als in den unteren Regionen ist, reicht daher die bei den molekularen Zusammenstößen übertragene Energie zwar noch zu der Erregung der sichtbaren Calciumlinien, nicht mehr aber zu der Erregung der sichtbaren Wasserstofflinien aus.

§ 33. Die optischen Spektren.

Die optischen Spektren der Grundstoffe können sowohl durch Emission als auch durch Absorption von Lichtquanten hervorgerufen werden. Die Absorptionsspektren entstehen (wie schon in dem vorhergehenden Abschnitt gezeigt wurde) durch Überführung eines Elektrons in höherquantige Niveaus, entweder aus der Grundbahn oder aus einer bereits angeregten Bahn; die Emissionsspektren entstehen durch die Rückkehr des Atoms aus unbeständigen Zuständen in den Grundzustand, sei es, daß diese Rückkehr auf einmal oder stufenweise erfolgt.

Die Erforschung der optischen Spektren nahm ihren Ausgang von den Absorptionslinien, die Fraunhofer im Jahre 1814 im Sonnenspektrum entdeckte. Im Jahre 1860 begründeten Kirchhoff und Bunsen die Spektralanalyse durch die Entdeckung der Emissionsspektren, in denen sie helle, für die Grundstoffe charakteristische Linien nachwiesen, deren konstante Wellenlängen sich als völlig unabhängig von der Temperatur und der chemischen Bindung ergaben; zugleich konnten sie auch die Übereinstimmung der Fraunhoferschen Linien mit derartigen Emissionslinien bestimmter Grundstoffe nachweisen und theoretisch erklären. Daß zwischen den Wellenlängen der Linien eines Spektrums einfache zahlenmäßige Beziehungen bestehen können, hat an dem besonders einfachen Beispiel des Wasserstoffspektrums (wie schon in einem früheren Abschnitt eingehend dargelegt wurde) zuerst Balmer im Jahre 1885 gezeigt. Um das Jahr 1890 entdeckten Kayser und Runge auch in den Spektren der Alkalimetalle einfache Serienzusammenhänge, und um dieselbe Zeit gelang es auch Rydberg, diese Zusammenhänge quantitativ durch Formeln zu beschreiben, die eine weitgehende Ähnlichkeit mit der Balmerschen Formel aufwiesen und in denen eben die aus dem Wasserstoffspektrum bekannte, sogenannte Rydbergsche Konstante eine fundamentale Rolle spielte. Ähnliche Serienzusammenhänge wie bei den Alkalimetallen, bei denen sie am deut-

[6] Die der Anregungsenergie im engeren Sinne dieses Wortes entsprechende Wasserstofflinie ist die erste Linie der Lyman-Serie von 1216 Å.-E.

lichsten ausgeprägt sind, wurden dann auch bei vielen anderen Grundstoffen festgestellt.

Das gemeinsame Merkmal aller optischen Serien ist (wie ja schon das einfache Beispiel der optischen Wasserstoffserie zeigte) die mit abnehmender Wellenlänge, abnehmender Intensität und auch abnehmender Schärfe verbundene Konvergenz der Linien gegen eine Grenze, die bei der Emission dem Endniveau des Übergangs entspricht.

Bei den Grundstoffen, bei denen eine Einordnung der optischen Spektrallinien in Serien möglich war, hat man nun bald als wichtigste Serien drei erkannt, die als Haupt- oder Prinzipalserie, als erste oder diffuse Nebenserie und als zweite oder scharfe Nebenserie unterschieden wurden. Die beiden Nebenserien, die sich deutlich durch die verschiedene Schärfe ihrer Linien unterscheiden, haben, wie man fand, eine gemeinsame Grenze, die bei den Elementen der ersten zwei Vertikalreihen des periodischen Systems immer längerwellig ist als die Grenze der Hauptserie. Zu den drei genannten Serien kam später noch eine vierte, verhältnismäßig langwellige hinzu, die als Fundamentalserie oder auch nach einem ihrer Entdecker als BERGMANN-Serie bezeichnet wird.[1]

Wie spätere Betrachtungen erkennen ließen, lassen sich die Frequenzen der wichtigsten Linien der genannten Serien darstellen als Differenzen zwischen den Gliedern von vier Termfolgen, die man nach den Anfangsbuchstaben der Worte „scharf", „prinzipal", „diffus" und „fundamental" als *s*-, *p*-, *d*- und *f*-Terme unterscheidet.[2] Die vier erwähnten Serien entstehen nun bei der Emission durch die in dem folgenden Schema dargestellten Übergänge:

$$(1)\quad \begin{cases} \text{Hauptserie} \,\ldots\ldots\ldots & p \longrightarrow s\,, \\ \text{I. (diffuse) Nebenserie} \,\ldots & d \longrightarrow p\,, \\ \text{II. (scharfe) Nebenserie} \,\ldots & s \longrightarrow p\,, \\ \text{Bergmann-Serie} \,\ldots\ldots & f \longrightarrow d\,. \end{cases}$$

Untersuchungen über die Aufspaltbarkeit der Terme bei dem ZEEMAN- und dem STARK-Effekt sowie Betrachtungen, die an das Auswahlprinzip anknüpfen, ließen die Werte erkennen, die bei den verschiedenartigen Termen der Nebenquantenzahl k zukommen, welche die Form, also die Exzentrizität der von dem Valenzelektron beschriebenen Bahnellipse bestimmt. Es ist nämlich:

$$(2)\quad \begin{cases} k = 1 \text{ für einen } s\text{-Term} \\ k = 2 \text{ für einen } p\text{-Term,} \\ k = 3 \text{ für einen } d\text{-Term,} \\ k = 4 \text{ für einen } f\text{-Term.} \end{cases}$$

[1] Der eigentliche Entdecker der „BERGMANN-Serie" war SAUNDERS. Die Bezeichnung „Fundamentalserie" ist natürlich sehr schlecht gewählt.

[2] Die *f*-Terme werden oft auch (nach dem Anfangsbuchstaben des Wortes BERGMANN) als *b*-Terme bezeichnet.

Die Terme, für die $k = 5, 6, 7$ zu setzen ist, werden als f'-, f''-, f'''-Terme bezeichnet, und so fort.

Je niedriger bei der Emission die Nebenzahl des Anfangszustandes ist, desto schärfer ist, wie die Beobachtung zeigt, die entstehende Spektrallinie. Daher weist die zweite Nebenserie die größte Linienschärfe auf, eine geringere bereits die Hauptserie; bei der ersten, der diffusen Nebenserie, sind, wie schon der Name sagt, die Linien recht unscharf, und die geringste Schärfe zeigt die Bergmann-Serie.

Das Schema (1) bestätigt die Gültigkeit des schon in einem früheren Abschnitt (§ 12) besprochenen Auswahlprinzips, das zwischen Termen nur solche spektroskopische Kombinationen zuläßt, bei denen sich die Nebenzahl um Eins ändert. In starken elektrischen Feldern wird allerdings dieses Prinzip durchbrochen, und es treten dann auch Linien auf, die dem Prinzip zu widersprechen scheinen. So sind beispielsweise Linien beobachtet worden, bei deren Entstehung die Nebenzahl ungeändert bleibt; häufig treten Linien auf, die durch Kombination von je zwei p-Termen, und auch solche, die durch Verknüpfung von je zwei s-Termen entstehen. In starken elektrischen Feldern treten auch Kombinationen zwischen d- und s-Termen sowie zwischen f- und p-Termen auf, obwohl hierbei die Nebenzahl um zwei geändert wird.[3]

Die einzelnen Terme der verschiedenen Serien sind, wie schon Rydberg fand, mit ziemlicher Annäherung in der Form darstellbar[4]

$$\nu = \frac{R}{(m + a)^2}, \tag{3}$$

wobei R die Rydbergsche Konstante bedeutet und a eine Konstante ist, die für die verschiedenen Termfolgen eines Grundstoffs einen verschiedenen Wert hat; m aber bedeutet eine ganze Zahl, eine fortlaufende Nummer, wobei die Numerierung bei den s-Termen mit 1, bei den p-Termen mit 2, bei den d-Termen mit 3 und bei den f-Termen mit 4 zu beginnen hat.[5] Doch ist die Laufzahl m nicht mit der Hauptquantenzahl des Terms zu verwechseln. Die Hauptquantenzahlen der Terme kennen wir erst seit den neuesten Forschungen Bohrs über das periodische System, von denen in dem nächsten Abschnitt die Rede sein wird.

Am übersichtlichsten sind die Serienzusammenhänge bei den Elementen der ersten drei Vertikalreihen, vor allem bei den Alkalimetallen. Der Grundterm (also der numerisch höchste Term, der dem niedrigsten

---

[3] Dem Auswahlprinzip widersprechende Serien wurden vor allem von Lenard und Stark nachgewiesen.

[4] Die Terme selbst ergeben sich, indem die Gl. 3 noch durch c dividiert wird.

[5] Eine verbesserte Form gab der Rydbergschen Formel später Ritz, indem er den Nenner in der Form schrieb:

$$[m + a + \alpha f(1/m)],$$

wobei die Funktion $f(1/m)$ im besonderen gleich ist $1/m^2$ oder $1/m$; α ist eine für die Termfolge des Grundstoffs charakteristische Konstante.

Energieniveau entspricht und der die Stärke der Bindung mißt) ist bei den Grundstoffen der ersten und zweiten Vertikalreihe ein s-Term. Hingegen hat sich bei denjenigen Elementen der dritten Vertikalreihe, bei denen bisher eine Einordnung der Linien in Serien möglich war, nämlich bei Aluminium, Gallium, Indium und Thallium, der Grundterm als p-Term erwiesen. Dies wird auch dadurch bestätigt, daß in den Absorptionsspektren, die von kalten Dämpfen dieser Metalle (also von ihren vorher nicht angeregten Atomen) geliefert werden, nur die beiden Nebenserien auftreten, deren Absorptionslinien ja einen p-Term als Anfangsterm haben.

Auch bei einigen Elementen der vierten, sechsten und siebenten Vertikalreihe des periodischen Systems konnten Serienzusammenhänge ermittelt werden. Von den Edelgasspektren ist das Heliumspektrum bekannt, von dem in einem späteren Abschnitt (§ 38) noch eingehender die Rede sein wird, ferner das ungemein linienreiche Neonspektrum; es ist von Paschen analysiert worden, dem es gelang, die ungefähr 900 Linien dieses Spektrums als Kombinationen von vier s-Termen, zehn p-Termen und zwölf d-Termen darzustellen.[6]

Funkenspektren, und zwar solche erster Ordnung, sind außer bei Helium am besten bei den alkalischen Erden (Magnesium, Calcium, Strontium und Barium) erforscht worden. Die Funkenspektren dieser Metalle zeigen in der Tat weitgehende Ähnlichkeit mit den Bogenspektren der vorangehenden Alkalimetalle bei vervierfachten Termen. Die Funkenspektren der Alkalimetalle sind ebenso linienreich und unentwirrbar wie die Bogenspektren der höheren Edelgase. Bei Aluminium wurde von Paschen[7] ein Funkenspektrum zweiter Ordnung entdeckt, bei Silicium von Fowler[8] neben dem Funkenspektrum erster Ordnung auch eines zweiter und eines dritter Ordnung. Wie es die Theorie erwarten läßt, zeigen die Spektren des doppelt ionisierten Al und des dreifach ionisierten Si eine große Ähnlichkeit mit dem Bogenspektrum des Natriums bei verneunfachten bzw. versechzehnfachten Termen.

Sowohl in den Bogen- als auch in den Funkenspektren erweisen sich die meisten Terme als Dubletts oder Tripletts. In den Bogenspektren der ersten und dritten Vertikalreihe und ebenso in den Funkenspektren der zweiten Reihe sind alle Terme mit Ausnahme der stets einfachen s-Terme doppelt. In den Bogenspektren der zweiten Reihe und in den Funkenspektren der dritten Reihe gibt es zwei Systeme von Termen: ein System von einfachen Termen und überdies ein System, in dem alle Terme mit Ausnahme der einfachen s-Terme dreifach sind; die Terme beider Systeme treten dabei miteinander kombiniert auf. Ganz allgemein scheint der Satz zu gelten, daß bei ungerader Elektronenzahl die Terme Dubletts sind (in den höheren

[6] Paschen, Ann. d. Phys. *60*, 1919, S. 405 und *63*, 1920, S. 201.
[7] Ann. d. Phys. *71*, 1923, S. 142.
[8] Proc. Roy. Soc. A. *103*, 1923, S. 413.

Vertikalreihen des periodischen Systems auch Quartetts, Sextetts und Oktetts), hingegen bei gerader Elektronenzahl Einfachterme und Tripletts (bzw. Quintetts, Septetts und Nonetts). Ungerade ist aber eben die Zahl der den Atomkern umgebenden Elektronen in den neutralen Atomen einer ungeraden Vertikalreihe und in den einfachen Ionen einer geraden Vertikalreihe, und umgekehrt.

Bei den Dubletts und Tripletts bezeichnet man in üblicher Weise die einzelnen Terme durch Beifügung der Indizes 1, 2, bzw. 1, 2, 3, wobei der niedere Index dem kleineren Term, also dem höheren Energieniveau zugeordnet wird. Das bei gerader Elektronenzahl auftretende System der Einfachterme kennzeichnet man durch große lateinische Buchstaben (S, P, D, F). Die früher erwähnte Laufnummer der Terme (die bei den s-Termen von 1 an[9], bei den p-Termen von 2 an, bei den d-Termen von 3 an und bei den f-Termen von 4 an gezählt wird) setzt man in üblicher Weise vor den großen oder kleinen Buchstaben. Man spricht also beispielsweise von einem 3 P- oder 2 s- oder 5 p_2- oder 4 d_3-Term, und so fort.

Sind zwei Terme, die einem Dublett oder Triplett angehören, spektroskopisch mit irgendeinem dritten Term kombiniert, so entspricht immer die stärkere Linie demjenigen unter den beiden Termen, der den kleineren Index hat. (Es ist also beispielsweise die Linie $2p_1 \rightarrow 1s$ immer stärker als die Linie $2p_2 \rightarrow 1s$.) Die Schwingungsdifferenz mehrfacher Terme nimmt mit wachsender Laufnummer immer mehr ab und konvergiert gegen Null. Bei gleicher Laufnummer ist die Schwingungsdifferenz des p-Dubletts immer größer als die des d-Dubletts, die wiederum stets die des f-Dubletts übertrifft; ähnliches gilt natürlich auch für die Tripletts.

Innerhalb einer und derselben Vertikalreihe des periodischen Systems entsprechen der höheren Periode immer größere Schwingungsdifferenzen. Doch erscheinen bei niedriger Ordnungszahl die Terme noch nicht vielfältig. So ist beispielsweise bei Lithium und Natrium der d-Term noch nicht differenziert, bei Magnesium der d-Term noch nicht dreifach, und der f-Term erscheint gar erst bei dem Barium als Triplett.

Bezüglich der spektroskopischen Kombinationsfähigkeit der einzelnen Terme gilt ein Auswahlprinzip, das SOMMERFELD und LANDÉ folgendermaßen formuliert haben. Sie weisen den Termen sogenannte innere Quantenzahlen nach folgendem Schema zu:

$$(4)\quad \left\{\begin{array}{ccccccccccccccc} s & p_1 & p_2 & p_3 & d_1 & d_2 & d_3 & f_1 & f_2 & f_3 & S & P & D & F \\ 1 & 2 & 1 & 0 & 3 & 2 & 1 & 4 & 3 & 2 & 0 & 1 & 2 & 3 \end{array}\right.$$

Dann besagt das Auswahlprinzip, daß nur solche Übergänge auftreten, bei denen sich die innere Quantenzahl um Eins ändert oder

[9] Die Laufnummern der s-Terme werden häufig auch anstatt mit 1, 2, 3, ... mit 1,5; 2,5; 3,5 ... bezeichnet, weil die in der RYDBERGschen Gleichung (3) auftretende Konstante für die s-Terme nahezu gleich $^1/_2$ ist.

ungeändert bleibt; jedoch soll der Übergang 0 → 0 ebenfalls ausgeschlossen sein.

Als Beispiel zur Erläuterung der besprochenen Gesetzmäßigkeiten mögen in den Bogenspektren der Alkalimetalle die Hauptserie und die beiden Nebenserien betrachtet werden. Die Linien der Hauptserie müssen nach dem SOMMERFELDschen Auswahlprinzip Dubletts sein, weil der s-Term einfach ist und zu ihm, dessen innere Quantenzahl 1 ist, sowohl ein Übergang aus dem p_1- als auch aus dem p_2-Niveau möglich ist, denen die inneren Quantenzahlen 2 und 1 zukommen. Da dem p_1-Term das höhere Niveau entspricht, so hat die Linie $p_1 \rightarrow s$ die größere Frequenz und zugleich nach dem früher Gesagten die größere Intensität. Auch wird mit wachsender Laufnummer die Schwingungsdifferenz des p-Dubletts nach dem früher Gesagten immer kleiner. Die Linien der Hauptserie sind somit immer enger werdende Dubletts, wobei die Linie mit der kleineren Wellenlänge die größere Intensität aufweist. Die Seriengrenze, die durch den einfachen s-Term dargestellt ist, ist für beide Komponenten der Dubletts einheitlich.

In der zweiten oder scharfen Nebenserie, die bei der Emission durch Übergang aus einfachen s-Niveaus in ein zweifaches p-Niveau entsteht, sind die Linien selbstverständlich wieder Dubletts; aber da der p-Term jetzt das Endniveau darstellt (und nicht mehr wie früher das Anfangsniveau), so entspricht die kleinere Frequenz der Linie, zu der der p_1-Term gehört. Im Gegensatz zu der Hauptserie ist also in den Dubletts der scharfen Nebenserie die längerwellige Linie die stärkere. Da für die scharfe Nebenserie der konstante Term zweifach und der veränderliche Term einfach ist, ist die Schwingungsdifferenz der Liniendubletts für die ganze Serie konstant, so daß die Serie tatsächlich zwei Seriengrenzen besitzt.

Bei den Linien der diffusen Nebenserie sind nach dem SOMMERFELDschen Auswahlprinzip stets drei Übergänge möglich, nämlich $d_1 \rightarrow p_1$, $d_2 \rightarrow p_1$ und $d_2 \rightarrow p_2$. Die größte Linienintensität muß nach der vorhin angegebenen Regel dem Übergang $d_1 \rightarrow p_1$ zukommen, weil für ihn die Indizes am niedrigsten sind. Diesem Übergang entspricht eine größere Frequenz als dem Übergang $d_2 \rightarrow p_1$, aber eine kleinere als dem Übergang $d_2 \rightarrow p_2$, weil die Schwingungsdifferenz des d-Dubletterms nach der früher angegebenen Regel immer kleiner ist als die des p-Dubletterms (vgl. Fig. 43, in der auch die verschiedene Intensität der Linien symbolisch dargestellt ist). Die Linien der diffusen Nebenserie sind also Tripletts, bei denen die mittlere Linie die größte Intensität aufweist.[10]

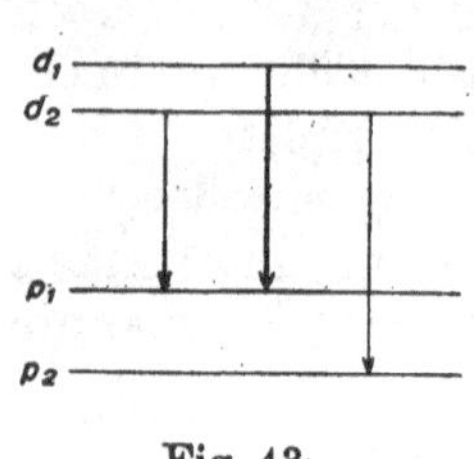

Fig. 43.
Optisches Triplett.

[10] Die Seriengrenze ist jedoch, wie man ohne weiteres einsieht, nur doppelt; ihre Schwingungsdifferenz ist die des p-Dubletts.

In jedem Spektrum gibt es natürlich nicht bloß eine einzige Hauptserie und eine einzige diffuse und eine einzige scharfe Nebenserie, sondern es gibt eine Mannigfaltigkeit solcher Serien, weil ja beispielsweise das Endniveau einer emittierten Hauptserie ein beliebiger *s*-Term sein kann, also nicht bloß 1 *s*, sondern auch 2 *s* oder 3 *s*, und so fort. Als Haupt- und Nebenserien im engeren Sinne des Wortes werden aber stets die Serien bezeichnet, die bei der Emission das niedrigste *s*-Niveau (1 *s*), bzw. das niedrigste *p*-Dublettniveau (2 *p*) zum Endniveau haben.

Die erste, also längstwellige und zugleich stärkste Linie der Hauptserie (im engeren Sinne dieses Wortes) liegt bei allen Alkalimetallen außer bei Cäsium im sichtbaren Spektralbereich. Ihre Wellenlängen sind in der Tabelle XI zusammengestellt, aus der auch

Tabelle XI.

Die ersten Linien der Hauptserien der Alkalimetalle.
(Wellenlänge in Å.-E.)

Li	Na	K	Rb	Cs
6708,2	D_1 5895,930	7698,97	7947,6	8943,6
	D_2 5889,963	7664,94	7800,2	8521,1

ersichtlich ist, wie die Schwingungsdifferenz der Dubletts mit wachsender Ordnungszahl zunimmt. (Bei Lithium ist der *p*-Term noch nicht differenziert und somit die Linie einfach.) Bei Natrium liegt die erste Linie der Hauptserie im Gelben; es ist die bekannte Fraunhofersche *D*-Linie, wobei nach dem früher Gesagten die kürzerwellige Komponente D_2 stärker (etwa doppelt so stark) ist als die andere Komponente D_1. Bei Li, K und Rb liegen die ersten Linien im Roten, bei Cs jedoch bereits in dem unmittelbar an das sichtbare Gebiet angrenzenden Teil des Ultraroten.[11]

Da die erste Linie der Hauptserie durch den Unterschied der Terme 1 *s* und 2 *p* bestimmt ist, so ist die Schwingungszahl dieser Linie gleich dem Unterschied zwischen der Grenzfrequenz der Hauptserie und der gemeinsamen Grenzfrequenz der beiden Nebenserien. Diese Gesetzmäßigkeit wird nach den beiden Forschern, die sie bereits lange vor der Begründung der Bohrschen Theorie feststellten, als die Regel von Rydberg und Schuster bezeichnet.

Da bei den Elementen der ersten Vertikalreihe zwischen dem $2\,p_2$-Niveau und dem den Grundzustand darstellenden 1 *s*-Niveau keine weiteren Niveaus liegen, so ergibt die mit dem elementaren Wirkungsquantum multiplizierte Frequenz der Linie $2\,p_2 \rightarrow 1\,s$ die Anregungsenergie des Atoms. Ebenso wie das $2\,p_2$- hat auch das $2\,p_1$-

---

[11] Zum Vergleich sei darauf hingewiesen, daß die erste Linie der „Hauptserie" des Wasserstoffs weit im Ultravioletten bei 1216 Å.-E. liegt.

Niveau die Eigentümlichkeit, daß aus ihm im Falle der Lichtemission nach dem Auswahlprinzip lediglich die Rückkehr in den Grundzustand möglich ist. Ein Atom, das Licht von einer dieser beiden Wellenlängen absorbiert und dadurch angeregt wird, kann daher bei seiner Rückkehr in den Grundzustand nur Licht von derselben Wellenlänge emittieren. Darum wird die doppelte Linie $2\,p \rightarrow 1\,s$ auch als die Resonanzlinie der Alkalimetalle bezeichnet.

Die zweite Linie der Hauptserie (also das Dublett $3\,p \rightarrow 1\,s$) liegt bei Li und Na bereits im Ultravioletten; bei K ist es das bekannte violette Dublett, bei Rb ebenfalls ein Dublett im Violetten, jedoch von größerer Wellenlänge, und bei Cs endlich das bekannte Dublett im Blauen, von dem das Cäsium seinen Namen hat.[12] Auch bei der zweiten Linie der Hauptserie zeigt es sich deutlich, daß mit wachsender chemischer Ordnungszahl die Breite des Liniendubletts zunimmt.

Die Hauptserie des Bogenspektrums des Natriums, bei der nicht weniger als 57 Linien gemessen werden konnten, ist als Beispiel einer optischen Serie durch die Tabelle XII dargestellt.

Tabelle XII.

Die Hauptserie des Natriums.
($m\,p \rightarrow 1\,s$; Wellenlängen in Å.-E.)

$m = 2$	3	4	5	6	7	8	9	10
5895,930 D_1	3302,94	2853,038	2680,443	2593,927	2543,875	2512,210	2490,733	2475,533
5889,963 D_2	3302,64	2852,821	2680,335	2593,828	2543,817	2512,128	—	—
11	12	13	14	15	16	17	18	19
2464,397	2455,915	2449,393	2444,195	2440,046	2436,627	2433,824	2431,433	2429,428
20	21	22	23	24	25	26	27	28
2427,705	2426,217	2424,937	2423,838	2422,856	2421,997	2421,233	2420,520	2419,922
29	30	31	32	33	34	35	36	37
2419,380	2418,893	2418,454	2418,062	2417,695	2417,362	2417,058	2416,779	2416,518
38	39	40	41	42	43	44	45	46
2416,271	2416,046	2415,838	2415,651	2415,474	2415,305	2415,147	2415,006	2414,872
47	48	49	50	51	52	53	54	55
2414,746	2414,627	2414,518	2414,411	2414,313	2414,218	2414,131	2414,050	2413,971
56	57	58	—	—	—	—	—	—
2413,910	2413,873	2413,837	—	—	—	—	—	—

Bei den Elementen der zweiten Vertikalreihe sind die Bogenspektren natürlich wesentlich komplizierter als bei den Alkalimetallen. Denn ganz abgesehen von dem Auftreten der Tripletterme weisen ja diese Spektren zwei verschiedene Termsysteme auf, zwischen denen spektroskopische Übergänge vorkommen. Der Grundterm, also der numerisch höchste Term, gehört dem System der Einfach-Terme an; es ist der $1\,S$-Term, für den die die Bahnexzentrizität bestimmende

[12] Caesius ist der lateinische Ausdruck für Blau.

Nebenzahl gleich Eins ist. Für ihn als Endniveau gibt es zwei Hauptserien, deren eine bei der Emission durch Übergänge aus P-Niveaus, deren andere durch Übergänge aus p_2-Niveaus entsteht. (Denn Übergänge aus einem p_1- oder p_3-Niveau sind durch das früher besprochene Auswahlprinzip ausgeschlossen.) Sowohl das 2 P-Niveau als auch das 2 p_2-Niveau erweisen sich als niedriger als das 2 s-Niveau. Aus dem 2 P-Niveau und aus dem 2 p_2-Niveau ist daher im Falle monochromatischer Lichtemission nur die Rückkehr in den Grundzustand 1 S möglich. Diesen beiden Übergängen entsprechen die beiden Resonanzlinien in den Bogenspektren der Elemente der zweiten Vertikalreihe (nämlich 2 $P \longrightarrow$ 1 S und 2 $p_2 \longrightarrow$ 1 S).

Fig. 44 gibt eine Übersicht über die wichtigsten Terme und Spektrallinien im Bogenspektrum des der zweiten Vertikalreihe angehörenden

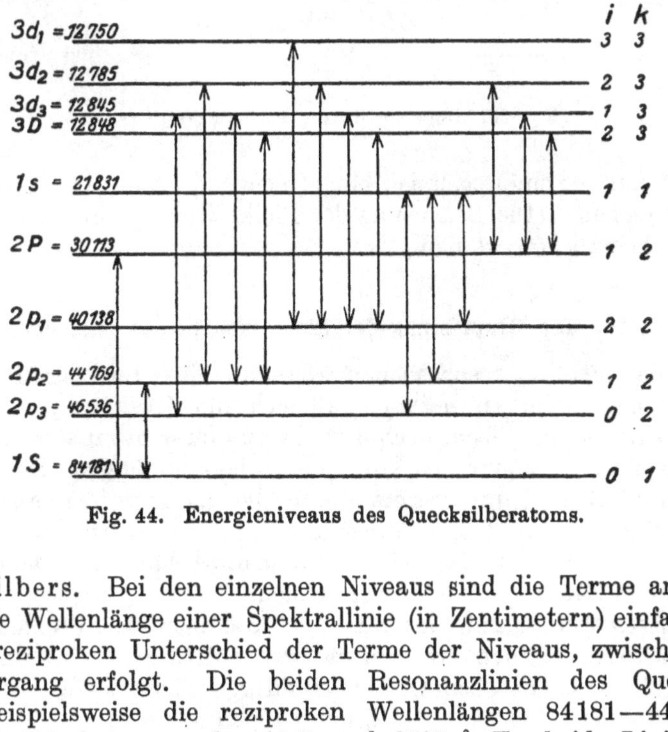

Fig. 44. Energieniveaus des Quecksilberatoms.

Quecksilbers. Bei den einzelnen Niveaus sind die Terme angegeben, so daß die Wellenlänge einer Spektrallinie (in Zentimetern) einfach gleich ist dem reziproken Unterschied der Terme der Niveaus, zwischen denen der Übergang erfolgt. Die beiden Resonanzlinien des Quecksilbers haben beispielsweise die reziproken Wellenlängen 84181—44769 und 84181—30113, betragen also 1849 und 2537 Å.-E.; beide Linien liegen demnach bereits im Ultravioletten. Aus Fig. 44 ist auch deutlich die Gültigkeit des Auswahlprinzips von Sommerfeld und Landé ersichtlich; auf der rechten Seite der Figur sind die Werte der inneren Quantenzahl i und der die Bahnexzentrizität bestimmenden Nebenquantenzahl k eingetragen.

Eine andere Darstellung des Quecksilberbogenspektrums zeigt Fig. 45. In einem entsprechenden Maßstab sind auf horizontalen Linien von der vertikalen Nullinie aus die Zahlenwerte der Terme aufgetragen (die Zahlen 1, 2, 3, 4 bedeuten die Laufnummern). Die Verbindungslinien stellen die nach dem Auswahlprinzip zulässigen Übergänge dar, während

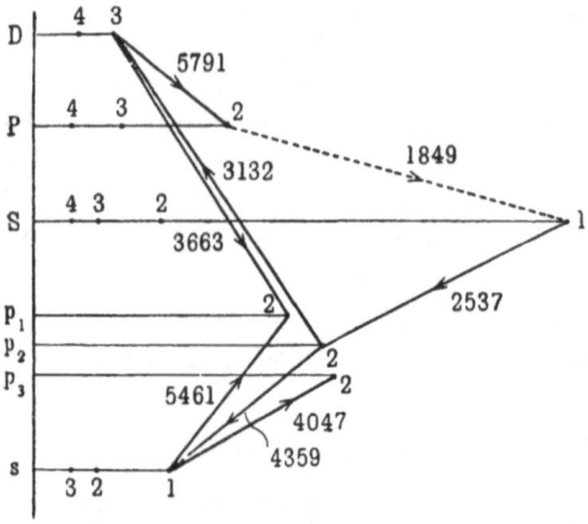

Fig. 45. Bogenspektrum des Quecksilbers.

die neben den Verbindungslinien eingetragenen Zahlen die Wellenlängen in Å.-E. angeben. (Die Bedeutung der Pfeile wird erst in einem späteren Abschnitt besprochen werden.)

§ 34. Die Gruppierung der Elektronen in den Atomen.

Aus den früher besprochenen Gesetzmäßigkeiten der Röntgenspektren geht deutlich hervor, daß sich die Elektronen, die den Kern eines Atoms umgeben, nach dem Typus ihrer normalen Bahnen[1] in Gruppen und Untergruppen einteilen lassen müssen. Die Gruppen erscheinen hierbei charakterisiert durch die Hauptquantenzahl der normalen Bahn (n), die Untergruppen durch die die Bahnexzentrizität festlegende Nebenzahl (k); eine Untergruppe läßt sich daher durch das zweifache Zahlensymbol n_k bezeichnen.

Der Atomtheorie entsteht nun ein fundamentales Problem in der Frage, wie sich in den Atomen der verschiedenen Grundstoffe die an Zahl der chemischen Ordnungszahl gleichkommenden Elektronen auf die einzelnen Gruppen und Untergruppen verteilen.

Einige Schlüsse hierüber werden wir zunächst wohl aus den Ordnungszahlen der Edelgase als derjenigen Grundstoffe ziehen können, die die einzelnen Perioden des Grundstoffsystems abschließen und bei denen wir wegen ihrer chemischen Passivität eine besonders

---

[1] Der Ausdruck „normal" wird hier im Gegensatz zu den außergewöhnlichen Bahnen gebraucht, die, höherquantig als die gewöhnlichen, zu der Entstehung der optischen Spektrallinien den Anlaß geben.

regelmäßige Gruppierung vermuten dürfen. Die Ordnungszahlen der Edelgase sind nun die folgenden:

$$(1)\quad \begin{cases} \text{He} & 2 = 2\,, \\ \text{Ne} & 10 = 2 + 8\,, \\ \text{A} & 18 = 2 + 8 + 8\,, \\ \text{Kr} & 36 = 2 + 8 + 8 + 18\,, \\ \text{X} & 54 = 2 + 8 + 8 + 18 + 18\,, \\ \text{Em} & 86 = 2 + 8 + 8 + 18 + 18 + 32. \end{cases}$$

Die in diesem Schema auftretenden Zahlen 2, 8, 18 und 32, die zugleich die Längen der einzelnen Perioden bestimmen, sind aber wiederum (wie schon in § 22 erwähnt wurde) in der Form darstellbar:

$$(2)\qquad Z = 2\,r^2 \quad (r = 1, 2, 3, 4)\,.$$

Wir wollen nun eine Elektronengruppe als in der r-ten Stufe entwickelt bezeichnen, wenn sie aus r, je $2\,r$ Elektronen enthaltenden Untergruppen mit den Nebenzahlwerten von 1 bis r besteht, wobei nach der Definition der Nebenzahl natürlich r nie größer als die Hauptquantenzahl n der Gruppe sein kann. Die Gesamtzahl der Elektronen in einer Gruppe von der abgeschlossenen r-ten Entwicklungsstufe beträgt demnach $2\,r^2$.

Das Schema (1) zeigt uns nun, daß sich die Edelgasatome aus Elektronengruppen von derart abgeschlossenen Entwicklungsstufen zusammensetzen dürften. Welche Hauptquantenzahlen diesen Gruppen zukommen, vermögen wir aber wiederum aus den Röntgenspektren zu erkennen. Wie schon in einem früheren Abschnitt (§ 31) gezeigt wurde, weisen die höchsten, auf die Emanation folgenden Grundstoffe 1 K-Niveau auf, 3 L-, 5 M-, 7 N-, 5 O- und 3 P-Niveaus. Da, wie schon seinerzeit erwähnt wurde, jedem Bahntypus n_k, wofern $k > 1$ ist, zwei Energieniveaus entsprechen (außer dem normalen auch ein sogenannte anomales), so müssen somit im Emanationsatom folgende sechs Gruppen mit fünfzehn Untergruppen enthalten sein:

$$1_1;\ \ 2_1,\ 2_2;\ \ 3_1,\ 3_2,\ 3_3;\ \ 4_1,\ 4_2,\ 4_3,\ 4_4;\ \ 5_1,\ 5_2,\ 5_3;\ \ 6_1,\ 6_2.$$

Nur die Bahnen der ersten vier Hauptquantenzahlen erscheinen also im Emanationsatom vollständig ausgebildet, während von den fünf möglichen Typen der fünfquantigen Bahnen nur drei, von den sechs möglichen Typen der sechsquantigen Bahnen gar nur zwei vertreten sind.

Diese Tatsache legt die Annahme nahe, daß im Emanationsatom die ein-, zwei-, drei- und vierquantige Elektronengruppe voll ausgebildet sind, indem für sie $r = n$ ist, während die fünfquantige Elektronengruppe nur bis zu der dritten und die sechsquantige nur bis zu der zweiten Stufe entwickelt sind. Die Gesamtzahl der den Kern umgebenden Elektronen würde sich danach ergeben zu 2 + 8 + 18 + 32 + 18 + 8, also in der Tat richtig zu 86.

Wenn wir nun in der natürlichen Grundstoffreihe die Röntgenspektren von der Emanation bis hinab zu dem Xenon verfolgen, so fallen allmählich, wie schon in einem früheren Abschnitt erwähnt wurde (vgl. die frühere Fig. 40), folgende Bahntypen weg: 6_1, 6_2, 5_3 und 4_4. Wir werden dadurch zu der Annahme geführt, daß in dem Xenonatom fünf Elektronengruppen enthalten sind, von denen die ein-, zwei- und dreiquantige voll besetzt sind, während die vierquantige nur bis zu der dritten und die fünfquantige nur bis zu der zweiten Stufe entwickelt sind. Die Gesamtzahl der den Kern umgebenden Elektronen würde sich danach zu 2 + 8 + 18 + 18 + 8, also richtig zu 54 ergeben.

Analoge Verhältnisse sind wohl auch bei den anderen Edelgasen zu erwarten. Wenn wir also in den einzelnen Zeilen des Schemas (1) auf den rechten Seiten die Zahlen so umstellen, daß sie, von der am Anfang stehenden Zwei abgesehen, symmetrisch gegen die Mitte zu wachsen und dann wieder abnehmen, so werden uns die so umgestellten Zahlen wohl unmittelbar angeben, wieviel Elektronen die nach wachsender Hauptquantenzahl geordneten Elektronengruppen enthalten. Derart ergibt sich das durch die Tabelle XIII dargestellte, von Bohr im Jahre 1921 entwickelte Schema der Elektronengruppierung in den Edelgasatomen.

Tabelle XIII.

Die Elektronengruppierung in den Edelgasatomen.

Zahl der Elektronen in den n_k-Bahnen.

	1_1	2_1	2_2	3_1	3_2	3_3	4_1	4_2	4_3	4_4	5_1	5_2	5_3	6_1	6_2
2 Helium	2														
10 Neon	2	4	4												
18 Argon	2	4	4	4	4										
36 Krypton	2	4	4	6	6	6	4	4							
54 Xenon	2	4	4	6	6	6	6	6	6		4	4			
86 Emanation	2	4	4	6	6	6	8	8	8	8	6	6	6	4	4

Betrachten wir nun die Grundstoffe, die in der natürlichen Reihe unmittelbar auf die Edelgase folgen, also die die Perioden eröffnenden Alkalimetalle, so liegt jedenfalls der Gedanke nahe, daß in deren Atomen alle Elektronen bis auf das die optischen Spektren hervorrufende Valenzelektron dieselbe Gruppierung aufweisen wie in dem Atom des vorangehenden Edelgases. Von dem Valenzelektron wissen wir aber aus den optischen Spektren, daß sein Grundterm ein *s*-Term ist, daß also im Normalzustand des Atoms das Valenzelektron um den Kern als Brennpunkt eine Bahn von der Nebenzahl Eins beschreibt, d. h. eine Bahn, die unter allen denkbaren Bahnen von derselben Hauptquantenzahl die größte Exzentrizität und die gestreckteste Form aufweist (vgl. die frühere Fig. 9 in § 12).

Andererseits zeigt aber die Tabelle XIII deutlich, daß bei Lithium das Valenzelektron keinesfalls mehr in der voll besetzten einquantigen, bei Natrium keinesfalls mehr in der voll besetzten zweiquantigen Elektronengruppe Platz fände. Wegen der großen Ähnlichkeit, die die Alkalimetalle untereinander aufweisen, werden wir daher wohl ganz allgemein annehmen müssen, daß das Valenzelektron bei allen Alkalimetallen eine Bahn beschreibt, deren Hauptquantenzahl um Eins größer ist als die höchste Hauptquantenzahl, die bei dem vorangehenden Edelgas normalerweise auftritt.

Wir erhalten demnach die Elektronengruppierung der Alkalimetalle, indem wir in der Tabelle XIII noch je ein einzelnes Elektron hinzufügen, und zwar von den folgenden Bahntypen:

$$\text{Li } 2_1; \quad \text{Na } 3_1; \quad \text{K } 4_1; \quad \text{Rb } 5_1; \quad \text{Cs } 6_1.$$

Obwohl diese Bahnen der Valenzelektronen ganz verschiedene Hauptquantenzahlen aufweisen, so folgt doch aus den optischen Spektren, daß die Energie, mit der das Valenzelektron an den Kern gebunden ist, bei allen Alkalimetallen fast denselben Wert hat. Dies zeigt die Tabelle XIV, aus der auch hervorgeht, daß die Bindung bei allen Alkalimetallen schwächer ist als die Bindung des Elektrons im normalen einquantigen Wasserstoffatom, hingegen stärker als im angeregten zweiquantigen Wasserstoffatom. Die Bindungsenergie ist in Tabelle XIV durch den der Hauptserie angehörigen Grundterm dargestellt, der ja, mit dem Produkt $c\,h$ multipliziert, jene Energie ergibt.[2]

Tabelle XIV.

Grundterme der Alkalimetalle.

Grundstoff	Grundterm	Hauptquantenzahl des Grundterms	Wasserstoffterm von gleicher Hauptquantenzahl
		1	109678
3 Li	43484	2	27419
11 Na	41445	3	12186
19 K	35006	4	6855
37 Rb	33685	5	4387
55 Cs	31407	6	3047

Daß bei den verschiedenen Alkalimetallen die Bindungsenergie nahezu die gleiche ist, ist durch die große Exzentrizität der Bahnen der Valenzelektronen begründet. Das Valenzelektron beschreibt allerdings den größten Teil seiner sehr gestreckten Bahn weit außerhalb der Elektronengruppen von kleinerer Hauptquantenzahl; der größte Teil der Bahn liegt somit in Gebieten, für die die Kernladung nahezu vollkommen, nämlich bis auf ein einziges Elementarquantum, abgeschirmt ist. Im

[2] Die in Tabelle XIV verzeichneten Wasserstoffterme ergeben sich, indem der Rydberg-Term durch das Quadrat der Hauptquantenzahl dividiert wird.

Perihel der elliptischen Bahn kommt indessen das Valenzelektron wegen der großen Bahnexzentrizität dem Kern sehr nahe, und zwar bis auf Distanzen, die jedenfalls geringer sind als der Radius der 2_2-Bahn, ja vermutlich sogar kleiner als der Radius der 1_1-Bahn.[3]

Das Valenzelektron taucht daher während seines Umlaufs sehr tief in das Innere des Atoms ein und gelangt so in Gebiete, in denen die Kernladung gar nicht oder kaum abgeschirmt ist und somit in voller oder doch nahezu voller Stärke auf das Valenzelektron wirkt. Wenn also auch z. B. in dem Cäsiumatom das Valenzelektron normalerweise eine sechsquantige Bahn beschreibt und sich infolgedessen sehr weit von dem Kern entfernt, und wenn auch auf das Valenzelektron während des größten Teiles seines Umlaufs von der gesamten Kernladung nur ein einziges Elementarquantum wirkt, so wird doch andererseits das Valenzelektron während eines sehr kleinen Teiles des Umlaufs in größter Nähe durch eine Ladung von 55 oder 53 Elementarquanten angezogen. Daher ist die während des Umlaufs konstante Energie[4] im Absolutbetrag viel größer als in einem sechsquantigen Wasserstoffatom, obwohl der größte Teil der Bahn insofern „wasserstoffähnlich" ist, als dabei von der Kernladung tatsächlich nur ein einziges Elementarquantum wirksam ist.

Neben den Edelgasen und den Alkalimetallen nehmen eine ausgezeichnete Stellung im periodischen System nun auch die drei Grundstoffe ein, die die mit Ib bezeichnete Vertikalreihe bilden; es sind dies das Kupfer, das Silber und das Gold, die sowohl in chemischer als auch in spektroskopischer Hinsicht weitgehende Ähnlichkeiten mit den Alkalimetallen aufweisen. Die Ordnungszahlen dieser drei Metalle sind um acht niedriger als die der Alkalimetalle, die die nächsten Perioden eröffnen.[5] Diese Tatsache legt die Annahme nahe, daß die Elektronengruppierung bei diesen drei Metallen dieselbe sei wie bei dem nächst höheren Edelgas, nur daß die jeweils höchstquantige, in den Edelgasatomen je acht Elektronen umfassende Gruppe bei Kupfer, Silber und Gold bloß durch ein einziges Elektron vertreten erscheint. In den letzten acht Stellen der Periode würde sich dann die Vervollständigung der höchstquantigen Gruppe von einem auf acht Elektronen vollziehen. Daß auch in den Atomen von Kupfer, Silber und Gold das lose Elektron eine sehr exzentrische Bahn von der Nebenzahl Eins beschreibt, geht außer aus der Ähnlichkeit mit den Alkalimetallen auch aus der spektroskopischen Erfahrungstatsache hervor, daß der optische Grundterm von Kupfer, Silber und Gold ein s-Term ist. Die Elektronengruppierung

---

[3] Vgl. die frühere Fig. 9 in § 12.

[4] Konstant ist (nach dem Erhaltungsprinzip) diese Energie natürlich nur insofern, als die Wechselwirkungen zwischen dem Valenzelektron und den übrigen Elektronen vernachlässigt werden.

[5] Dabei ist zu den Alkalimetallen auch das unbekannte 87. Element gezählt.

in den Atomen dieser drei Metalle ist demnach so anzunehmen, wie sie durch die Tabelle XV dargestellt wird.

Tabelle XV.

Elektronengruppierung in den Atomen von Kupfer, Silber und Gold.

Zahl der Elektronen in Bahnen vom Typus n_k	1_1	2_1	2_2	3_1	3_2	3_3	4_1	4_2	4_3	4_4	5_1	5_2	5_3	6_1
29 Cu	2	4	4	6	6	6	1							
47 Ag	2	4	4	6	6	6	6	6	6		1			
79 Au	2	4	4	6	6	6	8	8	8	8	6	6	6	1

Wie sich in den letzten acht Stellen der einzelnen Perioden die Vervollständigung der höchstquantigen Elektronengruppe von einem Elektron auf acht Elektronen vollzieht, ist eine noch offene Frage, die nur teilweise auf Grund der *optischen Spektren* beantwortet werden kann. Da die *Elemente der zweiten Vertikalreihe* des periodischen Systems als *optischen Grundterm* einen S-Term haben, also einen Term von der Nebenzahl Eins, und da diese Elemente in ihren chemischen Verbindungen zweiwertig auftreten, so werden wir wohl annehmen müssen, daß sich bei ihnen *je zwei Elektronen* in höchstquantigen Bahnen mit der *Nebenzahl Eins* bewegen. Dies trifft nicht nur für die Grundstoffe zu, die auf Cu, Ag, Au folgen, also für 30 Zn, 48 Cd und 80 Hg, sondern auch für die Elemente, die auf die Alkalimetalle folgen, also für 4 Be, 12 Mg, 20 Ca, 38 Sr und 56 Ba.

Hingegen wissen wir aus den optischen Spektren (wie schon früher erwähnt wurde), daß für *Aluminium, Gallium, Indium* und *Thallium* der optische Grundterm ein p-Term ist, daß also in den Atomen dieser Elemente das die optischen Spektren hervorrufende Elektron eine *Grundbahn von der Nebenzahl zwei* beschreibt. Wir hätten also vermutlich:

(3)
- bei 13 Al zwei Elektronen in 3_1-Bahnen, ein Elektron in einer 3_2-Bahn,
- bei 31 Ga zwei Elektronen in 4_1-Bahnen, ein Elektron in einer 4_2-Bahn,
- bei 49 In zwei Elektronen in 5_1-Bahnen, ein Elektron in einer 5_2-Bahn,
- bei 81 Tl zwei Elektronen in 6_1-Bahnen, ein Elektron in einer 6_2-Bahn.

Im übrigen wäre die Elektronengruppierung im Al-Atom offenbar dieselbe wie im Na-Atom, und in den Atomen von Ga, In und Tl dieselbe wie in den Atomen von Cu, Ag und Au.[6]

[6] Auch das Atom des Bors (dessen Bogenspektrum noch nicht erforscht werden konnte) enthält wohl ein Elektron in einer 2_2-Bahn.

§ 35. Die Vervollständigung der inneren Elektronengruppen.

Für die moderne Bohrsche Theorie der chemischen Periodizität ist, wie deutlich die frühere Tabelle XIII zeigt, die Vorstellung wesentlich, daß die Ausbildung der verschiedenquantigen Elektronengruppen von der Hauptquantenzahl drei an nur stufenweise innerhalb mehrerer Perioden erfolgt. In der vierten Periode muß daher der Ausbau der äußersten, vierquantigen Elektronengruppe unterbrochen erscheinen durch die Vervollständigung der inneren dreiquantigen Elektronengruppe von 8 auf 18 Elektronen. In ähnlicher Weise wird in der fünften Periode die Ausbildung der äußersten fünfquantigen Elektronengruppe durch die Ausgestaltung der vierquantigen Gruppe von 8 auf 18 Elektronen unterbrochen und in der sechsten Periode der Ausbau der äußersten sechsquantigen Gruppe durch die Vervollständigung der fünfquantigen Gruppe von 8 auf 18 Elektronen. Überdies muß aber in der sechsten Periode noch ein weiterer scheinbarer Stillstand in der Entwicklung der peripheren Gruppierung herbeigeführt werden durch die noch tiefer im Innern des Atoms erfolgende Vervollständigung der vierquantigen Elektronengruppe von 18 auf 32 Elektronen.

Wie wir uns vom Standpunkt der Quantentheorie diesen Ausbau der inneren Elektronengruppen zu denken haben, vermögen wir am ehesten aus den optischen Spektren zu erkennen. Wir wollen uns drei Atome denken, die je 18 Elektronen in der Konfiguration des Argonatoms und überdies noch je ein neunzehntes, loser gebundenes Elektron enthalten mögen. Die Kerne der drei Atome mögen Ladungen von 19, 20 und 21 Elementarquanten aufweisen. Es wären also ein neutrales Kaliumatom, ein einfach ionisiertes Calciumatom (Ca^+) und ein doppelt ionisiertes Scandiumatom (Sc^{++}). Das lose, neunzehnte Elektron wollen wir in jedem der drei Fälle wieder in je drei verschiedenen Bahntypen betrachten, nämlich in einer 4_1-, einer 4_2- und einer 3_3-Bahn und danach fragen, wie stark hierbei die Bindung des Elektrons sei.

Hinsichtlich des neutralen Kaliumatoms gibt hierüber das Bogenspektrum des Kaliums Aufschluß. Aus diesem folgt, daß der höchste s-Term (der also dem niedrigsten s-Niveau entspricht) 35006 beträgt, der höchste p-Term (der ein Dublett ist) 22021 bzw. 21963 und der höchste d-Term 13471 bzw. 13468. Von dem höchsten s-Term wissen wir aus den Betrachtungen des vorhergehenden Abschnitts (§ 34), daß er als Grundterm einer 4_1-Bahn entspricht. Von dem höchsten p-Term (für den die Nebenzahl gleich zwei ist) müssen wir wohl ebenfalls annehmen, daß ihm die Hauptquantenzahl vier zukommt, weil ja die 3_2-Untergruppe bereits mit dem Argon vollkommen abgeschlossen ist und für ein weiteres Elektron in dieser Untergruppe somit kein Platz mehr frei erscheint. Dagegen werden wir dem niedrigsten d-Term des Kaliums (für den die Nebenzahl gleich drei ist) wohl die Hauptquantenzahl drei zuordnen, da die 3_3-Untergruppe in dem Argonatom noch völlig unbesetzt erscheint. Die Berechtigung dieser Auffassung erhellt auch aus der ungefähren Übereinstimmung des höchsten Kalium-*d*-Terms mit dem dreiquantigen Wasserstoffterm[1], wie dies ja wegen der Kreisform der 3_3-Bahn erwartet werden muß. In Fig. 46 sind für Kalium die Werte der drei Terme eingetragen, aber umgerechnet in Volt gemäß der Beziehung[2]:

$$\lambda V = 1{,}234 \cdot 10^4 \quad (\lambda \text{ in Å.-E., } V \text{ in Volt}). \tag{1}$$

Wie die Bindungen in dem einfach ionisierten Calciumatom sind, zeigt wieder das Funkenspektrum des Calciums, das ja mit vervierfachten Termen dem Bogenspektrum des Kaliums analog ist. Das Funkenspektrum des Calciums ergibt nun, wenn wir die Terme durch vier dividieren, für den höchsten *s*-Term (also für den 4_1-Term) 23930, für den höchsten *p*-Term (also für den 4_2-Term) 17632 bzw. 17576 und für den höchsten *d*-Term (also für den 3_3-Term) 20517 bzw. 20502. In Fig. 46 sind für das einfach ionisierte Calcium (Ca^+) die in Volt umgerechneten Werte der drei Terme eingetragen.

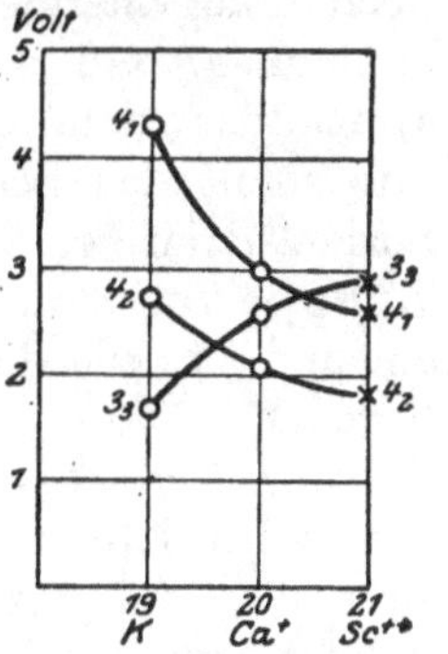

Fig. 46.
Terme von K, Ca^+ und Sc^{++}.

Die Fig. 46 zeigt nun deutlich einen wesentlichen Unterschied zwischen den beiden Spektren. In dem Bogenspektrum des Kaliums ist die 3_3-Bindung nicht nur schwächer als die 4_1-, sondern auch schwächer als die 4_2-Bindung. Hingegen ist in dem Funkenspektrum des Calciums die 3_3-Bindung bereits stärker als die 4_2-Bindung. Während der 4_1-Term und der 4_2-Term bei Ca^+ wesentlich kleiner sind als bei K, ist der 3_3-Term bei Ca^+ wesentlich größer als bei K. Das Spektrum des doppelt ionisierten Scandiums ist uns allerdings noch nicht bekannt. Aber auf Grund einer allerdings recht willkürlichen Extrapolation dürfen wir, wie Fig. 46 zeigt, wohl vermuten, daß bei dem doppelt ionisierten Scandium der 3_3-Term bereits größer sein dürfte als der 4_1- und der 4_2-Term.

Dieses rasche Anwachsen des 3_3-Terms wird uns verständlich, wenn wir uns vor Augen halten, daß außerhalb der 18 Elektronen, die wie in einem Argonatom gruppiert sind, der Atomkern bei Kalium nur mit ungefähr einem Elementarquantum wirkt, bei Calcium hingegen mit zwei Elementarquanten, also mit viermal so großer Bindungsenergie, und bei dem Scandium bereits mit drei Elementarquanten, also mit neunmal so starker Bindung. Während daher bei dem Kalium ein sehr großer Unterschied zwischen dem „äußeren" und dem „inneren" Felde besteht (in das die exzentrischen Bahnen von den Nebenzahlen eins und

---

[1] Vgl. die letzte Vertikalkolumne der Tabelle XIV.

[2] Gl. 3 des § 20.

zwei führen[3]), ist dieser Unterschied bei Calcium nicht mehr so beträchtlich, und noch geringer ist er bei dem Scandium. Während somit bei dem Kalium der 4_1-Term noch ungefähr doppelt so groß wie der 3_3-Term ist, ist bei dem Scandium für ein neunzehntes Elektron die Bindung in einer 3_3-Bahn bereits stärker als in einer exzentrischen 4_1-Bahn, die zwar teilweise im Innern des Atoms verläuft, aber doch das Elektron viel weiter von dem Kerne wegführt, als dies in einer kreisförmigen 3_3-Bahn der Fall ist.

Andererseits ist wohl offenbar die Gruppierung der Elektronen in einem neutralen Atom ganz ebenso, wie sie sich einstellen würde, wenn dem Atom alle den Kern umgebenden Elektronen entrissen worden wären und sich das Atom durch sukzessive Einfangung von Elektronen seitens des Kernes neu gebildet hätte, wobei gewissermaßen jedes Elektron „so tief wie möglich gefallen" wäre, d. h. das tiefste noch freie Energieniveau eingenommen hätte. Wir können daher wohl annehmen, daß bei einer solchen sukzessiven Bildung eines Scandiumatoms das neunzehnte Elektron in einer 3_3-Bahn eingefangen würde und somit das Scandium das erste Element ist, bei dem eine 3_3-Bahn normalerweise vorkommt. Die Vervollständigung der dreiquantigen Gruppe von 8 auf 18 Elektronen setzt also offenbar bei dem Scandium ein und ist, wie die frühere Tabelle XV erkennen läßt, bei dem Kupfer beendet. Die Vervollständigung erstreckt sich demnach über neun Stellen (Nr. 21—29); daß trotzdem hierbei die innere Elektronengruppe um zehn Elektronen vermehrt wird, erklärt sich daraus, daß die äußerste, vierquantige Elektronengruppe bei Calcium durch zwei, bei Kupfer hingegen nur durch ein einziges Elektron vertreten ist.

Da die 18 Grundstoffe der fünften Periode in derselben Reihenfolge den 18 Elementen der vierten Periode durchaus homolog sind, so müssen wir wohl annehmen, daß auch in der fünften Periode die Vervollständigung der inneren (also der vierquantigen) Elektronengruppe bei dem dritten Grundstoff, bei Yttrium, mit der Ordnungszahl 39 beginnt und bei Silber mit der Ordnungszahl 47 beendet ist.

In der sechsten Periode setzt offenbar, weil das dritte Element dieser Periode, das Lanthan, durchaus dem Scandium und dem Yttrium ähnlich ist, bei dem Lanthan die Vervollständigung der fünfquantigen Elektronengruppe von 8 auf 18 ein, um bei dem Gold beendet zu sein. Die Vervollständigung erstreckt sich hier statt über 9 über 23 Stellen, nämlich von Nr. 57 bis Nr. 79. Wir müssen also annehmen, daß zwischen Lanthan und Gold zugleich auch die Ausgestaltung der vierquantigen Elektronengruppe von 18 auf 32 Elektronen erfolgt.

Da diese Elektronengruppe bei den Elementen der sechsten Periode aber schon ziemlich weit im Atominnern liegt, so müssen wohl während ihrer Vervollständigung die chemischen und auch diejenigen physi-

[3] Vgl. § 34.

kalischen Eigenschaften fast ungeändert bleiben, die, wie die Valenz und das optisch-spektrale Verhalten, durch die peripheren Elektronen bedingt sind. In der Tat stimmen nun die auf das Lanthan folgenden Elemente, die sogenannten seltenen Erden, untereinander und mit dem Lanthan in den chemischen und in wesentlichen physikalischen Eigenschaften durchaus überein, während das Lanthan von dem ihm vorangehenden Grundstoff, dem Barium, völlig verschieden ist. Wir müssen daher annehmen, daß bereits bei dem auf das Lanthan folgenden 58. Element, dem Cer, die Vervollständigung der vierquantigen Gruppe von 18 auf 32 Elektronen beginnt; und entsprechend der Differenz zwischen den Zahlen 32 und 18, müßte es natürlich insgesamt auch 14 Elemente geben, die dem Lanthan ähnlich sind, also einschließlich dieses Grundstoffs insgesamt fünfzehn seltene Erden.

In der Tat erstreckt sich die Übereinstimmung der peripheren Atomeigenschaften über 15 aufeinander folgende Elemente[4], angefangen von dem Lanthan bis zu dem 71. Grundstoff, dem Cassiopeium (das auch als Lutetium bezeichnet wird). Das 72. Element war zu der Zeit, da Bohr seine Theorie des periodischen Systems aufstellte, noch nicht bekannt. Man hatte bis dahin gewöhnlich vermutet, daß es auch eine seltene Erde sein müsse und darum nach ihm in solchen Mineralien gesucht, in denen andere seltene Erden aufgefunden worden waren. Aus der neuen Bohrschen Theorie folgte aber, daß es unmöglich eine seltene Erde sein könne (weil es eben mehr als 15 seltene Erden nicht geben kann), daß es vielmehr dem Zirkon homolog sein müsse, das in der fünften Periode den vierten Platz einnimmt. Da homologe Elemente in der Natur häufig miteinander vermengt auftreten, lag somit der Gedanke nahe, nach dem unbekannten Element in Zirkonmineralien zu suchen. Es bedeutete einen glänzenden Erfolg für die neue Bohrsche Theorie, daß in der Tat im Jahre 1922 Hevesy und Coster in Zirkonmineralien das neue Element entdecken konnten; zu Ehren der Stadt Kopenhagen, in der die Entdeckung erfolgte, gaben sie ihm den Namen „Hafnium". Das Hafnium ist übrigens keineswegs selten, da beispielsweise das Nickel nur in einer ungefähr fünfmal so großen Menge in der Erdrinde enthalten ist; nur der weitgehenden Homologie zu dem Zirkon ist es zuzuschreiben, daß das Hafnium nicht schon viel früher entdeckt wurde und auch seit seiner Entdeckung noch nicht rein dargestellt werden konnte.[5]

In der siebenten Periode des Grundstoffsystems müßten die sechsquantige Gruppe von 8 auf 18 und überdies die fünfquantige Gruppe von 18 auf 32 Elektronen vervollständigt werden. Aus der Homologie zwischen Actinium und Lanthan, zwischen Protactinium und Tantal

[4] Dabei ist allerdings das noch unbekannte 61. Element mitgezählt.

[5] Die Entdeckung erfolgte mittels der Röntgenspektroskopie. Vgl. den zusammenfassenden Bericht von Paneth im zweiten Bande der „Ergebnisse der exakten Naturwissenschaften", Berlin, Springer, 1923.

sowie zwischen Uran und Wolfram müssen wir schließen, daß die Ausbildung der zweitäußersten Elektronengruppe (in diesem Falle der sechsquantigen) auch in der siebenten Periode (wie in der vierten, fünften und sechsten) bei dem dritten Element, dem Actinium, beginnt; daß hingegen bis einschließlich dem Uran die weiter im Innern befindliche fünfquantige Gruppe keine Erhöhung der Elektronenzahl erfährt.

Fig. 47 stellt das periodische System der Elemente vom Standpunkt der neuen Bohrschen Theorie dar. Die sieben Perioden sind in Vertikalreihen verzeichnet. Grundstoffolgen, innerhalb deren eine innere Elektronengruppe in der Vervollständigung begriffen ist, sind eingerahmt;

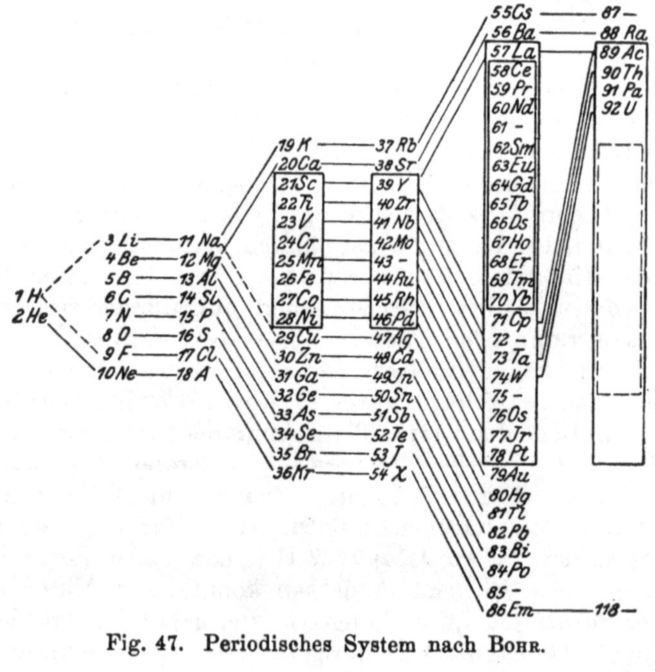

Fig. 47. Periodisches System nach **Bohr**.

in der sechsten Periode sind derart zwei Einrahmungen ineinander gefügt.[6] Homologie zwischen Elementen verschiedener Perioden ist durch Verbindungslinien angedeutet; dabei sind keine Linien zwischen solchen Elementen gezogen, die trotz gleicher Wertigkeit hinsichtlich der Rahmen verschiedene Stellung einnehmen, also z. B. nicht zwischen Al und Sc, wohl aber zwischen Sc und Y. Tabelle XVI gibt eine Übersicht darüber, bei welchen Elementen (bezeichnet durch Ordnungszahl und chemisches Symbol) ein bestimmter Bahntypus zum erstenmal normalerweise auftritt.

[6] Die Einrahmungen hören in Fig. 47 bereits vor dem Element auf, in dem die innere Elektronengruppe vollständig ist. In der siebenten Periode ist der innere Rahmen natürlich ganz willkürlich gezeichnet; wir wissen nur, daß die Elemente bis einschließlich dem Uran noch nicht in die innere Einrahmung fallen.

Tabelle XVI.

Erstes Auftreten der verschiedenen Bahntypen in der Grundstoffreihe.

1_1	1 H	2_1	3 Li	3_1	11 Na	4_1	19 K	5_1	37 Rb	6_1	55 Cs	7_1	87 ?
		2_2	5 B	3_2	13 Al	4_2	31 Ga	5_2	49 In	6_2	81 Tl		
				3_3	21 Sc	4_3	39 Y	5_3	57 La	6_3	89 Ac		
						4_4	58 Ce						

Die durch die Fig. 47 wiedergegebene Anordnung hebt deutlich aus der Mannigfaltigkeit der Grundstoffe diejenigen heraus, bei denen sich eine innere Elektronengruppe in einer nicht abgeschlossenen Entwicklungsstufe befindet, d. h. eine andere Besetzung aufweist als eine solche mit zwei oder zweimal vier oder dreimal sechs oder viermal acht Elektronen. In der Tat zeigen die in Fig. 47 in die Einrahmungen fallenden Grundstoffe mit unvollständigem inneren Atombau Eigentümlichkeiten, die den übrigen Grundstoffen fehlen. Sie besitzen häufig eine mehrfache Valenz, sie bilden farbige Salze und sie sind in der Regel paramagnetisch.

Die mehrfache Valenz ist offenbar dadurch begründet, daß Elektronen, die einer unvollständig entwickelten inneren Gruppe angehören, ebenso locker wie die peripheren Valenzelektronen gebunden sein können.[7] Ebenso wie diese vermögen sie daher auch Quanten des sichtbaren Lichtes zu absorbieren, so daß die Ionen, obwohl bei ihnen die Valenzelektronen fehlen, dennoch farbig erscheinen können. Der Paramagnetismus wird endlich, wie in einem späteren Abschnitt (§ 39) eingehender gezeigt werden wird, auf eine unvollständige Kompensation der magnetischen Momente der Elektronenbahnen in den einzelnen Atomen zurückgeführt und erscheint damit ebenfalls als Folge einer Asymmetrie des inneren Atombaus.[8]

Die Ideen, durch die Bohr eine Erklärung der chemischen Periodizität und Homologie vom Standpunkt der Quantentheorie versucht hat, finden eine unmittelbare empirische Bestätigung auch durch die Kurven, die die Quadratwurzeln aus den röntgenspektroskopischen Termen der Grundstoffe in ihrer Abhängigkeit von der Ordnungszahl darstellen (vgl. die frühere Fig. 42 in § 31).

---

[7] Eine solche lockere Bindung von inneren Elektronen muß übrigens auch noch bei den Elementen angenommen werden, die in Fig. 47 zwar bereits außerhalb der Rahmen fallen, aber an sie angrenzen. So tritt das Kupfer sowohl einwertig in sog. Cupro- als auch zweiwertig in sog. Cupriverbindungen auf. Während Cuproionen eine voll ausgebildete dreiquantige Gruppe von 18 Elektronen enthalten dürften, hätten die Cupriionen in dieser Gruppe nur 17 Elektronen und somit einen unsymmetrischen inneren Atombau. In der Tat sind Cuproionen farblos, Cupriionen hingegen farbig.

[8] Vor Bohr hat bereits im Jahre 1920 Ladenburg den Versuch gemacht, die chemischen und magnetischen Eigentümlichkeiten der in der Fig. 47 eingerahmten Elemente auf die Bildung einer „Zwischenschale" von locker gebundenen Elektronen zurückzuführen.

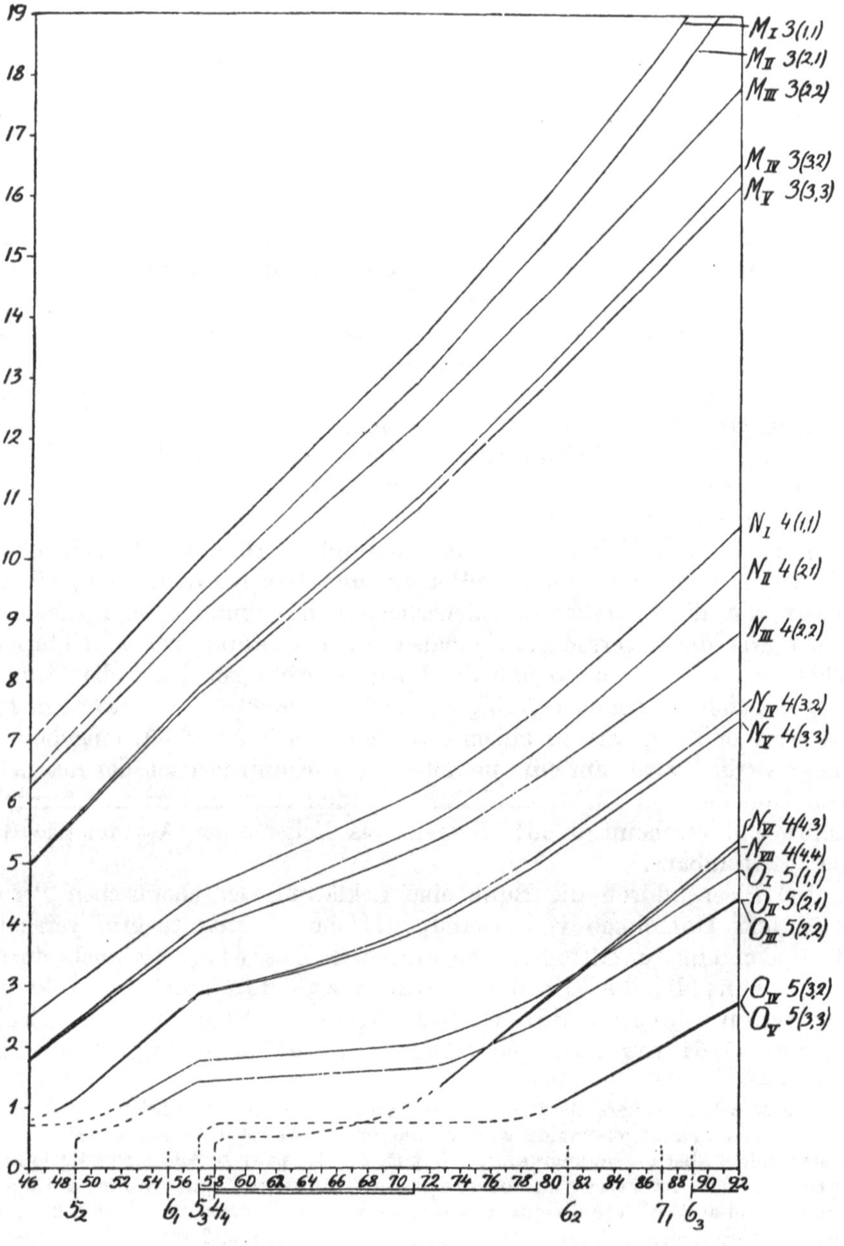

Fig. 48. Röntgenterme der Grundstoffe.

Diese Kurven müßten nach dem MOSELEYschen Gesetz genau geradlinig verlaufen, wofern mit der Ordnungszahl auch der für den betreffenden Term wirksame Teil der Kernladung um Eins zunimmt und sich dementsprechend auch die Bindungsenergie vermehrt. Die Zunahme der Bindungsenergie und somit das Wachstum des Terms muß aber nun jedenfalls während der Ausbildung einer inneren Elektronengruppe unterbrochen oder zumindest abgeschwächt werden, weil die Erhöhung der Kernladung doch ganz oder zum Teil wieder dadurch wettgemacht wird, daß sich auch die Zahl der die Kernladung abschirmenden inneren Elektronen um Eins erhöht. Während der Ausbildung einer inneren Elektronengruppe von bestimmter Quantenzahl müßten daher die Kurven der höherquantigen Terme horizontal oder wenigstens unter schwächerer Neigung gegen die Abszissenachse verlaufen.

In der Tat zeigen dies deutlich die frühere Fig. 42 und die Fig. 48, die in vergrößertem Maßstab einen Teil der Fig. 42 wiedergibt. Unterhalb beider Figuren sind durch vertikale Striche (gemäß Tabelle XVI) die Stellen verzeichnet, bei denen ein neuer Bahntypus beginnt, während durch horizontale Striche die Ausbildung einer inneren Elektronengruppe angedeutet ist. Beide Figuren zeigen deutlich einen horizontalen Verlauf der fünfquantigen *O*-Terme während der Vervollständigung der vierquantigen Gruppe von 18 auf 32 Elektronen; aber auch bei den *N*-Termen verlaufen während dieser Vervollständigung die Kurven flacher, weil ja auch die neu hinzukommenden Elektronen derselben Gruppe wenigstens teilweise abschirmend wirken. Auch die Vervollständigung der drei- und vierquantigen Gruppe von 8 auf 18 Elektronen kommt in einem flacheren Verlauf der Kurven deutlich zum Ausdruck.

Aus der Fig. 48 ist noch eine andere merkwürdige Tatsache deutlich erkennbar. Der 4_4-Term ist zunächst kleiner als der 5_1- und 5_2-Term, ja anfangs sogar kleiner als der 5_3-Term. Sobald aber einmal die Entwicklung der vierquantigen Elektronengruppe abgeschlossen ist (bei 71 Cp), nimmt die Bindungsenergie der 4_4-Terme rasch zu, so daß zwischen dem 75. und 83. Element die 4_4-Kurven die 5_1- und 5_2-Kurven überkreuzen.

§ 36. Die Fluoreszenz.

Die Strahlung, die ein Körper emittiert, dessen Atome durch primäre Strahlung angeregt wurden, wird als Fluoreszenzstrahlung bezeichnet. In dem besonderen Falle, in dem die sekundäre Strahlung mit der primären in der Wellenlänge übereinstimmt, spricht man von einer Resonanzstrahlung. Eine solche ist nach dem in einem früheren Abschnitt Gesagten dann zu erwarten, wenn ein Dampf bei genügend tiefer Temperatur, bei der es noch keine angeregten Atome gibt, mit Licht von der Wellenlänge einer Resonanzlinie bestrahlt wird.

Die Erscheinung der Resonanzstrahlung wurde schon lange vor der Begründung der Atomtheorie festgestellt und untersucht, zuerst von Wood am Quecksilber, dann von Dunoyer, Wood und Strutt an den Dämpfen der Alkalimetalle, vor allem an Natriumdampf. Bei geringem Druck stimmt in der Tat die gesamte Energie des reemittierten Lichtes mit der aus der primären Strahlung absorbierten Energie überein. Erst bei Zunahme des Druckes wird ein Teil der absorbierten primären Strahlung in molekulare Translationsenergie verwandelt, was sich in einer Erwärmung des fluoreszierenden Dampfes äußert.

Wird ein Gas mit Licht von einer Frequenz bestrahlt, die größer als die Resonanzfrequenz ist und die dem Energieunterschied zwischen dem Grundzustand und einem höheren angeregten Zustand entspricht, dann kann sich die Rückkehr des Atoms aus dem in höherem Grade angeregten Zustand in den Grundzustand auch stufenweise vollziehen. In der Fluoreszenzstrahlung können daher dann auch Linien von Wellenlängen auftreten, die größer sind als die des erregenden Lichtes. Jedenfalls kann aber ein vor der Erregung normales Atom keine Fluoreszenzstrahlung emittieren, die kürzerwellig wäre als die primäre Strahlung, wodurch sich die bereits in einem früheren Abschnitt (§ 5) erwähnte Fluoreszenzregel von Stokes erklärt. Nur dann, wenn das bestrahlte Atom bereits vorher angeregt war, kann ausnahmsweise (etwa bei der Rückkehr in den Grundzustand) auch der Fall eintreten, daß die Fluoreszenzstrahlung eine kürzere Wellenlänge als die erregende Strahlung aufweist.

Besonders deutlich treten die Eigentümlichkeiten der Fluoreszenz bei Quecksilberdampf zutage, wie dies Versuche von Füchtbauer zeigten.[1] Als Quelle der primären Strahlen diente bei diesen Versuchen eine sogenannte Quecksilberquarzlampe; sie läßt von den für das Quecksilber charakteristischen Strahlen (die in der Röhre erzeugt werden) nur die von der Resonanzwellenlänge von 2537 Å.-E. und die längerwelligen austreten, während die kürzerwelligen durch die Quarzwände zurückgehalten werden. Die Strahlen der Quarzlampe fallen nun auf eine Röhre, in der kalter Quecksilberdampf eingeschlossen ist. Da sich dessen Atome zunächst wohl durchwegs im normalen Zustand befinden, so werden nur Strahlen von der Resonanzwellenlänge von 2537 Å.-E. absorbiert, weil die sonst noch vorhandenen längerwelligen nicht ausreichen, um das Atom aus dem Grundzustand in einen höheren zu heben.[2]

Die Atome, die die Strahlen von 2537 Å.-E. absorbieren, gehen in den angeregten $2p_2$-Zustand über. Die derart angeregten Atome vermögen aber nun aus der primären Strahlung auch Strahlen von den Wellenlängen 4359 und 3132 zu absorbieren, wodurch sie in die noch höheren Zustände $1s$ und $3D$ übergeführt werden (vgl. die frühere Fig. 45 in § 33). Aus dem $1s$-Zustande vermag nun das Quecksilberatom nach dem Auswahlprinzip (§ 33) in die Zustände $2p_1$ oder $2p_3$ überzugehen

[1] Phys. Zeitschr. *21*, 1920, S. 635.

[2] Die andere Resonanzlinie des Quecksilbers von 1849 Å.-E., die bei der Absorption aus dem Grundzustand in den 2 P-Zustand überführt, ist ja in der primären Strahlung nicht vertreten, da Strahlen von dieser Wellenlänge seitens des Quarzes zurückgehalten werden.

unter Emission der Linien 5461 oder 4047. Andererseits sind nach dem Auswahlprinzip aus dem Zustand $3D$ Übergänge nach $2P$ und $2p_1$ möglich, wobei die Linien 5791 oder 3663 emittiert werden müßten. Alle die genannten Linien konnte nun FÜCHTBAUER im Fluoreszenzspektrum tatsächlich nachweisen, und daß alle diese Linien durch die Strahlen von 2537 Å.-E. hervorgerufen werden, ging deutlich daraus hervor, daß sie alle verschwanden, als FÜCHTBAUER die Strahlen von 2537 Å durch eine dünne Glasschicht absorbieren ließ. Aus der Fig. 45 ersieht man zugleich, wie bei dem punktiert angedeuteten Übergang von dem $2P$-Zustand in den normalen $1S$-Zustand indirekt eine Fluoreszenzstrahlung erzeugt wird, die kürzerwellig ist als die primäre Strahlung. Im übrigen zeigt die Fig. 45 deutlich, wie durch das für das menschliche Auge unsichtbare, weil ultraviolette, primäre Licht mittels der Fluoreszenz allmählich Strahlen hervorgerufen werden, deren Wellenlängen zwischen 4000 und 8000 Å.-E. liegen und die somit für das menschliche Auge sichtbar sind.

Ebenso wie nun die Atome auch auf anderem Wege als durch Strahlungsabsorption angeregt werden können, so werden wir wohl annehmen müssen, daß ein irgendwie angeregtes Atom auch strahlungslos in seinen Normalzustand zurückkehren kann. Eine solche strahlungslose Abgabe der überschüssigen Energie ist vor allem dann zu erwarten, wenn ein angeregtes Atom mit einem anderen Atom zusammenstößt; in diesem Falle müßte sich die Anregungsenergie in Translationsenergie umwandeln und dadurch die vorhandene Wärmeenergie vermehren.

Von den angeregten Atomen eines fluoreszierenden Gases würde daher im allgemeinen nur ein Bruchteil strahlend, der Rest hingegen strahlungslos in den Grundzustand zurückkehren. Das Verhältnis zwischen beiden Bruchteilen hängt aber offenbar von dem Verhältnis ab, das zwischen der gastheoretisch berechenbaren mittleren Zeit zwischen zwei Zusammenstößen und der durchschnittlichen Verweilzeit des angeregten Zustandes besteht. Solange die erste Zeitgröße wesentlich über die zweite überwiegt, müßte die gesamte Energie der Fluoreszenzstrahlung nahezu ebenso groß sein wie die gesamte Energie, die das fluoreszierende Gas aus der primären Strahlung absorbiert. Wird hingegen die mittlere Zeit zwischen zwei Zusammenstößen verkürzt, indem durch Beimischung eines Zusatzgases der Druck erhöht wird, so müßte die Fluoreszenz allmählich ausgelöscht werden, wenn die mittlere Zeit zwischen zwei Stößen von derselben Größenordnung wie die durchschnittliche Verweilzeit wird.

Die Auslöschung der Fluoreszenz hat in der Tat WOOD beobachtet, als er fluoreszierendem Quecksilberdampf Luft beimischte.[3] Aus seinen sowie aus späteren Beobachtungen anderer Forscher[4] ergibt sich die

[3] Phil. Mag. *21*, 1911, S. 309.
[4] Vgl. G. CARIO, Zeitschr. f. Physik *10*, 1922, S. 185.

mittlere Verweilzeit des angeregten Atomzustandes zu ungefähr 10^{-8} sec. Ungefähr zehnmal so klein ist, wie nur nebenbei erwähnt sei, die Zeit, die WIEN für das Abklingen des Leuchtens von angeregten Kanalstrahlteilchen ermittelte.[5]

Auch eine Übertragung von Anregungsenergie von Atomen eines Stoffes auf Atome eines anderen Stoffes konnte experimentell nachgewiesen werden, wobei die Übertragung offenbar durch Zusammenstöße bewerkstelligt wird. Diese Erscheinung, bei der also Licht von Atomen einer Art absorbiert und von den Atomen der anderen Art reemittiert wird, wird als sensibilisierte Fluoreszenz bezeichnet. Sie wurde zuerst (1922) von FRANCK und CARIO[6] bei einem Gemisch von Quecksilberdampf und Thalliumdampf beobachtet. Dieses Gemisch wurde bei geeignetem Druck und niedriger Temperatur mit ultraviolettem Quecksilberlicht von der Resonanzwellenlänge von 2537 Å.-E. bestrahlt. Diese Strahlen werden natürlich von den Quecksilberatomen absorbiert, nicht aber von den Atomen des Thalliums, dessen Spektrum in dem Gebiete um 2500 Å.-E. keine Linien aufweist, die bei der Absorption den Grundzustand als Anfangszustand haben. Trotzdem traten in dem Spektrum der Fluoreszenzstrahlung alle Linien des Thalliums auf, deren Anregungsenergie geringer ist als ein Lichtquant von der Wellenlänge von 2537 Å.-E. Ähnliche Versuche wurden mit Gemischen von Quecksilber und Blei, Quecksilber und Wismut, Quecksilber und Silber sowie von Quecksilber und Kadmium ausgeführt. Bei höheren Temperaturen tritt allerdings sensibilisierte Fluoreszenz auch bei solchen Linien auf, deren Anregungsenergie größer ist als ein Lichtquant der primären Strahlung. In solchen Fällen wird offenbar die noch fehlende Energie gelegentlich eines Zusammenstoßes der Translationsenergie des Gemisches entnommen.

§ 37. Die Elektronenstöße.

Die BOHRsche Theorie der Spektren und des Atombaus beruht, wie die bisherigen Betrachtungen gezeigt haben, auf der Verschmelzung zweier grundlegender Vorstellungen. Die eine ist die Annahme, daß die innere Energie der Atome nur ganz bestimmte, diskrete Werte annehmen kann, die andere Vorstellung ist diejenige, die in der BOHRschen Frequenzbedingung ihren Ausdruck findet. Die spektralen Phänomene finden durch eine Verknüpfung dieser beiden Grundannahmen ihre theoretische Erklärung.

---

[5] W. WIEN, Ann. d. Phys. *60*, 1919, S. 597 und *66*, 1921, S. 229. — Auch die früher besprochenen Versuche von FÜCHTBAUER machen eine durchschnittliche Verweilzeit von etwa 10^{-8} sec wahrscheinlich.

[6] Vgl. den zusammenfassenden Bericht von J. FRANCK, „Neuere Erfahrungen über quantenhaften Energieaustausch bei Zusammenstößen von Atomen und Molekülen" im zweiten Bande der „Ergebnisse der exakten Naturwissenschaften", Berlin (Springer) 1923.

Für die Atomphysik bedeutete es darum einen großen Fortschritt, als es im Jahre 1913 Franck und Hertz gelang, die erste der beiden Grundvorstellungen für sich allein, also unabhängig von der zweiten, unmittelbar experimentell zu bestätigen. Dies gelang durch die Untersuchung von Zusammenstößen zwischen Atomen und freien Elektronen, die als langsame negative Korpuskularstrahlen bei genügend tiefer Temperatur durch ein Gas oder einen Dampf hindurchgesandt werden. Die Erscheinungen der sogenannten Elektronenstöße, wie man sie kurz nennt, müssen offenbar aus zwei Gründen viel einfacher sein und übersichtlichere Forschungsergebnisse liefern als die Zusammenstöße zwischen Atomen. Einerseits ist nämlich die kinetische Energie eines einzelnen Elektrons durch Feststellung der elektrostatischen Spannung genau meßbar; andererseits ist die Masse eines Elektrons ganz unwesentlich neben der Masse eines Atoms, und daher kann die seitens eines Elektrons abgegebene und genau meßbare kinetische Energie ohne weiteres gleich gesetzt werden der Vermehrung, die durch den Zusammenstoß die innere Energie des getroffenen Atoms erfährt.

Solange nun die lebendige Kraft eines Elektrons kleiner ist als die zu der Anregung eines Atoms erforderliche Energie, müssen die Elektronen bei den Zusammenstößen ihre kinetische Energie unvermindert beibehalten. Es sind in diesem Falle nur „elastische“ Stöße möglich. Unelastische Stöße (bei denen das stoßende Elektron Energie abgibt) erscheinen erst möglich, sobald ein kritischer Wert der Spannung erreicht ist, der, mit dem elektrischen Elementarquantum multipliziert, der Anregungsenergie gleich ist; dieser kritische Wert wird als die Anregungsspannung bezeichnet.[1] Bezeichnen wir mit λ^* die Wellenlänge, die emittiert wird, wenn das Atom aus dem angeregten Zustand (im engeren Sinne dieses Wortes) in den Grundzustand zurückkehrt, und mit V^* die Anregungsspannung, so gilt ja nach Gl. 1 des § 35 die Beziehung

(1) $$\lambda^* V^* = 1{,}234 \cdot 10^4 \quad (\lambda^* \text{ in Å.-E.}, \; V^* \text{ in Volt}).$$

Bei den Elementen der ersten Vertikalreihe des periodischen Systems ist für λ^* die Wellenlänge der Resonanzlinie einzusetzen; bei den Elementen der zweiten Vertikalreihe, bei denen es zwei Resonanzlinien von wesentlich verschiedener Wellenlänge gibt, unterscheidet man dementsprechend auch zwei verschiedene Anregungsspannungen.

Die Anregungsspannung konnte für viele Grundstoffe auf rein elektrischem Wege direkt experimentell bestimmt werden. Man läßt hierzu mittels einer geeigneten Versuchsanordnung die Elektronen das Gas oder den Dampf passieren und mißt mittels eines Galvanometers

[1] Natürlich können aber andererseits Elektronen auch unterhalb der Anregungsspannung ihre Energie vermehren, wenn sie mit bereits angeregten Atomen zusammenstoßen, die hierbei ihre überschüssige Energie abgeben; man spricht dann von „Elektronenstößen zweiter Art“.

die sich ergebende Stromstärke in ihrer Abhängigkeit von der gleichzeitig gemessenen Spannung. Stellt man diese Abhängigkeit graphisch dar, so zeigt die Kurve nun eine scharf ausgeprägte Unstetigkeit bei der Spannung, bei der zum erstenmal unelastische Stöße eintreten. Bei vielen Grundstoffen konnte bei dieser Spannung auch das erste, durch die Elektronenstöße hervorgerufene Aufleuchten der Resonanzlinie wahrgenommen werden, was an sich bereits als glänzende experimentelle Bestätigung der Bohrschen Frequenzbedingung angesehen werden muß.[2]

Vom Standpunkte der Bohrschen Theorie sind weitere Unstetigkeiten der Stromstärke bei den Spannungswerten zu erwarten, die, mit dem elektrischen Elementarquantum multipliziert, dem Energieunterschied zwischen dem Grundzustand und einem in höherem Grade angeregten Zustand gleich sind. Doch stößt die Ermittlung dieser dichter beisammen liegenden Spannungswerte im allgemeinen auf experimentelle Schwierigkeiten und ist bisher nur bei dem Quecksilber gelungen.[3] Ziemlich scharf läßt sich hingegen für viele Grundstoffe die Spannung bestimmen, bei der zum erstenmal eine Ionisierung von Gasatomen als Folge der Elektronenstöße eintritt. Diese Spannung wird als Ionisierungsspannung bezeichnet. Sie muß dem Grundterm des Atoms äquivalent sein, da ja dieser der Arbeit entspricht, die erforderlich ist, um das betreffende Elektron aus dem Atom zu entfernen; die Ionisierungsspannung muß also der Gl. 1 genügen, wofern darin die Wellenlänge des Grundterms eingesetzt wird.

Die Gl. 1 konnte experimentell für die Alkalimetalle und für die Metalle der zweiten Gruppe des periodischen Systems nachgeprüft werden, und zwar sowohl für die Anregungsspannung als auch für die Ionisierungsspannung. Die Tabelle XVII gibt eine Übersicht über die berechneten und die beobachteten Spannungswerte. Berechnet wurden sie mittels der Gl. 1 bei den Alkalimetallen aus der Wellenlänge der ersten Linie der Hauptserie ($2p \rightarrow 1s$) und aus dem $1s$-Grundterm; bei den Metallen der zweiten Gruppe aus den Wellenlängen der beiden Resonanzlinien und aus dem $1S$-Grundterm. Als beobachtet sind die Werte der Spannung eingetragen, bei denen die ersten unelastischen Elektronenstöße und der erste Eintritt von Ionisierung tatsächlich beobachtet wurden. Wie die Tabelle XVII zeigt, besteht zwischen den berechneten und den beobachteten Werten eine sehr gute Übereinstimmung.[4]

[2] So beobachteten Franck und Hertz bei Quecksilber den ersten unelastischen Stoß bei 4,9 Volt und zugleich auch bei dieser Spannung das erste Auftreten der Resonanzlinie von 2537 Å.-E.

[3] Franck und Einsporn, Zeitschr. f. Physik *2*, 1920, S. 18.

[4] Die als beobachtet eingetragenen Werte stammen von Foote und Mohler, die die Methode von Franck und Hertz weiter ausgebildet haben. Vgl. Foote und Mohler, The origin of spectra, New York 1922. Die in der Tabelle XVII bei Hg eingeklammerten Werte beruhen auf Messungen von Franck und Einsporn (vgl. Anm. 3).

Tabelle XVII.

Anregungs- und Ionisierungsspannungen (in Volt).

A. Alkalimetalle.

		Li	Na	K	Rb	Cs
Anregungsspannung	ber.	1,84	2,09	1,61	1,6	1,4
„	beob.	—	2,12	1,55	1,6	1,48
Ionisierungsspannung	ber.	5,37	5,12	4,32	4,16	3,88
„	beob.	—	5,13	4,1	4,1	3,9

B. Metalle der zweiten Vertikalreihe.

		Mg	Ca	Zn	Cd	Hg
I. Anregungsspannung	ber.	2,7	1,88	4,01	3,78	4,87
„	beob.	2,65	1,90	4,18	3,95	4,76 (4,9)
II. Anregungsspannung	ber.	4,33	2,92	5,77	5,39	6,67
„	beob.	4,42	2,85	5,65	5,35	6,45 (6,7)
Ionisierungsspannung	ber.	7,61	6,09	9,35	8,95	10,39
„	beob.	7,75	6,01	9,3	8,92	10,2

Außer für die Elemente der ersten zwei Vertikalreihen des periodischen Systems konnten die Anregungs- und die Ionisierungsspannung noch für zahlreiche Elemente anderer Vertikalreihen gemessen werden. So fand man beispielsweise als Anregungsspannung für Thallium und Blei 1,07 und 1,26 Volt, als Ionisierungsspannung für diese beiden Metalle 7,3 und 7,93 Volt. Derart konnten für Blei, bei dem bisher eine Auflösung des Spektrums in Serien noch nicht gelungen ist, mittels der Methode der Elektronenstöße zwei optische Terme ermittelt werden.

Bei den Elementen der zweiten Gruppe des periodischen Systems und bei einigen Edelgasen konnten auch die Ionisierungsspannungen zweiter Ordnung beobachtet werden, nämlich die Spannungen, bei denen ein zweites Elektron dem Atom entrissen wird. Wie die Ionisierungsspannung erster Ordnung dem Grundterm des Bogenspektrums äquivalent ist, so entspricht die Ionisierungsspannung zweiter Ordnung dem Grundterm des Funkenspektrums. Die Ionisierungsspannung zweiter Ordnung ist natürlich wesentlich höher als die der ersten Ordnung; bei Magnesium betragen beispielsweise die beiden Ionisierungsspannungen 7,6 und 15 Volt, bei Helium 24,5 und 78,6 Volt.[5]

[5] Die Frequenz, die nach Gl. 1 bei dem Helium der Ionisierungsspannung erster Ordnung (von 24,5 Volt) entspricht, muß natürlich den *K*-Term des Heliums darstellen, weil ja ganz allgemein der *K*-Term die Arbeit mißt, die zu der Loslösung eines Elektrons aus einer normalen einquantigen Bahn erforderlich ist. Ein Vergleich des sich so ergebenden *K*-Terms von He mit den bekannten *K*-Termen von Be, B, C, N und O (vgl. § 30) und den *K*-Termen der Elemente von Na an läßt es deutlich er-

§ 38. Die metastabilen Zustände der Atome.

In dem angeregten Zustande verharrt ein Atom, wie schon in einem früheren Abschnitt gezeigt wurde, im allgemeinen nur durch eine Verweilzeit, die sich ungefähr von der Größenordnung von 10^{-8} sec ergibt; dann kehrt, wofern der angeregte Zustand nicht schon früher zerstört wird, das Atom unter monochromatischer Ausstrahlung spontan in seinen Grundzustand zurück. Es ist aber nun der Fall denkbar, daß ein Atom auf anderem Wege als durch Strahlungsabsorption in einen gegen den Normalzustand höherquantigen Zustand versetzt wird, aus dem ihm die spontane, strahlende Rückkehr in den Grundzustand durch das spektroskopische Auswahlprinzip verwehrt erscheint. In einem solchen Falle müßte das Atom so lange in dem angeregten Zustande verharren, bis dieser durch äußere Einwirkung, wie durch Zusammenstöße mit anderen Atomen, zerstört wird; es erscheint daher theoretisch möglich, einen solchen abnormalen Zustand auch beliebig lange zu erhalten.[1] Ein derartiger angeregter Zustand, aus dem es keine spontane Rückkehr in den Grundzustand gibt, wird als metastabil bezeichnet.

Metastabilität wurde in der Tat bei Heliumatomen nachgewiesen. Das neutrale Helium[2] zeigt in seinem Bogenspektrum zwei verschiedene Systeme von Termen, zwischen denen keine spektroskopischen Übergänge erfolgen. Man unterscheidet mit zwei Namen, denen heute nur noch historische Bedeutung zuzukommen scheint, die beiden Systeme von Termen und Serien als die des Parheliums und des Orthoheliums.[3] Die Grundbahn des Parheliums, die dem Normalzustand des Heliumatoms entspricht, muß einquantig angenommen werden, hingegen die niedrigste Bahn des Orthoheliums zweiquantig. Zwischen dem Paragrundterm und dem niedrigsten (zweiquantigen) Orthoterm ist nach dem früher Gesagten ein spektroskopischer Übergang nicht möglich. Hingegen ist es FRANCK gelungen, durch Elektronenstöße Heliumatome aus dem Paragrundzustand in den niedrigsten Orthozustand überzuführen, wozu eine sogenannte Umwandlungsspannung von 19,8 Volt erforderlich ist. Daß der derart hergestellte zweiquantige

kennen, daß von Helium bis Natrium die natürliche Reihe der Grundstoffe mit der nach steigendem Atomgewicht gebildeten Reihe vollkommen übereinstimmt. Damit erscheinen aber auch die Kernladungszahlen aller Grundstoffe völlig eindeutig festgelegt, weil ja ein Vergleich der Spektren des ionisierten Heliums und des Wasserstoffs ohne weiteres zeigt, daß dem Helium die Kernladungszahl Zwei zukommt.

[1] Dazu müßten nur Druck und Temperatur genügend niedrig gehalten werden.

[2] Wohl zu unterscheiden ist von dem neutralen Helium natürlich das wasserstoffähnliche, ionisierte Helium.

[3] Die Serien des Orthoheliums bestehen aus sehr engen Doppellinien, während die Linien des Parheliumspektrums einfach sind. Die bekannte starke gelbe Heliumlinie (die FRAUNHOFERsche Linie D_3) gehört dem Orthohelium an; ihre Termdarstellung ist $2\,p - 3\,d$.

Orthozustand aber nun in der Tat metastabil ist, geht aus der Tatsache hervor, daß diesem Zustand eine eigene Resonanzlinie entspricht. Sie hat die Termdarstellung $2_2 \rightarrow 2_1$ (wobei natürlich beide Terme Orthoterme sind) und eine Wellenlänge von 10830 Å.-E. oder ungefähr 1 μ.[4] Wird nämlich Helium, in dem durch Elektronenstöße eine genügende Zahl metastabiler Atome erzeugt wurde, mit ultrarotem Licht von etwa 1 μ bestrahlt, so tritt vollkommene Resonanz ein, was deutlich beweist, daß in spektroskopischer Hinsicht der 2_1-Orthozustand einen Grundzustand darstellt, aus dem eine strahlende, spontane Rückkehr in den eigentlichen Normalzustand (nämlich in den Paragrundzustand) nicht erfolgt.[5]

Dem metastabilen Zustand entspricht natürlich eine geringere Ionisierungsenergie als dem Normalzustand. Der Unterschied der Ionisierungsspannungen des normalen und des metastabilen Atoms muß ja der Umwandlungsspannung gleich sein. Da die Ionisierungsspannung des normalen Heliums 24,5 Volt beträgt und die Umwandlungsspannung 19,8 Volt, so ergibt sich die Ionisierungsspannung des metastabilen Heliums zu etwa 4,7 Volt. Das metastabile Heliumatom müßte daher ein Elektron leichter abgeben als Lithium und Natrium[6], es müßte also noch elektropositiver sein als diese Alkalimetalle und im Gegensatz zu den Edelgasen eine ziemliche chemische Aktivität aufweisen. Dies scheint auch aus der Tatsache hervorzugehen, daß bei genügend hoher Dichte ein Bandenspektrum des Heliums auftritt, das offenbar auf Molekelbildung durch metastabile Atome zurückzuführen ist.

§ 39. Der Magnetismus der Atome.

Da jedes in einem Atom umlaufende Elektron einen Konvektionsstrom darstellt, dessen Stromstärke durch das Produkt aus dem elektrischen Elementarquantum und der Umlaufszahl ω gegeben ist, so kommt nach einer bekannten Formel der Elektrizitätstheorie jeder Elektronenbahn in einem Atom ein magnetisches Moment von der Größe zu

$$M = \frac{e\,\omega F}{c}, \tag{1}$$

wenn F die Bahnfläche bedeutet.

[4] Ein Mikron (μ) ist, wie schon in der Vorbemerkung erwähnt wurde, der tausendste Teil eines Millimeters.

[5] Wird hingegen Helium mit ultrarotem Licht von einer Wellenlänge von ungefähr 2 μ bestrahlt, so zeigt sich nur unvollkommene Resonanz. Im Spektrum des Parheliums gibt es nämlich eine Linie, die ungefähr diese Wellenlänge (genauer 20582 Å.-E.) hat; ihre Termdarstellung ist $2S - 2P$ (wenn wir die Paraterme mit großen Buchstaben bezeichnen). Diese Linie wird von solchen Atomen absorbiert, die bereits vorher durch Anregung in den Parazustand $2S$ aus dem Normalzustand $1S$ gehoben wurden. Nach erfolgter Absorption der Linie von 2 μ können die derart in höherem Grade angeregten Atome nun aber auch strahlend in den Normalzustand zurückkehren, so daß nur ein Teil dieser Atome eine reine Resonanzstrahlung emittiert.

[6] Vgl. Tabelle XVII in § 37.

Betrachten wir im besonderen das normale Wasserstoffatom, für dessen kreisförmige Bahn (vom Radius a) der Drehimpuls U gleich $h/2\pi$ ist, so wird

$$U = \frac{h}{2\pi} = m\,a\,v = m\,a \cdot 2\,a\,\pi\,\omega = 2\,m\,F\,\omega \tag{2}$$

und somit, wenn wir die spezifische Ladung des Elektrons mit γ bezeichnen,

$$M^* = \frac{U\gamma}{2c} = \frac{h\gamma}{4\pi c}\,. \tag{3}$$

Setzen wir für h und γ die bekannten Werte ein, so finden wir

$$M^* = 9{,}21 \cdot 10^{-21} \text{ abs. Einh.} \tag{4}$$

Die Größe M^* wird als Bohrsches Magneton bezeichnet.

Wenn nun auch jeder Elektronenbahn ein magnetisches Moment zukommt, so kann gleichwohl ein Atom als Ganzes unmagnetisch sein, weil sich die magnetischen Momente der Elektronenbahnen wechselseitig aufheben können; dies ist dann der Fall, wenn beide Bahnen bei gleicher, paralleler Fläche und gleicher Umlaufszahl entgegengesetzten Umlaufssinn haben. Eine solche Kompensation müßte aber unvollständig werden, wenn das bis dahin unmagnetische Atom der Einwirkung eines äußeren Magnetfeldes ausgesetzt wird. In jedem Stromkreis müßte nämlich dann ein Induktionsstrom hervorgerufen werden, dessen Umlaufssinn lediglich davon abhängen würde, ob der durch die Stromfläche hindurchgehende magnetische Kraftfluß zunimmt oder abnimmt. Haben also auch die ursprünglichen, einander vorher kompensierenden Ströme entgegengesetzten Umlaufssinn, so haben gleichwohl die beiden sich überlagernden Induktionsströme gleichen Umlaufssinn, wodurch die frühere Kompensation teilweise aufgehoben wird. Da die Induktionsströme keinen Widerstand erfahren, so müßten sie so lange andauern, bis sie durch Aufhebung des Magnetfeldes (infolge abermaliger, der früheren jedoch entgegengesetzter Induktion) wieder beseitigt werden. Das an sich unmagnetische Atom weist also in einem Magnetfeld induzierten Magnetismus auf. Nach der Regel von Lenz muß aber nun zwischen den induzierten Strömen, woferne sie durch die Annäherung eines Magneten hervorgebracht werden, und dem induzierenden Magneten eine abstoßende Kraft bestehen; die Substanz, in der die induzierten Ströme fließen, muß demnach diamagnetisch erscheinen.

Als paramagnetisch sieht die Atomtheorie solche Substanzen an, bei denen infolge einer Unvollständigkeit der Kompensation (vgl. § 35) in den Atomen (oder Molekeln) die vektorielle Summe der magnetischen Momente von Haus aus von Null verschieden ist und bei denen ein äußeres Magnetfeld richtende Kräfte auf die Atome ausübt. In den ferromagnetischen Körpern, die einen permanenten Magnetismus aufweisen, scheinen überdies noch zwischen den Molekeln wirksame

Molekularkräfte hinzuzukommen, die aber oberhalb einer bestimmten Temperatur, die als CURIE-Punkt bezeichnet wird, unwirksam werden, so daß oberhalb dieser Temperatur der betreffende Körper nur die Eigenschaften des Paramagnetismus (im engeren Sinne) zeigt; für Eisen liegt der CURIE-Punkt beispielsweise bei 750°, für Nickel bei 375°.[1]

PIERRE WEISS glaubte im Jahre 1911 gefunden zu haben, daß im Zustande der magnetischen Sättigung (die sich nur bei tiefen Temperaturen erzielen läßt, weil bei höheren die ständigen molekularen Zusammenstöße das Zustandekommen der Sättigung vereiteln[2]) bei ferromagnetischen Substanzen das auf die Grammolekel bezogene magnetische Moment ein ganzzahliges Vielfaches von 1123 abs. Einh. ist; unterhalb des CURIE-Punktes ist es beispielsweise bei Nickel dreimal, bei Kobalt neunmal, bei Eisen zehn- oder elfmal so groß. Das magnetische Moment einer einzelnen Molekel wäre danach ein ganzzahliges Vielfaches eines Betrages, der sich ergibt, wenn wir 1123 durch die LOSCHMIDTsche Zahl dividieren, also von

$$M' = 1{,}85 \cdot 10^{-23} \text{ abs. Einh.} \tag{5}$$

Diese Größe, die als WEISSsches Magneton bezeichnet wird, ist fünfmal kleiner als das BOHRsche Magneton; doch konnte diese scheinbare Diskrepanz durch neuere Untersuchungen, auf die hier nicht näher eingegangen werde, zugunsten der Quantentheorie aufgeklärt werden.

Die Vorstellung des atomaren Magnetismus ist über hundert Jahre alt; sie stützt sich vor allem auf die bekannte Erfahrungstatsache, daß auch in den kleinsten Bruchstücken eines Magneten die algebraische Summe der darin enthaltenen Magnetismusmenge verschwindet. AMPÈRE führte (1822) auf Grund der von ihm entdeckten Äquivalenz zwischen geschlossenem Strom und magnetischer Doppelfläche den atomaren Magnetismus auf elektrische Ströme zurück, die in den einzelnen Molekeln kreisen sollen. Eine weitere wichtige Stütze fand diese Vorstellung in FARADAYS Entdeckung, daß der Magnetismus eine universelle Eigenschaft aller Materie sei (1845).[3]

Die Realität der von der Theorie vermuteten sogenannten Molekularströme haben auf experimentellem Wege unmittelbar zuerst EINSTEIN und DE HAAS im Jahre 1915 nachgewiesen. Es gelang ihnen, einen Stab aus weichem Eisen durch rasches Ummagnetisieren in Drehung zu versetzen.[4] Ein solcher Effekt konnte ja auf Grund der

---

[1] Bei dem CURIE-Punkt tritt zugleich eine sprunghafte Änderung der spezifischen Wärme ein.

[2] Im Zustande der Sättigung sind vermutlich die Vektoren des magnetischen Moments in allen Molekeln gleich gerichtet.

[3] Die vorhin angegebene Erklärung des Diamagnetismus vom Standpunkte der Hypothese der Molekularströme stammt im wesentlichen von WILHELM WEBER (1852). Die Fortbildung der WEBERschen Ideen auf elektronentheoretischer Grundlage ist vor allem das Verdienst von GANS und von LANGEVIN.

[4] Verhandl. d. Deutschen Physikal. Gesellsch. *17*, 1915, S. 152.

Gl. 3 vermutet werden, nach der jede Änderung des magnetischen Momentes eines Atoms zugleich eine Änderung seines Drehimpulses bedeutet und somit nach dem Satze von der Erhaltung des gesamten Drehimpulses eine ruckartige Drehung des ganzen Körpers als Reaktionswirkung herbeiführen muß. In Umkehrung des von EINSTEIN und DE HAAS entdeckten Effektes ist es im Jahre 1917 BARNETT gelungen, einen Stab aus weichem Eisen durch rasche Rotation zu magnetisieren.[5] Bei beiden Effekten ergibt sich aus den Beobachtungsergebnissen, wie nur nebenbei erwähnt sei, die spezifische Ladung der negativen Elektronen gerade halb so groß wie aus den an Kathodenstrahlen angestellten Ablenkungsversuchen.[6]

Eine wichtige Ergänzung zu den Versuchen von EINSTEIN und BARNETT stellt ein im Jahre 1922 von GERLACH und STERN durchgeführtes Experiment dar, bei dem ein Strahl von rasch bewegten Silberatomen durch ein inhomogenes Magnetfeld gesandt wurde. (Ein nicht homogenes Magnetfeld übt nämlich auf darin befindliche Magnete nicht nur richtende, sondern auch ablenkende Kräfte aus.) Durch dieses Experiment konnten GERLACH und STERN zunächst zeigen, daß so, wie es die Quantentheorie im Gegensatz zu der klassischen Theorie fordert, nur ganz bestimmte Orientierungen eines Atoms relativ zu dem Magnetfeld möglich sind.[7] Für das magnetische Moment eines einzelnen Silberatoms ergab sich aus den Versuchsergebnissen in der Tat der Wert des BOHRschen Magnetons.[8]

Die größte Schwierigkeit, die der älteren Theorie des Atommagnetismus angehaftet hatte, war die Frage, wie denn überhaupt widerstandslose Ströme möglich seien.[9] Die moderne Theorie vermag diese Schwierigkeit zwar auch nicht zu lösen, aber sie läßt in ihr nur einen besonderen

---

[5] Physical Review *10*, 1917, S. 7.

[6] Die theoretische Aufklärung des Faktors 1/2 hängt mit ähnlichen, zur Zeit noch nicht gelösten Schwierigkeiten in der Deutung der sogenannten anomalen ZEEMAN-Effekte zusammen.

[7] Aus der Quantentheorie folgt, wie zuerst DEBYE und SOMMERFELD zeigten, daß ein n-quantiges Atom in einem Magnetfeld nur $2\,n$ Lagen einnehmen kann, indem für den Winkel φ, den die auf der Bahnebene errichtete Normale mit den magnetischen Kraftlinien einschließt, die Beziehung gilt

$$\cos\varphi = \pm\frac{n'}{n}\,(n' = 1,\ 2\,.\,.\,.\ n)\,.$$

[8] Näheres über den Versuch von GERLACH und STERN sowie über die in diesem Abschnitt behandelten Probleme in dem zusammenfassenden Aufsatz von W. GERLACH „Magnetismus und Atombau“ im zweiten Bande der „Ergebnisse der exakten Naturwissenschaften“, Berlin, Springer, 1923.

[9] Bei äußerst tiefen Temperaturen gerät übrigens eine Anzahl von Metallen in einen als supraleitend bezeichneten Zustand, in welchen von KAMERLINGH ONNES und seinen Mitarbeitern praktisch widerstandslose Ströme hervorgerufen werden konnten. Vgl. den zusammenfassenden Bericht von CROMMELIN im Jahrb. f. Radioakt. u. Elektronik, *19*, 1922, S. 38.

Fall der viel allgemeineren Schwierigkeit erkennen, die in einem Widerspruch zwischen der Bohrschen Atomtheorie und der Maxwellschen Theorie des elektromagnetischen Feldes begründet ist. Aus dem Poyntingschen Satz, der eine notwendige Folge der Maxwellschen Gleichungen ist, folgt nämlich in Verbindung mit der Vorstellung der Konvektionsströme, daß jede irgendwie beschleunigte elektrische Ladung elektromagnetische Energie ausstrahlen müsse. Dies müßte nach dem Poyntingschen Satz natürlich auch für jedes in einem Atom umlaufende Elektron gelten, das aber dann keine stationären Bahnen mehr beschreiben könnte, wie es die Bohrsche Atomtheorie fordert. Die Beseitigung dieses Widerspruchs erscheint indessen durch das sogenannte Bohrsche Korrespondenzprinzip bereits angebahnt.[10]

§ 40. Die Molekelbildung.

Während ein Atom durch Abtrennung von locker gebundenen Elektronen, wie frühere Betrachtungen gezeigt haben, zu einem positiven Ion wird, wird es in ein negatives Ion verwandelt, wenn die Zahl der den Kern umgebenden Elektronen über die Kernladungszahl erhöht wird. Die tatsächliche Existenz solcher negativer Ionen wird ja schon durch die Erscheinungen der Elektrolyse offenbar; Halogene werden bei der Elektrolyse als negativ einfache Ionen abgeschieden, Elemente der sechsten Gruppe des periodischen Systems als negativ zweifache Ionen, und so fort.

Die Bildung negativer Ionen ist vermutlich so zu erklären, daß neutrale Atome gewisser Grundstoffe eine bestimmte Elektronenaffinität besitzen, d. h. sich mit freien negativen Elektronen unter Freiwerden von Energie vereinigen. Ebenso wie Energie frei wird, wenn ein positives Ion ein früher dem Atom entrissenes Elektron wieder aufnimmt[1], so muß auch Energie frei werden, wenn ein neutrales, aber zu negativen Elektronen affines Atom ein solches Elektron einfängt.

Diese Auffassung scheint, wie Franck gezeigt hat[2], eine empirische Bestätigung durch spektroskopische Erfahrungstatsachen zu finden, die auf optischem Wege eine quantitative Bestimmung der Elektronenaffinität gestatten, also eine Bestimmung der bei der Bildung des negativen Ions frei werdenden Energie. Diese Energie kann sich nämlich unter Umständen in elektromagnetische Strahlungsenergie umwandeln, und ein hierbei entstehendes Lichtquant müßte offenbar gleich sein der Summe aus der bei der Bildung eines Ions frei werdenden Energie und aus der kinetischen Energie, die das eingefangene Elektron bereits vor seiner Annäherung hatte. Da die kinetische Energie beliebige, stets aber nur positive Werte haben kann, wäre somit das Auftreten eines konti-

[10] Vgl. § 12.

[1] Diese Energie ist natürlich mit der Ionisierungsenergie identisch.

[2] Ann. d. Physik, *64*, 1921, S. 673.

nuierlichen Spektralbandes mit langwelliger Grenze zu erwarten, deren mit h multiplizierte Frequenz die Elektronenaffinität ergeben müßte.

Da entgegengesetzte Ionen aufeinander eine elektrostatische Kraft ausüben, so kann durch Vereinigung der Ionen eine Molekel einer chemischen Verbindung entstehen. Von dem Betrag der Energie, die bei einer solchen Vereinigung frei wird, können wir eine wenigstens in der Größenordnung richtige Vorstellung immerhin auf Grund der beobachteten Wärmetönung gewinnen, die mit chemischen Prozessen verbunden ist; freilich darf nicht übersehen werden, daß häufig in der beobachteten Wärmetönung auch Änderungen des Aggregatzustandes zum Ausdruck kommen.[3] Bei den häufigsten chemischen Reaktionen beträgt nun die auf das Mol bezogene Wärmetönung zwischen 10000 und 100000 Kalorien[4], also zwischen etwa $4 \cdot 10^{11}$ und $4 \cdot 10^{12}$ Erg. Indem wir durch die LOSCHMIDTsche Zahl dividieren, erhalten wir den auf die einzelne Molekel entfallenden Betrag, für den wir so ungefähr $7 \cdot 10^{-13}$ bis $7 \cdot 10^{-12}$ Erg finden. Zum Vergleich sei daran erinnert, daß die Anregungsenergien der Alkalimetalle zwischen $2 \cdot 10^{-12}$ Erg und dem Anderthalbfachen hiervon liegen.

Bisher wurden nur solche Molekeln betrachtet, die durch Bindungen zwischen entgegengesetzt geladenen Ionen gebildet werden; man bezeichnet solche Bindungen als heteropolar. Es können aber auch zwei neutrale Atome aufeinander eine Anziehungskraft ausüben, woferne entgegengesetzte Elektronen der beiden Atome einander genügend nahe kommen. In solchen Fällen kommt es zu sogenannten homöopolaren Bindungen.

Die wichtigsten Beispiele homöopolarer Bindungen stellen die zwischen Atomen desselben Grundstoffs dar. In gasförmigem Zustand sind (wie aus den Messungen der Gasdichte und dem AVOGADROschen Gesetz folgt[5]) die Molekeln des Wasserstoffs, des Stickstoffs, des Sauerstoffs und der Halogene durchwegs zweiatomig, ferner auch die des Selens und des Tellurs. Bei Schwefel wurden neben zweiatomigen achtatomige Molekeln festgestellt, bei Phosphor und Arsen bei nicht zu hohen Temperaturen vieratomige.[6] Eine als Ozon bekannte Modifikation des Sauerstoffs ist als dreiatomig nachgewiesen. Bei den elektropositiven Metallen haben die Bestimmungen der Dampfdichte durchwegs zu dem Ergebnis geführt, daß bei ihnen eine Molekelbildung nicht stattfindet, daß also, wie man in der Sprache der Chemiker sagt, ihre Molekeln einatomig sind. Daß dies im all-

[3] Dadurch erklärt sich auch die Beobachtung von scheinbar negativen Wärmetönungen.

[4] Für die Bildung von Wasser aus H_2 und O beträgt z. B. die Wärmetönung pro Mol etwa 69000 Cal., für die Bildung von CO_2 aus C und O_2 ungefähr 96000 Cal.

[5] Nach dem Gesetz von AVOGADRO enthalten alle Gase bei gleichem Druck und gleicher Temperatur in einem bestimmten Volumen dieselbe Zahl von Molekeln.

[6] Bei höherer Temperatur erscheint sowohl der Phosphor- als auch der Arsendampf zweiatomig.

gemeinen auch bei den Edelgasen zutrifft, erscheint bei deren chemischer Trägheit selbstverständlich.[7] Auch zwischen ganzen Molekeln sind offenbar homöopolare Bindungen möglich; derart erklären sich die sogenannten Komplexverbindungen, bei denen ganze Molekeln aneinander gelagert erscheinen.[8]

Die Auffassung, daß die zwischen den Atomen wirksamen chemischen Kräfte in der Tat elektrostatische seien, ist bereits im Jahre 1812 von Berzelius begründet worden; doch schienen seiner Theorie, die einige Jahrzehnte lang die Chemie beherrschte, sowohl die homöopolaren als auch die allmählich bekannt gewordenen Komplexverbindungen zu widersprechen, weshalb die Berzeliussche Theorie wieder in Vergessenheit geriet. Erst auf Grund der modernen Erkenntnis, daß alle Atome sowohl positive als auch negative Ladungen enthalten, vermochte Kossel im Jahre 1916 die Theorie von Berzelius derart zu erneuern, daß der erwähnte Widerspruch gelöst erscheint.

Durch Absorption von Lichtquanten können Molekeln in einen Zustand übergeführt werden, in dem sie infolge ihrer erhöhten Energie zu chemischen Reaktionen befähigt erscheinen, zu denen sie im normalen Zustand unfähig sind. Man bezeichnet die hierauf beruhenden Phänomene als photochemisch. Einstein stellte im Jahre 1912 das sogenannte photochemische Äquivalentgesetz auf, wonach die Zahl der chemisch reagierenden Molekeln der Zahl der absorbierten Lichtquanten gleich sein soll. Die experimentellen Messungen scheinen dieses Prinzip zu bestätigen.[9] Zu den wichtigsten und bekanntesten photochemischen Reaktionen gehören die Bildung von Chlorwasserstoff (HCl) aus H_2 und Cl_2, die Assimilation der Kohlensäure durch die Pflanzen und die der Photographie zugrunde liegende Zersetzung der Silberhaloide.

---

[7] Von der bisweilen bei Helium anzunehmenden Molekelbildung war schon in § 38 die Rede.

[8] Es ist z. B. sowohl eine Ammoniakmolekel (NH_3) als auch eine Chlorwasserstoffmolekel (HCl) im ganzen neutral. Gleichwohl vermag aber infolge der von dem Stickstoffion ausgehenden Anziehung die Ammoniakmolekel noch das Wasserstoffion der HCl-Molekel festzuhalten und derart im Salmiak (NH_4Cl) eine Komplexverbindung herzustellen. Ja, die Bindung zwischen den beiden Molekeln ist so fest, daß sich, namentlich auch bei der Elektrolyse, der Salmiak so verhält wie eine Verbindung zwischen einem negativen Chlorion und einem einwertigen Kation NH_4, das als „Ammonium" bezeichnet wird und das in den Verbindungen eine ganz ähnliche Rolle spielt wie die ebenfalls einwertigen Ionen der Alkalimetalle. Ebensowohl wie das Wasserstoffatom der HCl-Molekel kann auch deren Chloratom an einer anderen Molekel angelagert werden. Die Zahl der Atome, die in den Molekeln einer organischen Verbindung vereinigt sind, kann sehr groß sein. So besteht z. B. die Rohrzuckermolekel aus 45 Atomen (entsprechend der Formel $C_{12}H_{22}O_{11}$). Eine Molekel des Hämoglobins, des im Blute enthaltenen roten Farbstoffes, setzt sich wahrscheinlich aus 2378 Atomen zusammen, entsprechend der hypothetischen Formel $C_{758}H_{1203}N_{195}O_{218}FeS_3$.

[9] Das häufige Auftreten von Zwischenreaktionen läßt allerdings die meisten photochemischen Reaktionen als sehr verwickelt erscheinen. Vgl. den zusammenfassenden Bericht von M. Bodenstein über Photochemie in den „Ergebnissen der exakten Naturwissenschaften", Bd. I, Berlin (Springer) 1922.

Ebenso wie die Fluoreszenzerscheinungen können auch photochemische Reaktionen „sensibilisiert“ werden; d. h. die Reaktionen können unter Umständen auch durch Licht von solchen Wellenlängen hervorgerufen werden, die von der reagierenden Molekel nicht absorbiert werden, woferne nur ein beigemischter Sensibilisator das Licht zu absorbieren vermag. Dieser überträgt wohl durch molekulare Zusammenstöße die aufgenommene überschüssige Energie an die sodann reagierende Molekel des betreffenden Stoffes. Besonders deutlich zeigt dies ein Versuch von FRANCK und CARIO, bei dem Quecksilberdampf als Sensibilisator für die Dissoziation von Wasserstoff diente.[10] Zur Zerlegung einer Wasserstoffmolekel in ihre beiden Atome ist, wie aus thermochemischen Messungen bekannt ist, eine Energie von etwa $6 \cdot 10^{-12}$ Erg notwendig; dies ergibt, durch das elementare Wirkungsquantum dividiert, eine Frequenz von etwa $9 \cdot 10^{14}$ sec^{-1} und somit eine Wellenlänge von ungefähr 3000 Å.-E.[11] Andererseits kann aber ein nicht angeregtes Wasserstoffatom keine längerwellige Strahlung absorbieren als die seiner Resonanzlinie, die (als erste Linie der LYMAN-Serie) bei 1216 Å.-E., also weit im Ultravioletten liegt. FRANCK und CARIO setzten nun dem Wasserstoffgas Quecksilberdampf zu und ließen bei genügend tiefer Temperatur auf das Gemisch die von einer Quarzquecksilberlampe emittierten Strahlen von 2537 Å.-E. einwirken. Obwohl diese Strahlen von dem Wasserstoff nach dem früher Gesagten nicht absorbiert werden konnten, trat dennoch eine Dissoziation des Wasserstoffs ein; sie offenbarte sich deutlich durch eine Reduktion von Metalloxyden, die bei der benutzten Temperatur erfahrungsgemäß nur durch atomaren, nicht aber auch durch zweiatomigen Wasserstoff herbeigeführt wird. Das bekannteste Beispiel einer photochemischen Sensibilisierung stellt im übrigen die Sensibilisierung der photographischen Platte durch geeignete Farbstoffe dar, die im Roten Absorptionslinien aufweisen, die in diesem Gebiete den Silberhaloiden fehlen.[12]

Die Umkehrung der photochemischen Vorgänge stellt die Chemilumineszenz dar, die auf einer Umwandlung von chemischer Energie in Lichtquanten beruht. Ein bekanntes Beispiel hierfür bieten die auch

---

[10] CARIO und FRANCK, Zeitschr. f. Physik, *11*, 1922, S. 161.

[11] Die entsprechende Spannung beträgt 3,5 Volt. Um diese „Dissoziationsspannung“ erscheinen die zu der Erregung bestimmter Wasserstofflinien erforderlichen Spannungen in der Tat vermehrt gegenüber den Werten, die bei der Emission dem Anfangsniveau äquivalent sind. Daraus muß geschlossen werden, daß ein Wasserstoffatom erst nach erfolgter Spaltung der Molekel angeregt werden kann.

[12] Von Molekeln absorbierte Strahlung kann jedoch auch als Fluoreszenzstrahlung von der Molekel reemittiert werden. Es ist also keineswegs notwendig, daß eine Molekel, die durch Absorption einen zu ihrer Dissoziation hinreichenden Energiebetrag aufnimmt, auch unbedingt dissoziiert werde. Bei niedrigem Druck tritt dies fast nie ein. So strahlt z. B. zweiatomiger Joddampf, der mit der grünen Quecksilberlinie angeregt wird, Fluoreszenzlicht aus, obwohl die Energie eines grünen Lichtquants die Dissoziationsenergie der Jodmolekel um die Hälfte überragt.

bei niedrigen Temperaturen mit intensivem Leuchten verbundenen Oxydationen von Aldehyden. HABER und ZISCH haben gezeigt, daß auch bei Zusammenführung eines Gasstroms von Chlor mit einem Strom von Natriumdampf Chemilumineszenz eintritt; sie äußert sich durch das Auftreten der für das Natrium charakteristischen D-Linie bei einer Temperatur, bei der ein Temperaturleuchten ausgeschlossen erscheint.[13]

Außer durch Absorption von Lichtquanten können chemische Reaktionen auch durch Elektronenstöße herbeigeführt werden. Die experimentelle Untersuchung dieser Vorgänge verspricht deshalb sehr wichtig zu werden, weil sie eine exakte Bestimmung der Mindestenergie gestattet, die zu dem Eintritt einer chemischen Reaktion erforderlich ist.[14]

§ 41. Die Struktur der Kristalle.

Als ein besonderer Fall der Molekelbildung muß auch die Kristallbildung angesehen werden. Wie schon das in einem früheren Abschnitt betrachtete Beispiel des Steinsalzkristalls zeigte, stellen die Kristalle einzelne Riesenmolekeln dar; gleichwohl sind aber wegen der völlig regelmäßigen Anordnung in Raumgittern die verschiedenen Atomsorten in sehr einfachen Zahlenverhältnissen miteinander verbunden, so daß der Kristallverbindung eine einfache chemische Formel und dem entsprechend ein bestimmtes „Molekulargewicht" zugeschrieben werden können.

Die Möglichkeit der Kristallanalyse beruht, wie schon in einem früheren Abschnitt (§ 19) ausgeführt wurde, auf der Tatsache, daß verschieden schwere Atome die Röntgenstrahlen verschieden streuen. Das Streuungsvermögen hängt nämlich von der Zahl der den Atomkern umgebenden negativen Elektronen ab, welche Zahl eben im allgemeinen mit dem Atomgewicht zunimmt. Zur Untersuchung der Kristallstruktur werden nicht mehr wie ursprünglich LAUE-Photogramme, sondern Linienspektren von bekannten Wellenlängen benutzt, aus denen auf Grund der BRAGGschen Gleichung die für die Struktur charakteristischen Konstanten ermittelt werden können; eine außerordentliche Erweiterung ihres Forschungsgebietes verdankt die Kristallanalyse der bereits früher (§ 19) erwähnten Methode der Kristallpulver.

Die meisten Grundstoffe kristallisieren in kubischen, flächenzentrierten Gittern; ein solches erhalten wir, wenn wir in dem Steinsalzkristall (vgl. die frühere Fig. 28) die Na- und die Cl-Atome durch Atome derselben Art ersetzen. Eine derartige Kristallstruktur wurde beispielsweise festgestellt bei Kupfer, Silber, Gold, Calcium, Aluminium, Blei, Kobalt, Nickel, Rhodium, Palladium, Iridium, Platin und auch bei Nickelstahl und Manganstahl. Die Gitterkonstanten dieser Kristalle

[13] HABER und ZISCH, Zeitschr. f. Physik *9*, 1922, S. 267.

[14] BUCH-ANDERSEN hat derart die Bildung von Ammoniak (NH_3) aus Stickstoff und Wasserstoff untersucht; Zeitschr. f. Physik *10*, 1922, S. 54.

liegen zwischen 3,5 und $5{,}5 \cdot 10^{-8}$ cm. Daß die flächenzentrierte kubische Anordnung ganz besonders stabil ist, geht daraus hervor, daß sie mit unveränderter Gitterkonstante auch bei dem Zerstäuben der Metalle erhalten bleibt; selbst Teilchen, die nur mehr aus einigen hundert Atomen bestehen, dürften noch dieselbe Kristallstruktur haben. Bei einigen Metallen hat man raumzentrierte kubische Kristallgitter festgestellt, so bei Lithium, Natrium, Tantal, Chrom, Molybdän, Wolfram und Eisen. Gitter vom Steinsalztypus finden sich auch bei zahlreichen Verbindungen, so bei KCl, KBr, KJ, LiF und anderen. Einen dem Steinsalztypus verwandten Typus stellt der Kristall von Cäsiumchlorid dar; bei diesem bilden die Cs-Atome für sich ein einfaches kubisches Gitter und ebenso die Cl-Atome, wobei die Punkte des einen Gitters mit den Würfelmittelpunkten des anderen zusammenfallen.

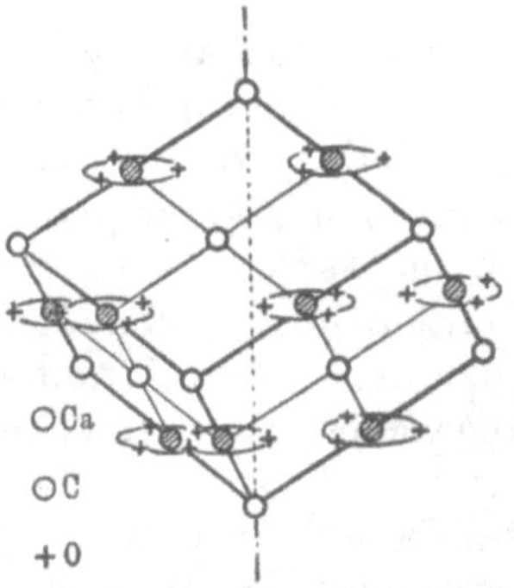

Fig. 49.
Struktur des Kalkspats.

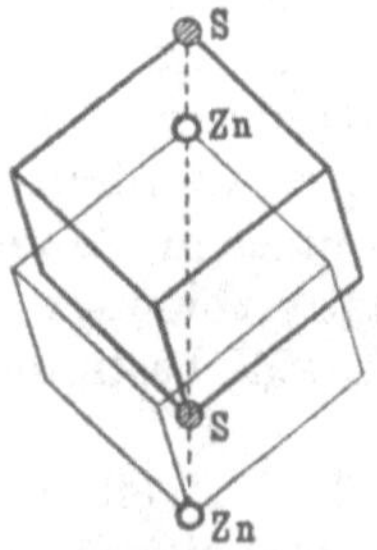

Fig. 50.
Struktur der Zinkblende.

Neben dem bisher besprochenen Steinsalztypus ist auch der des Kalkspats ($CaCO_3$) von großer Wichtigkeit (Fig. 49). Den Übergang zwischen den beiden Typen vollzieht man am einfachsten so, daß man sich das Steinsalzgitter mit einer Würfeldiagonale vertikal aufgestellt denkt und nun die Na- und Cl-Atome durch Ca- und C-Atome ersetzt. Die C-Atome muß man sich überdies von je drei O-Atomen umgeben denken, und zwar in horizontalen, nämlich zu der vertikalen Würfeldiagonale senkrechten Ebenen. Endlich muß man sich noch den Steinsalzwürfel zu einem Rhomboeder deformiert denken.[1]

Einen eigenartigen Kristalltypus stellt die Zinkblende (ZnS) dar; ihr Kristall besteht aus zwei ineinander gestellten flächenzentrierten kubischen Gittern von Zink- und Schwefelatomen (Fig. 50). Ebenso kristallisieren auch Carborund (CSi) und Flußspat (CaF_2). Denkt man sich bei der Zinkblende sowohl die Zink- als auch die Schwefelatome durch Kohlenstoffatome ersetzt, so erhält man das Gitter des Diamanten

[1] Ebenso wie der Kalkspat kristallisieren $MnCO_3$, $FeCO_3$ und der Na-Salpeter ($NaNO_3$).

(Fig. 51). Jedes Atom stellt im Diamanten die Mitte eines Tetraeders dar, dessen Ecken von vier anderen Kohlenstoffatomen besetzt sind. Ebenso wie der Diamant kristallisiert auch Silicium.

Der Graphit kristallisiert als andere Modifikation des Kohlenstoffs rhomboedrisch in der durch Fig. 52 wiedergegebenen Weise; und

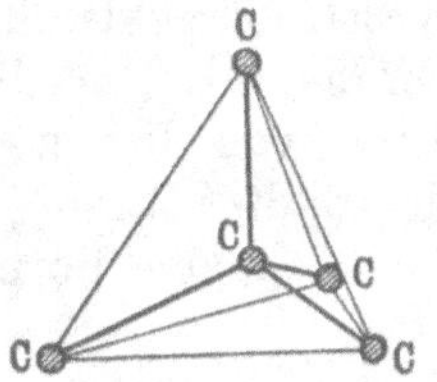

Fig. 51.
Struktur des Diamanten.

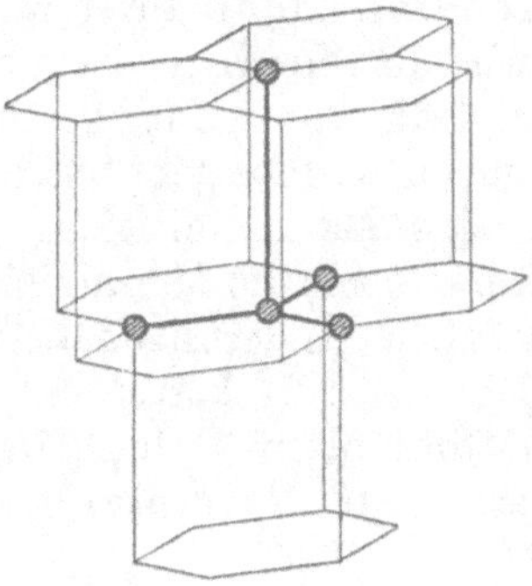

Fig. 52.
Struktur des Graphits.

von ähnlicher Struktur sind auch die Kristalle von Arsen, Antimon und Wismut. Bei zahlreichen Elementen hat man schließlich auch hexagonale Gitter festgestellt, so bei Beryllium, Magnesium, Zink, Cadmium, Titan, Zirkonium, Ruthenium und Osmium.[2]

§ 42. Die Molekularspektren.

Wenn wir zurzeit auch noch nichts darüber wissen, wie sich die Molekeln eines mehratomigen Gases aus den Atomen aufbauen, so liegt doch jedenfalls die Annahme nahe, daß in den Molekeln die Atome gegeneinander schwingen können und überdies die Molekeln (abgesehen von ihrer Translation) Rotationen ausführen können. Die innere Energie einer Molekel würde sich auf Grund dieser Annahmen aus drei Bestandteilen zusammensetzen: aus der inneren Energie der Atome (E_I), aus der Energie der schwingenden Bewegung (E_{II}) und aus der Energie der Rotationsbewegung (E_{III}). Jede Änderung der inneren Energie einer Molekel wäre daher in der Form darstellbar

$$\Delta E = \Delta E_I + \Delta E_{II} + \Delta E_{III}. \tag{1}$$

Indem wir die Bohrsche Frequenzbedingung auch auf die Änderungen der innermolekularen Energie anwenden, müssen wir annehmen, daß eine Änderung der Energie um ΔE mit der Emission oder

[2] Eine Übersicht über die erforschten Kristallstrukturen mit Literaturangaben findet sich bei Sommerfeld, Atombau und Spektrallinien, 3. Aufl., Braunschweig (Vieweg) 1922, Zusatz 3, sowie in dem Buch von Ewald, Kristalle und Röntgenstrahlen, Berlin (Springer) 1923.

Absorption eines Lichtquants verbunden ist, dessen Frequenz gleich ist $\Delta E/h$. Vom Standpunkte der Quantentheorie müssen wir weiterhin wohl auch annehmen, daß ebenso, wie wir es von der Größe E_{I} schon aus den früheren Betrachtungen wissen, so auch die Größen E_{II} und E_{III} nur ganz bestimmte Werte annehmen können, die durch Quantenbeziehungen bestimmt sind. Ist dies aber der Fall, dann stellen auch die durch h dividierten möglichen Werte von ΔE_{II} eine Mannigfaltigkeit von ganz bestimmten Frequenzwerten (ν_{II}) dar, und ebenso ergeben dann auch die durch h dividierten, möglichen Werte von ΔE_{III} eine Mannigfaltigkeit ganz bestimmter Frequenzwerte (ν_{III}). Hierzu kommt noch die Mannigfaltigkeit der optischen Spektrallinien (ν_{I}), die durch solche Änderungen hervorgerufen werden, die nur die innere atomare Energie (E_{I}) betreffen. Durch Addition von Frequenzwerten aus diesen drei Mannigfaltigkeiten ergibt sich so die Mannigfaltigkeit der Frequenzwerte des molekularen Spektrums in der Form

$$\nu = \nu_{\mathrm{I}} + \nu_{\mathrm{II}} + \nu_{\mathrm{III}}\,. \tag{2}$$

Wenn im besonderen bei einer Änderung der molekularen Energie sowohl E_{I} als auch E_{II} ungeändert bleibt, wenn also im besonderen ν gleich ν_{III} ist, so sprechen wir von einem reinen Rotationsspektrum; und es entsteht nun vor allem die Frage, durch welche Quantenbeziehungen die Mannigfaltigkeit der möglichen Werte der Rotationsenergie festgelegt sein könnte. Die einfachste und nächstliegende Annahme ist wohl die, daß eine Molekel aus starr miteinander verbundenen Atomen bestehe, so daß eine zweiatomige Molekel näherungsweise einer Hantel vergleichbar wäre.

Das molekulare Trägheitsmoment (J) kann unter dieser Annahme dann als konstant angesehen werden; andererseits sind nach elementaren Formeln der Mechanik starrer Körper der Drehimpuls U und die Rotationsenergie E_{III}

$$U = w\,J\,, \qquad E_{\mathrm{III}} = {}^1/_2\,J\,w^2\,, \tag{3}$$

wenn mit w die Winkelgeschwindigkeit bezeichnet wird. Woferne der mit 2π multiplizierte Drehimpuls ein ganzzahliges Vielfaches des elementaren Wirkungsquantums sein soll (vgl. § 7), ergeben sich also aus den Gl. 3 die Beziehungen

$$w = \frac{n\,h}{2\pi\,J} \tag{4}$$

und

$$E_{\mathrm{III}} = \frac{n^2\,h^2}{8\pi^2\,J}\,. \tag{5}$$

Dabei bedeutet n eine stets ganze Zahl, eine Quantenzahl. Während aber die Energie eines Elektrons im Atom dem Quadrate seiner Quantenzahl umgekehrt proportional ist, ist die Rotationsenergie der Molekel dem Quadrate der Quantenzahl direkt proportional.

Wenn n und s zwei Quantenzahlen sind, ist also

$$\nu_{\mathrm{III}} = \frac{h}{8\pi^2 J}(n^2 - s^2)\,. \tag{6}$$

Dieselben Folgerungen, die zu dem Auswahlprinzip von Rubinowicz führten (s. § 12), führen nun auch, wie hier nicht näher ausgeführt werde, zu der Erkenntnis, daß sich die Quantenzahl der Rotationsenergie bloß um Eins ändern kann.[1] Es wird also

$$n^2 - s^2 = \pm\, 2n - 1\,. \tag{7}$$

Setzen wir zur Abkürzung

$$\frac{h}{8\pi^2 J} = \nu^*, \tag{8}$$

so wird demnach

$$\nu_{\mathrm{III}} = \nu^* (\pm\, 2n - 1)\,. \tag{9}$$

Die Schwingungszahlen der einzelnen Linien eines reinen Rotationsspektrums müßten also ungerade ganzzahlige Vielfache der durch die Gl. 8 dargestellten Grundfrequenz sein. In der Tat ist ein Absorptionsspektrum, das diese Eigentümlichkeit zeigt, bei einigen Grundstoffen im fernen Ultrarot festgestellt worden, so vor allem durch Rubens und Eva v. Bahr bei Wasserdampf.[2]

Das reine Rotationsspektrum kann sich aber auch über eine von einer Änderung der Schwingungsenergie herrührende Frequenz ν_{II} überlagern; dann entsteht, woferne ν_{II} wesentlich größer als ν^* ist, ein sogenanntes Rotationsschwingungsspektrum, das nach Gl. 9 durch die Formel beschrieben wird

$$\nu = \nu_0 + \nu^* (\pm\, 2n - 1)\,. \tag{10}$$

Ein solches Spektrum müßte also aus nahezu äquidistanten Linien bestehen[3], deren konstante Schwingungsdifferenz mit der des reinen Rotationsspektrums übereinstimmen müßte. Das Schema eines solchen Spektrums ist durch Fig. 53 dargestellt; unterhalb der einzelnen

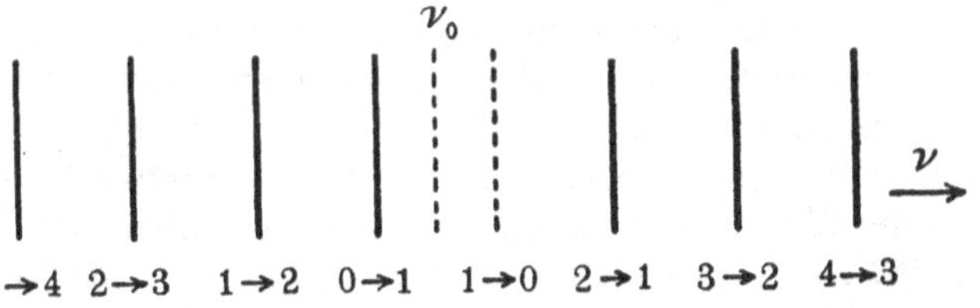

Fig. 53. Schema des Rotationsschwingungsspektrums.

[1] Die Zahl n bzw. s darf natürlich nicht mit der Hauptquantenzahl früherer Betrachtungen identifiziert werden.

[2] Rubens, Berliner Berichte 1913, S. 513 und Bahr, Verh. d. Deutschen Physik. Ges. *15*, 1913, S. 731 und 1150.

[3] Die Äquidistanz ist deshalb eine nur angenäherte, weil ja der Linienabstand nicht unmittelbar von dem Frequenzunterschied, sondern von dem Unterschied eines Ablenkungswinkels abhängt.

Linien sind die dem Übergang $n \rightarrow s$ entsprechenden Werte der Zahlen n und s angegeben, wobei eben nach dem erwähnten Auswahlprinzip s von n nur um Eins verschieden sein kann.

Folgen von Absorptionslinien, die diesem Schema entsprechen, sind in der Tat bei vielen Substanzen im näheren Ultrarot (bei Wellenlängen von einigen μ) festgestellt und untersucht worden, so vor allem bei den Wasserstoffverbindungen der Halogene (HCl, HF, HBr).[4] Hierbei treten bei den verschiedenen Stoffen mehrere Linienfolgen auf, entsprechend dem Umstande, daß ν_0 auch eine sogenannte Oberschwingung sein kann. Fig. 54 gibt nach einer Aufnahme von IMES[5] eine Folge von Absorptionslinien, eine sogenannte Absorptionsbande wieder, die dem Chlorwasserstoff angehört und zwischen 3 und 4 μ (30000 und 40000 Å.-E.) liegt. Als Ordinate ist dabei die in Prozenten angegebene Absorption eingetragen, als Abszisse ein Ablenkungswinkel, der bei der Aufnahme, die mittels eines Reflexionsgitters erfolgte, gemessen wurde.

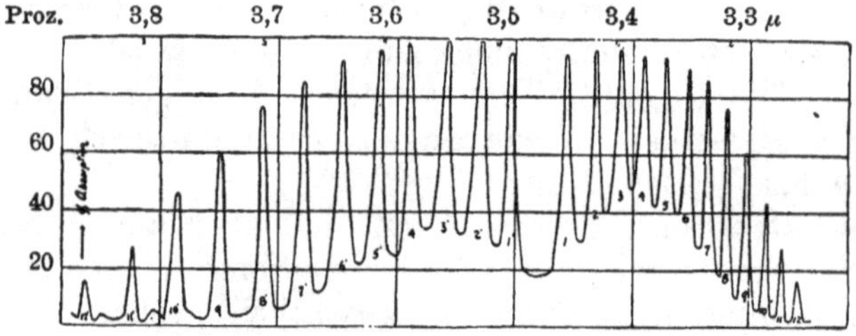

Fig. 54. Absorptionsbande von HCl.

Die Maxima der Kurve stellen die Absorptionslinien dar; die entsprechenden Wellenlängen sind (in μ) oberhalb der Kurvengipfel angegeben; unterhalb der Maxima sind die gemäß Gl. 10 zugehörigen Werte der Zahl n eingetragen. Der Verlauf der Kurve und ihr Vergleich mit der Fig. 53 (in der die Übergänge für die Emission angegeben sind), lassen erkennen, daß der Zustand, in dem $n = 0$ ist, als Anfangszustand im Absorptionsspektrum nicht vertreten ist. Wir müssen daher annehmen, daß sich eine nicht angeregte Molekel nie oder nur sehr selten in einem rotationslosen Zustand befindet.

Der Wert von ν_0, der sogenannten „Schwingungsfrequenz", hängt natürlich von der Masse des schwingenden Atoms ab[6], und es ist daher zu erwarten, daß in den Rotationsschwingungsspektren von Verbindungen von Mischelementen Isotopiedublette (oder Mehrfachlinien) auftreten.[7]

[4] Die experimentelle Erforschung der Rotationsschwingungsspektren ist vor allem das Verdienst von RUBENS, EVA v. BAHR, SLEATOR und IMES.

[5] Astrophys. Journal, *50*, 1919, S. 251.

[6] ν_0 entspricht ja der Änderung der Schwingungsenergie der in der Molekel verbundenen Atome.

[7] Die Isotopie äußert sich überdies auch in einer Verschiedenheit des molekularen Trägheitsmomentes.

In der Tat sind solche, durch die Isotopie des Chlors hervorgerufene Dublette deutlich in der Fig. 55 erkennbar, die nach Imes eine Absorptionsbande von HCl bei 1,76 μ wiedergibt.[8] Die Kurve zeigt in der Nachbarschaft der Hauptmaxima, die von den Cl_{35}-Atomen herrühren, schwächere Nebenmaxima von geringerer Frequenz, die durch die Cl_{37}-Atome verursacht werden.[9]

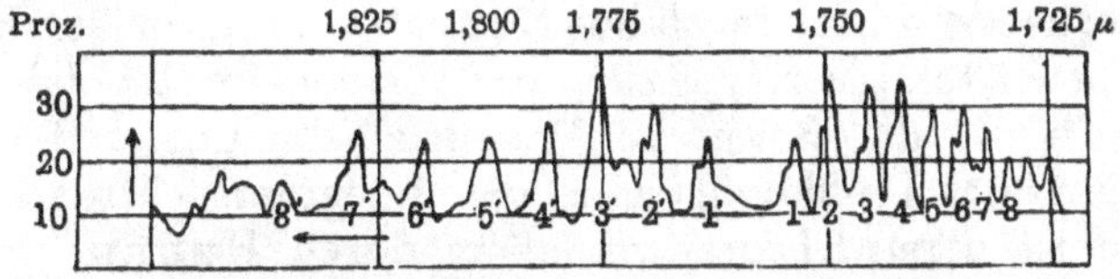

Fig. 55. Isotopieeffekt im Rotationsschwingungsspektrum von HCl.

Sowohl die Werte von ν_{II} als auch die von ν_{III} sind, da sie dem Ultraroten angehören, verhältnismäßig klein gegenüber den optischen Frequenzen. Wenn daher bei den Änderungen der molekularen Energie auch die inneratomare Energie (E_{III}) eine Änderung erfährt, die, durch h dividiert, eine optische Frequenz ergibt, so entsteht im optischen Spektralgebiet eine Folge von dicht beisammenstehenden Linien, die eine sogenannte Bande bilden; die Stellen, an denen die Linien ganz besonders dicht zusammengedrängt sind, werden als Bandenköpfe bezeichnet. Die Gesamtheit der Banden stellt das sogenannte Banden-

Fig. 56. Sogenannte Cyanbanden des Stickstoffspektrums.

spektrum der betreffenden Molekel dar. Als ein Beispiel ist durch Fig. 56 ein Teil des Bandenspektrums des Stickstoffs (sogenannte Cyanbanden) wiedergegeben; die unterhalb der Figur stehenden Zahlen geben in Å.-E. die Wellenlänge an.[10]

---

[8] Diese Bande entspricht einer „Oberschwingung"; denn die Grundfrequenz ist in Fig. 55 doppelt so groß wie in Fig. 54.

[9] Für den Frequenzunterschied der beiden Linien eines Isotopiedubletts von Cl ergibt die Theorie den Wert

$$\frac{\delta\nu}{\nu} = \frac{1}{2}\left(\frac{1}{35} - \frac{1}{37}\right).$$

Daraus folgt für die in Fig. 55 wiedergegebene Bande ein Wellenlängenunterschied des Dubletts von 13 Å.-E.

[10] Zu den Bandenspektren ist auch das Viellinienspektrum der Wasserstoffmolekel zu rechnen; daß in ihm Bandenköpfe fehlen, erklärt sich aus der be-

Die Theorie der Bandenspektren, auf die hier nicht näher eingegangen werde[11], ist sehr kompliziert, da durch den Elektronenübergang, der die optische Frequenz (ν_I) hervorruft, offenbar auch das molekulare Trägheitsmoment geändert wird. Die wichtigsten Gesetze der Bandenspektren wurden auf empirischem Wege bereits im Jahre 1887 von DESLANDRES gefunden[12]; eine Erklärung der Bandenspektren hat vom Standpunkte der Quantentheorie zuerst im Jahre 1912, also noch vor der Begründung der BOHRschen Atomtheorie, BJERRUM versucht.[13] Im Jahre 1916 hat SCHWARZSCHILD die BOHRsche Frequenzbedingung und das Prinzip der Quantelung des Drehimpulses auf die Molekularspektren angewendet, und seitdem ist deren Theorie vor allem durch HEURLINGER, LENZ und KRATZER fortgebildet worden, ohne jedoch bisher zu einem eigentlichen Abschluß gelangt zu sein.

§ 43. Die Dispersion.

Infolge der Umläufe der Elektronen, der Schwingungen der Atome und der molekularen Rotationen treten in den Molekeln aller Substanzen mannigfache „Eigenfrequenzen" auf, die im Ultraroten, im optischen Spektralgebiet und im Ultravioletten liegen. Wenn daher durch eine Molekel eine Lichtwelle von einer Frequenz geht, die nicht allzusehr von einer Eigenfrequenz verschieden ist, so tritt eine Art von Resonanz ein, auf die die bekannte, von NEWTON im Jahre 1672 entdeckte Erscheinung der Dispersion zurückzuführen ist.

Eine befriedigende Erklärung der Dispersion ist vom Standpunkt der Quantentheorie bisher noch nicht gelungen.[1] Die ältere Theorie, die quasi-elastische Bindungen der Elektronen in den Atomen annahm, führte zu einer Dispersionsformel, die durch die Erfahrung gut bestätigt

---

sonderen Kleinheit des Trägheitsmoments der Wasserstoffmolekel. Auch Helium zeigt ein Viellinienspektrum, das auf eine vorübergehende Molekelbildung zurückgeführt werden muß; vgl. das in § 38 über die metastabilen Heliumatome Gesagte.

[11] Vgl. hierüber SOMMERFELD, Atombau und Spektrallinien, 3. Aufl., Braunschweig (Vieweg) 1922, 7. Kap., §§ 3—5 und A. KRATZER, Der heutige Stand der Theorie der Bandenspektren in den „Ergebnissen der exakten Naturwissenschaften", Bd. I, Berlin (Springer) 1922.

[12] Die wichtigste von DESLANDRES entdeckte Gesetzmäßigkeit ist die, daß mit ziemlicher Annäherung die einzelnen Linien einer Bande in der Form darstellbar sind

$$\nu = \nu_1 + a\, n^2,$$

wenn ν_1 die Frequenz des Bandenkopfes ist, a eine für die betreffende Bande charakteristische Konstante und n die Reihe der ganzen Zahlen durchläuft.

[13] BJERRUM quantelte allerdings statt des Drehimpulses die Rotationsenergie und setzte auch, was ebenfalls unrichtig war, die Frequenzen der Spektrallinien einfach den Umlaufzahlen der Rotation gleich.

[1] Vgl. LADENBURG und REICHE, Absorption, Zerstreuung und Dispersion in der BOHRschen Atomtheorie, „Naturwissenschaften" *11*, 1923, S. 584.

erscheint. Diese Formel[2] setzt das Quadrat des Brechungsexponenten gleich

$$n^2 = 1 + \sum \frac{N_i e^2 \varkappa_i}{m_i \pi (\nu_{0i}^2 - \nu^2)} . \tag{1}$$

Dabei werden verschiedene Arten von elektrischen Ladungen angenommen, die durch den Index i unterschieden werden; $z_i \cdot e$ ist die Elektrizitätsmenge einer solchen Ladung, m_i ihre Masse, ν_{0i} die Frequenz ihrer Eigenschwingung und N_i die Zahl dieser Ladungen in der Volumeinheit.

Die Gl. 1 zeigt zunächst, daß im allgemeinen die einzelnen Summanden mit wachsendem Werte von ν ebenfalls zunehmen, sowohl wenn $\nu < \nu_{0i}$ als auch wenn $\nu > \nu_{0i}$ ist. (Denn im ersten Fall ist der Summand positiv und sein Nenner wird kleiner, im zweiten Fall ist der Summand negativ und sein Nenner wird größer.) In der Tat bestätigt die Erfahrung, daß bei fast allen Substanzen im Bereiche des sichtbaren Spektrums der Brechungsexponent von dem roten zu dem violetten Ende zunimmt.

Ein ganz abweichendes Verhalten müßte sich hingegen zeigen, wenn die Frequenz des Lichtes nicht sehr von einer Eigenfrequenz der Substanz verschieden ist. Es wird dann nach Gl. 1, wenn sich der wachsende Wert von ν dem Werte ν_{0i} nähert, der betreffende Summand immer größer, und würde schließlich, wenn wirklich die Gl. 1 genau gelten würde, für $\nu = \nu_{0i}$ unendlich groß werden. Wächst ν über ν_{0i} hinaus, so müßte nach der Gl. 1 zunächst n^2 negativ, der Brechungsexponent also imaginär werden; erst wenn ν etwas größer ist als ν_{0i}, würde n wieder reell werden und, von Null beginnend, wieder ansteigen.

In dem Teil eines kontinuierlichen Spektrums, der um die Frequenz einer Eigenschwingung liegt, wird also Licht, dessen Schwingungszahl größer als ν_{0i} ist, schwächer gebrochen als solches, dessen Frequenz kleiner ist als ν_{0i}. Dies steht natürlich in Widerspruch zu der im allgemeinen nach der Erfahrung gültigen Regel, wonach der Brechungsexponent mit wachsender Schwingungszahl zunimmt. Liegt also eine Eigenschwingung einer Substanz im Bereiche des sichtbaren Spektrums, so kann dieses eine von der gewöhnlichen abweichende Aufeinanderfolge der Farben zeigen. Eine solche anomale Dispersion wird in der Tat bei einigen Substanzen, wie namentlich bei Joddampf und Fuchsin, beobachtet. Doch kennt die Elektronentheorie nicht wie die ältere Experimentalphysik einen Unterschied zwischen Substanzen, die normal, und solchen, die abnormal dispergieren. Nach der Elek-

[2] Setzt man im besonderen in der Gl. 1 die Frequenz ν gleich Null, so erhält man die Dielektrizitätskonstante im engeren Sinn, die das elektrostatische Feld charakterisiert. Durch die so spezialisierte Formel sind die Abweichungen von der Maxwellschen Relation beschrieben; diese ist nur für solche Wellenlängenbereiche genau erfüllt, in denen keine Eigenschwingungen der betreffenden Substanz vorkommen.

tronentheorie muß vielmehr jede Substanz sowohl die Erscheinungen der normalen als auch die der anomalen Dispersion zeigen. Wenn im sichtbaren Teil des Spektrums bei den meisten Substanzen die Dispersion „normal" ist, so zieht die Elektronentheorie daraus eben nur den Schluß, daß die zu der Farbenzerstreuung Anlaß gebenden Eigenschwingungen bei den meisten Stoffen außerhalb des sichtbaren Teiles des Spektrums liegen.

Wellen, deren Schwingungszahl nur sehr wenig von einer Eigenfrequenz verschieden sind, werden von der betreffenden Substanz sehr stark reflektiert und absorbiert. Man bezeichnet diese Erscheinung, die bei vielen Stoffen wahrgenommen wird, als selektive Reflexion und Absorption. Beobachtungen dieser Erscheinung ermöglichen es, die Werte der Eigenfrequenzen zu ermitteln, und gestatten wiederum andererseits auf Grund der Dispersionsformel Schlüsse über die Art und Zahl der die Dispersion verursachenden Ladungen. Wie es ja nicht anders zu erwarten ist, ergaben die Beobachtungen, daß die im Ultravioletten liegenden Eigenfrequenzen von den negativen Valenzelektronen herrühren, während die im Ultraroten liegenden Eigenschwingungen, die sich bei manchen Stoffen bis in das Gebiet kurzer elektrischer Entladungswellen erstrecken, auf die Schwingungen der Atome zurückzuführen sind.

§ 44. Die Strahlungskonstanten.

Bereits vor der Begründung der Quantentheorie hat die Erforschung der Wärmestrahlung zu der Auffindung zweier universeller Konstanten geführt, deren atomistische Bedeutung durch die Quantentheorie klargelegt wurde; diese beiden Konstanten werden als die STEFANsche und die WIENsche Konstante bezeichnet.

Wie STEFAN schon im Jahre 1879 fand, ist die seitens eines schwarzen Körpers[1] in der Zeiteinheit und pro Flächeneinheit ausgestrahlte Energiemenge, also das sogenannte Emissionsvermögen des schwarzen Körpers, der vierten Potenz der absoluten Temperatur proportional.[2] Das Emissionsvermögen kann gleich gesetzt werden σT^4, wobei für die STEFANsche Konstante die Messungen den Wert ergeben

$$\sigma = 5{,}76 \cdot 10^{-5}, \tag{1}$$

wenn die ausgestrahlte Energie in Erg und die Temperatur in Celsiusgraden gemessen wird.

Wie andererseits WIEN im Jahre 1893 fand, ist in dem kontinuierlichen Spektrum eines strahlenden Körpers diejenige Wellenlänge,

[1] Als absolut schwarz wird ein Körper bezeichnet, der eine auf ihn fallende elektromagnetische Wellenstrahlung vollkommen absorbiert.

[2] Dieses Gesetz wird häufig das STEFAN-BOLTZMANNsche genannt, weil BOLTZMANN für das von STEFAN nur empirisch gewonnene Gesetz zuerst auf Grund thermodynamischer Betrachtungen eine theoretische Begründung ableitete.

der das maximale spezifische Emissionsvermögen entspricht, der absoluten Temperatur umgekehrt proportional.[3] Das Produkt aus dieser Wellenlänge und der Temperatur stellt die WIENsche Konstante dar, für die die Messungen den Wert ergaben

$$b = 0{,}288 \text{ cm grad}\,. \tag{2}$$

Wie nun PLANCK im Jahre 1900 fand (wie aber hier nicht näher ausgeführt werden kann), stehen beide Konstanten in einem unmittelbaren Zusammenhang mit dem elementaren Wirkungsquantum und der LOSCHMIDTschen Zahl, so daß PLANCK diese beiden Größen aus der STEFANschen und der WIENschen Konstante berechnen konnte; dadurch erhielt er als erster einen genauen Wert für die LOSCHMIDTsche Zahl, die bis dahin nur der Größenordnung nach bekannt war, und zugleich auch einen genauen Wert für das erst durch ihn in die Physik eingeführte elementare Wirkungsquantum.[4] Wie PLANCK fand, ist nämlich

$$\sigma = \frac{2\pi^5}{15 h^3 c^2}\left(\frac{R}{L}\right)^4 \tag{3}$$

und andererseits

$$b = \frac{c\,h\,L}{\beta R}\,, \tag{4}$$

wobei R ($= 8{,}313 \cdot 10^7$ Erg/grad) die absolute Gaskonstante bedeutet[5] und β die reine Zahl 4,9651 ist[6]; mit L, h, c sind, wie stets die LOSCHMIDTsche Zahl, das elementare Wirkungsquantum und die Lichtgeschwindigkeit bezeichnet. In den beiden Gl. 3 und 4 können die Größen L und h als Unbekannte angesehen und somit aus den beiden Gleichungen berechnet werden.

Übrigens ist (worauf allerdings hier nicht näher eingegangen werden kann) eine unmittelbare exakte Bestimmung der LOSCHMIDTschen Zahl auch durch messende Beobachtung der sogenannten molekularen

---

[3] Dieses Gesetz wird gewöhnlich das WIENsche Verschiebungsgesetz genannt, weil sich bei einer Änderung der Temperatur die Stelle des größten Emissionsvermögens in dem Spektrum verschiebt.

[4] PLANCK fand für L einen Wert von $6{,}17 \cdot 10^{23}$, und für h fand er $6{,}548 \cdot 10^{-27}$ erg. sec. Diese Werte stimmen in ausgezeichneter Weise mit denen überein, die sich später viel genauer aus anderen Untersuchungen ergaben. Aus der LOSCHMIDTschen Zahl und der bekannten FARADAYschen elektrochemischen Konstanten erhielt PLANCK für das elektrische Elementarquantum im Jahre 1900 einen Wert von $4{,}69 \cdot 10^{-10}$ elektrostat. Einh.

[5] Mit der absoluten Temperatur multipliziert, stellt die Gaskonstante das Produkt aus dem von einer Grammolekel eines Gases eingenommenen Volumen und dem Gasdruck dar.

[6] β ist die Wurzel der transzendenten Gleichung

$$\frac{\beta}{5} + e^{-\beta} = 1\,.$$

Schwankungserscheinungen[7] möglich. So ergaben genaue Messungen der BROWNschen Bewegung[8] für die LOSCHMIDTsche Zahl einen Wert[9]

Tabelle XVIII.

Die Methoden zur Ermittlung der Fundamentalkonstanten der Atomistik.

	Methode	Siehe §	Vorkommende Kombinationen von e, h, m und L
I.	Individualbeobachtung kleiner elektrischer Ladungen	Gl. 7 des § 1	e
II.	Elektrolyse	Gl. 5 des § 2	Le
III.	Ablenkung der Kathodenstrahlen	Gl. 4 des § 3	e/m
IV.	Ablenkung der α-Strahlen	Gl. 1 des § 4	Le
V.	Szintillation der α-Teilchen	§ 4	e
VI.	Lichtelektrischer Effekt	Gl. 2 des § 5	e/h
VII.	RYDBERGsche Konstante	Gl. 8 des § 9	$e^4 m/h^3$
VIII.	Violettverschiebung der Heliumlinien	Gl. 25 des § 11	Lm
IX.	Feinstruktur der Spektrallinien	Gl. 3 des § 13	e^2/h
X.	STARK-Effekt	Gl. 2 des § 14	h/em
XI.	ZEEMAN-Effekt	Gl. 3 des § 15	e/m
XII.	Anregung der Röntgenstrahlen	Anm. 4 des § 20	$e^{4/3}/h$
XIII.	Heliumbildung aus Radium	§ 24	L
XIV.	STEFANsches Gesetz	Gl. 3 des § 44	$h^3 L^4$
XV.	WIENsches Gesetz	Gl. 4 des § 44	Lh
XVI.	BROWNsche Bewegung	§ 44	L
XVII.	Emulsionen	§ 44	L

[7] Die molekularen Schwankungserscheinungen beruhen auf der allgemeinen Tatsache, daß ein Mittelwert, der aus einer nur kleinen Zahl von Einzelwerten gebildet ist, relativ wesentliche Änderungen seines Wertes auch ohne äußere Ursachen, bloß infolge der individuellen Zufälligkeiten, erfahren kann. Spontane Schwankungen müssen daher in der Physik bei allen Größen wahrnehmbar sein, deren Wert von einer nur geringen Zahl individueller Einzelwerte abhängt. Umgekehrt kann die Feststellung derartiger Schwankungserscheinungen als ein sicherer Beweis dafür angesehen werden, daß tatsächlich die Materie und das physikalische Geschehen individuell zusammengesetzt sind.

[8] Die bereits im Jahre 1827 entdeckte BROWNsche Bewegung beruht auf den unregelmäßigen Molekularstößen, die ein in einer Flüssigkeit oder in einem Gase suspendierter kleiner Körper erfährt. Da auch ein kleiner Körper in einem winzigen Bruchteil einer Sekunde noch Millionen von Stößen erfährt, so werden diese infolge der durch die große Zahl bedingten statistischen Regelmäßigkeit einander in ihren Wirkungen aufheben, weil eben die Stöße aus allen Richtungen erfolgen. Je kleiner aber nun der suspendierte Körper ist, eine desto größere Rolle spielt die individuelle zufällige Unregelmäßigkeit. Die gegenseitige Kompensation der aus den verschiedenen Richtungen erfolgenden Stöße wird dann nicht mehr vollständig sein, und ist der Körper hinreichend klein, so muß er in eine Zickzackbewegung geraten, und zwar um so lebhafter, je kleiner er ist.

[9] ERICH SCHMID, Sitz.-Ber. der Wiener Akademie 1921.

von $5{,}94 \cdot 10^{23}$, Messungen der Konzentration von Emulsionen in verschiedenen Höhen[10] einen Wert[11] von $6{,}04 \cdot 10^{23}$.

Für die vier Fundamentalkonstanten der Atomistik, nämlich h, e, L und m (Masse des negativen Elektrons) liefert so die moderne Physik wenigstens siebzehn verschiedene, voneinander unabhängige Gleichungen, die nur diese Konstanten als Unbekannte in mannigfachen Kombinationen enthalten, wie die Übersicht in Tabelle XVIII zeigt.

Wie immer man aus diesen siebzehn Gleichungen deren vier Unbekannte ermittelt, man erhält innerhalb der Fehlergrenzen stets dieselben Werte. Wenn es als ein Argument für die Existenz unserer Außenwelt gilt, daß Gesichts-, Gehörs- und Tastempfindungen zu denselben Objekten führen, dann darf die theoretische Physik einen sicheren Beweis für die wirkliche Existenz der Elektronen, der Atome, und des elementaren Wirkungsquantums darin erblicken, daß sich die charakteristischen Konstanten der Atomistik nach grundverschiedenen Methoden gleichwohl stets in denselben Werten ergeben.

---

[10] Von den Lösungen unterscheiden sich die Emulsionen dadurch, daß die Materie nicht bis in die Molekeln zerlegt ist, sondern im Lösungsmittel Teilchen schweben, die aus vielen Molekeln zusammengesetzt sind und die im Mikroskop wahrgenommen und auch in ihrer Größe gemessen werden können. Solche Emulsionen werden auch als kolloide Lösungen bezeichnet. Unter dem Einfluß der Schwere bildet sich in Emulsionen eine bestimmte Verteilung aus, die eben zu Verschiedenheiten der Konzentration in verschiedenen Höhen führt.

[11] WESTGREN, Zeitschr. f. anorg. Chemie, *95*, 1915, S. 231.

Anhang.

Zusammenfassung des Inhalts.

I. Kapitel. Die Elementarquanten.

§ 1. Aus den Bewegungen, die kleine, schwach elektrisch geladene Teilchen unter dem zweifachen Einfluß der eigenen Schwere und eines vertikal nach aufwärts gerichteten elektrischen Feldes ausführen, folgt, daß die Ladungen solcher Teilchen genau ganzzahlige Vielfache eines elektrischen Elementarquantums (e) sind, für das die Beobachtungen einen Wert von $4{,}77 \cdot 10^{-10}$ elektrostat. Einh. ergeben.

§ 2. Die Zahl, durch die man die Atomgewichtszahlen dividieren muß, um die absoluten Massen der Atome zu erhalten, wird als die Loschmidtsche Zahl (L) bezeichnet. Aus den elektrolytischen Messungsergebnissen ist auf Grund der Faradayschen Grundgesetze das Produkt $L \cdot e$ bekannt, und hieraus folgt für L der Wert von $6{,}06 \cdot 10^{23}$; danach ist die Masse des Wasserstoffatoms $1{,}66 \cdot 10^{-24}$ g.

§ 3. Die spezifische Ladung von Kathodenstrahlteilchen erweist sich auf Grund ihrer elektrischen und magnetischen Ablenkung als ungefähr 1800 mal größer als die des ionisierten Wasserstoffatoms. Unter der Annahme, daß die Ladung der Strahlteilchen je ein Elementarquantum beträgt, die Kathodenstrahlen also aus negativen Elektronen bestehen, ergibt sich für deren Masse (m) ein Wert von $9{,}0 \cdot 10^{-28}$ g. Die Geschwindigkeit der Kathodenstrahlen ist der Quadratwurzel aus der Röhrenspannung proportional. Die von radioaktiven Substanzen ausgesandten negativen Korpuskularstrahlen, die sogenannten β-Strahlen, bestehen ebenfalls aus negativen Elektronen und haben Geschwindigkeiten von 30 bis zu 99,8% der Lichtgeschwindigkeit; bei ihnen konnte die von der Relativitätstheorie geforderte Zunahme der Masse mit der Geschwindigkeit experimentell nachgewiesen werden.

§ 4. Kanal- und Anodenstrahlen bestehen aus positiven Ionen, deren Masse sich durch die Strahlenanalyse als stets ganzzahliges Vielfaches der Wasserstoffatommasse erweist. Die von radioaktiven Substanzen ausgehenden positiven α-Strahlen haben Anfangsgeschwindigkeiten von 5—7% der Lichtgeschwindigkeit. Die Szintillationsmethode ermöglicht eine Zählung der von einem Präparat in einer bestimmten Zeit fortgeschleuderten α-Teilchen. Dadurch konnte die Ladung eines einzelnen α-Teilchens ermittelt werden und somit auch seine Masse, da die spezifische Ladung aus Ablenkungsversuchen bekannt ist. Derart fand man, daß ein α-Teilchen eine viermal so große Masse wie ein Wasserstoffatom bei einer positiven Ladung von zwei Elementarquanten hat. In Wasserstoff erzeugen die α-Strahlen weitreichende H-Strahlen.

§ 5. Die nähere Untersuchung des lichtelektrischen Effekts zeigt, daß die äquivalente Spannung der ausgelösten Elektronen eine lineare Funktion der Frequenz der auslösenden Strahlung ist. Daraus folgt die Existenz einer universellen Konstanten von der Dimension einer Wirkung, also eines elementaren Wirkungsquantums (h), für das die Messungen einen Wert von $6{,}55 \cdot 10^{-27}$ erg. sec ergeben. Nach einem von Einstein aufgestellten Gesetz geht alle wechselseitige Umwandlung zwischen korpuskularer Strahlung und elektromagnetischer Wellenstrahlung so vor sich, daß dabei entweder ein einzelnes Lichtquantum ($h\nu$) zu der Loslösung eines einzelnen Elektrons aufgebraucht wird oder aber im umgekehrten Fall ein einzelnes Lichtquantum durch die Energie eines einzelnen Elektrons erzeugt wird.

II. Kapitel. Theorie des Wasserstoffatoms.

§ 6. Beobachtungen über den Durchgang von α-Strahlen durch Materie lassen es erkennen, daß ein α-Teilchen viele Tausende von Atomen durchqueren kann, ohne eine merkliche Änderung seiner Richtung zu erfahren, während bisweilen durch ein einziges Atom eine sehr große Ablenkung des α-Teilchens hervorgerufen wird. Die Ablenkung muß daher auf einen Atomkern zurückgeführt werden, der nur einen sehr geringen Teil des gesamten Volumens einnimmt und in dem nahezu die ganze Masse des Atoms vereinigt ist. Um den positiv anzunehmenden Kern müssen sich nach der grundlegenden Vorstellung Rutherfords negative Elektronen bewegen, deren elektrische Anziehung durch ihre Zentrifugalkraft kompensiert wird.

§ 7. Nach der fundamentalen Annahme von Bohr soll der mit 2π multiplizierte Drehimpuls des normalen Wasserstoffatoms dem elementaren Wirkungsquantum gleich sein; doch sollen außer dem normalen auch noch höherquantige Zustände möglich sein, in denen der Drehimpuls ein ganzzahliges Vielfaches des normalen ist. Die Energie, die stets negativ ist, ist in einem beliebigen Zustand gleich der normalen, gebrochen durch das Quadrat der Quantenzahl.

§ 8. Indem Bohr annahm, daß bei einem Übergang zwischen zwei verschiedenen, quantentheoretisch möglichen Zuständen je ein Lichtquantum emittiert oder absorbiert wird (je nachdem ob die Quantenzahl erniedrigt oder erhöht wird), erhielt er für das Wasserstoffspektrum die Formel

$$\nu = R\left(\frac{1}{s^2} - \frac{1}{n^2}\right), \qquad R = \frac{2\pi^2 e^4 m}{h^3}.$$

Die Frequenzen der Linien erscheinen demnach als Differenzen von Termen darstellbar.

§ 9. Die von Bohr auf theoretischem Wege abgeleitete Spektralformel deckt sich mit der von Balmer auf empirischem Wege gewonnenen. Je nachdem, ob in der Bohrschen Formel die Quantenzahl *s*, die bei der Emission dem Endzustand entspricht, gleich 1, 2, 3 oder 4 gesetzt wird, ergibt sich die ultraviolette Lyman-Serie, die optische Serie, die ultrarote Paschen- oder die besonders langwellige Brackett- Serie.

§ 10. Wird in der Bohrschen Formel des Wasserstoffspektrums die Frequenz mit 2^2 multipliziert, so müßte die so abgeänderte Formel nach der Theorie das Spektrum des ionisierten Heliums ergeben. In der Tat sind diese Serien, die ursprünglich fälschlich dem Wasserstoff zugeschrieben wurden, durch spätere Experimente als dem Helium zugehörig nachgewiesen worden.

§ 11. Die Violettverschiebung der Heliumlinien gegenüber den Wasserstofflinien erklärt sich, wie Bohr erkannte, durch die Mitbewegung des Atomkerns. Die Ausmessung der Violettverschiebung führt zu einer genauen Bestimmung der spezifischen Ladung des negativen Elektrons.

§ 12. In der Sommerfeldschen Fortbildung der Bohrschen Theorie erfordert jede der als elliptisch angenommenen Elektronenbahnen je zwei Quantenzahlen zu ihrer Festlegung. Die Hauptquantenzahl bestimmt die große Achse der Ellipse, die Nebenzahl ihre Exzentrizität. Das Auswahlprinzip läßt zwischen den Bahnen nur solche Übergänge zu, bei denen sich die Nebenzahl um Eins ändert.

§ 13. Während in erster Annäherung die Energie des Elektrons im Wasserstoffatom von der Nebenzahl seiner Bahn unabhängig ist, ergibt sich in engen Grenzen eine Abhängigkeit, wenn gemäß der Relativitätstheorie die Änderung der Masse mit der Geschwindigkeit berücksichtigt wird. So gelangte Sommerfeld zu einer Erklärung der Feinstruktur der Wasserstofflinien; seine Theorie wird durch die experimentelle Beobachtung vollkommen bestätigt.

§ 14. Die Aufspaltung der Spektrallinien im elektrischen Feld, der sogenannte Stark-Effekt, ist als eine glänzende empirische Bestätigung der Quantentheorie anzusehen.

§ 15. Ebenso wie im elektrischen tritt auch im magnetischen Felde eine der Feldstärke proportionale Aufspaltung der Spektrallinien ein, die als Zeeman-Effekt bezeichnet wird.

III. Kapitel. Die Röntgenstrahlen.

§ 16. Die Röntgenstrahlen entstehen durch Bremsung rasch bewegter Elektronen.

§ 17. Ein Raumgitter sondert durch seine Beugung aus einer einfallenden Wellenstrahlung Strahlen von ganz bestimmten Wellenlängen aus, die für gegebene Ordnungszahlen von der Gitterkonstanten und der Einfallsrichtung abhängen.

§ 18. Die Abbeugung der Strahlen durch ein Raumgitter kann auch als Reflexion an den Netzebenen des Gitters aufgefaßt werden. Eine Schar von Netzebenen sondert aus der einfallenden Strahlung die Strahlen aus, für die ein ganzzahliges Vielfaches der Wellenlänge dem Gangunterschied zweier, von zwei benachbarten Netzebenen zurückgeworfener Strahlen gleich ist. Bei einer Drehung des Raumgitters werden alle Strahlen von gleicher Wellenlänge in bestimmten Punkten eines Kreises fokussiert.

§ 19. Die Beugung der Röntgenstrahlen durch Kristalle wurde von LAUE nachgewiesen. Sobald auf Grund der LAUE-Photogramme die Struktur eines Kristalls erforscht war, war die Möglichkeit einer exakten Wellenlängenmessung von Röntgenstrahlen gegeben. Mittels der Kristalle konnten Wellenlängen von etwa 100 bis ungefähr 13000 X-E. gemessen werden.

§ 20. Die aus dem EINSTEINschen Lichtquantengesetz folgende Gleichung von DUANE und HUNT

$$\lambda V = 1{,}234 \cdot 10^7 \quad (\lambda \text{ in X-E., } V \text{ in Volt})$$

bestimmt in vollkommener Übereinstimmung mit den Beobachtungsergebnissen einerseits im kontinuierlichen Spektrum für eine gegebene Wellenlänge die Anregungsspannung, und andererseits für eine gegebene Röhrenspannung die kurzwellige Grenze des kontinuierlichen Röntgenspektrums.

IV. Kapitel. Theorie der Grundstoffe.

§ 21. Auf der BARKLAschen Entdeckung der Eigenstrahlung beruht die durch MOSELEY begründete Röntgenspektroskopie. Wie MOSELEY entdeckte, lassen sich die Grundstoffe mit fortlaufender Numerierung derart in eine Reihe ordnen, daß die Quadratwurzel aus der Frequenz einer bestimmten Röntgenlinie linear mit der Nummer (der Ordnungszahl) des Grundstoffs wächst. Die sich so ergebende „natürliche Reihe“ der Grundstoffe, die mit Wasserstoff beginnt und mit Uran endet, umfaßt 92 Plätze, von denen jedoch fünf Lücken darstellen. Die Ordnungszahl erweist sich als identisch mit der Kernladungszahl.

§ 22. Durch die chemisch passiven Edelgase zerfällt die natürliche Reihe in sieben Perioden; die erste enthält 2 Elemente, die zweite und dritte je 8, die vierte und fünfte je 18, die sechste 32; die siebente Periode bricht an sechster Stelle mit dem Uran ab. Nach der Ähnlichkeit der Grundstoffe lassen sich im periodischen System acht „Vertikalreihen“ mit je zwei Untergruppen unterscheiden.

§ 23. Aus der Tatsache, daß zwei Atome bei gleicher Kernladung gleichwohl eine verschiedene Kernstruktur und somit eine verschiedene Zahl von positiven Elektronen haben können, erklärt sich die Erscheinung der Isotopie, nämlich die Verschiedenheit radioaktiver Eigenschaften oder des Atomgewichtes bei chemischer Identität. Die Analyse der Mischelemente wurde durch die Kanalstrahlanalyse ermöglicht, die Aston zu der Massenspektroskopie ausgestaltete.

§ 24. Die Erscheinungen der Radioaktivität beruhen auf einem Zerfall der Atomkerne, der durch die Änderung der Kernladungszahl zugleich eine chemische Umwandlung bewirkt. Eine α-Umwandlung erniedrigt die Ordnungszahl um zwei und das Atomgewicht um vier; dagegen erhöht eine β-Umwandlung ohne merkliche Änderung des Atomgewichts die Ordnungszahl um Eins. Die Beobachtung der Geschwindigkeit der Heliumbildung aus Radium gestattet in Verbindung mit der Szintillationsmethode eine unmittelbare Bestimmung der Loschmidtschen Zahl.

§ 25. Im radioaktiven Gleichgewicht verhalten sich die Zahlen der vorhandenen Atome umgekehrt wie die Zerfallskonstanten. Von allen Substanzen, die sich untereinander im Gleichgewicht befinden, zerfallen in gleichen Zeiten gleich viel Atome.

§ 26. Zurzeit sind drei Umwandlungsreihen bekannt, die mit Uran, Aktinium und Thorium beginnen und sämtlich mit stabilen Bleiarten enden. Außerhalb der Reihen sind als Radioelemente noch Kalium und Rubidium bekannt. Das Alter von Uranmineralien kann aus ihrem Gehalt an Uranblei berechnet werden.

§ 27. Die Reichweite von α-Strahlen ist der dritten Potenz ihrer Anfangsgeschwindigkeit proportional. Die Logarithmen der Zerfallskonstanten sind lineare Funktionen der Logarithmen der Reichweiten. β-Strahlspektren werden durch magnetische Ablenkung hervorgerufen. Bei den γ-Strahlen konnten Wellenlängen bis hinab zu 20 X-E. gemessen und bis zu 5 X-E. geschätzt werden.

§ 28. Durch Einwirkung von α-Strahlen gelang Rutherford die Zertrümmerung der Kerne von B, N, F, Na, Al und P, wobei aus den künstlich zerlegten Kernen Wasserstoffkerne frei werden.

§ 29. Bei den Elementen mit einem durch vier teilbaren Atomgewicht dürften sich die Kerne nur aus positiven und neutralisierten α-Teilchen aufbauen. Elemente mit gerader Ordnungszahl sind häufiger als solche mit ungerader und meist von geradem Atomgewicht. Elemente mit ungerader Ordnungszahl sind Reinelemente oder sie weisen zwei Isotope mit meist um zwei verschiedenen und meist ungeraden Atomgewichten auf. Die Lineardimensionen der Kerne ergeben sich in der Größenordnung zu 10^{-12} cm. Die verhältnismäßig enorme innere Energie der Atomkerne offenbart sich gemäß dem Satze von der Trägheit der Energie in der Abweichung der auf Wasserstoff bezogenen Atomgewichte von den ganzen Zahlen.

V. Kapitel. Allgemeine Theorie der Spektren und des Atombaus.

§ 30. Die *K*-, *L*-, *M*-, *N*-Serie der Röntgenspektren entstehen durch Übergang in ein ein-, zwei-, drei-, vierquantiges Endniveau. Da sich die zu der Erregung einer bestimmten Röntgenlinie erforderliche Anregungsspannung immer gleich der charakteristischen Spannung des Endniveaus erweist, kann eine Röntgenlinie offenbar nur dann emittiert werden, wenn vorher ein Elektron des emittierenden Atoms aus seiner normalen Bahn bis über die Atomgrenze entfernt wurde. Diese Auffassung findet in den Absorptionskanten des kontinuierlichen Röntgenspektrums eine unmittelbare experimentelle Bestätigung.

§ 31. Um die Mannigfaltigkeit der Röntgenlinien zu erklären, müssen bei den verschiedenquantigen Niveaus mehrere Modifikationen angenommen werden. Nach Bohr läßt sich jedes Niveau mittels dreier Quantenzahlen in der symbolischen Form $n(k_1, k_2)$ darstellen. n ist die Hauptquantenzahl, k_1 kann nicht größer als n sein, und k_2 ist entweder gleich k_1 oder um Eins kleiner, wonach normale und anomale Niveaus unterschieden werden. Zwischen den Niveaus erscheinen nur solche Übergänge möglich, bei denen sich k_1 um Eins ändert und k_2 entweder ungeändert bleibt oder ebenfalls eine Änderung um Eins erfährt. Aus dem magnetischen β-Strahlspektrum eines Radioelementes können die Wellenlängen seiner γ-Strahlen berechnet werden, woferne aus röntgenspektroskopischen Messungen die Energieniveaus eines isotopen Grundstoffs bekannt sind.

§ 32. Im angeregten Atomzustand vermag ein Elektron auch eine höherquantige Bahn als gewöhnlich zu beschreiben. Die Anregung kann durch Absorption von Lichtquanten oder auch im Falle des Temperaturleuchtens durch Umwandlung von Translationsenergie erfolgen. Bei genügender Energiezufuhr werden die Atome ionisiert, wodurch sich unter anderem die Erscheinung der Flammenleitung erklärt. Neben dem Bogenspektrum als dem Spektrum des neutralen Atoms zeigen die Grundstoffe auch noch Funkenspektren als Spektren ihrer Ionen. Nach dem spektroskopischen Verschiebungssatz stimmen die Funkenspektren der Elemente einer Vertikalreihe des periodischen Systems in ihrem Charakter mit den Bogenspektren der vorangehenden Vertikalreihe überein.

§ 33. Die optischen Absorptionsspektren entstehen durch Überführung eines Elektrons in eine höherquantige Bahn, entweder aus der Grundbahn oder aus einer bereits angeregten Bahn; die optischen Emissionsspektren entstehen durch spontane, auf einmal oder stufenweise erfolgende Rückkehr aus unbeständigen Zuständen in den Grundzustand. Die Linien der optischen Serien konvergieren mit abnehmender Wellenlänge, abnehmender Intensität und abnehmender Schärfe gegen eine Grenze, die bei der Emission dem Endniveau des Überganges entspricht. Die wichtigsten Linien lassen sich auf vier Termfolgen zurückführen, die als s-, p-, d- und f-Terme unterschieden werden und denen die Nebenquantenzahlen 1, 2, 3, 4 zukommen. Die Hauptserie, die diffuse Nebenserie, die scharfe Nebenserie und die Bergmann-Serie entstehen bei der Emission durch die Übergänge $p \rightarrow s$, $d \rightarrow p$, $s \rightarrow p$ und

$f \to d$. In den Bogenspektren der Alkalimetalle sind alle Terme mit Ausnahme der stets einfachen s-Terme doppelt; in den Bogenspektren der Elemente der zweiten Vertikalreihe gibt es neben einem System von Einfach-Termen ein System von dreifachen Termen, wobei zwischen beiden Systemen spektroskopische Kombinationen auftreten.

§ 34. Nach dem Typus ihrer normalen Bahnen lassen sich die einen Atomkern umgebenden Elektronen in Gruppen und Untergruppen einteilen, die durch die Werte der Haupt- und der Nebenquantenzahl gekennzeichnet sind. Aus den Ordnungszahlen der Edelgase und dem Schema der Röntgenniveaus läßt sich die Elektronengruppierung in den Edelgasatomen ableiten. Danach bestehen in diesen die Gruppen aus r Untergruppen zu je $2r$ Elektronen, wobei $r = 1, 2, 3, 4$ ist. Bei der Emanation ist für die 1-, 2-, 3-, 4-, 5-, 6-quantige Gruppe $r = 1, 2, 3, 4, 3, 2$ zu setzen. Bei den Alkalimetallen kommt noch ein Valenzelektron hinzu, dessen Hauptquantenzahl um Eins größer ist als die höchste bei dem vorangehenden Edelgas normalerweise vorkommende Hauptquantenzahl und dessen Nebenzahl Eins ist, so daß also die Bahn im Perihel dem Atomkern sehr nahe kommt. Bei Al, Ga, In und Tl, bei denen der optische Grundterm ein p-Term ist, treten offenbar zuerst 3_2-, 4_2-, 5_2- und 6_2-Bahnen auf.

§ 35. Die Ausbildung der jeweils äußersten Elektronengruppe wird im periodischen System nach der Bohrschen Theorie durch die Vervollständigung innerer Elektronengruppen unterbrochen. Die Ergänzung von 8 auf 18 Elektronen vollzieht sich in der dreiquantigen Gruppe von Sc bis Cu, in der vierquantigen von Y bis Ag, und in der fünfquantigen von La bis Au. Weiter innen im Atom erfolgt die Vervollständigung der vierquantigen Gruppe von 18 auf 32 Elektronen in der Folge der seltenen Erden von Ce bis Cp, so daß das auf das Cp folgende 72. Element keine seltene Erde mehr sein kann, sondern dem Zirkon homolog sein muß, was in der Tat durch die Entdeckung des Hafniums bestätigt wurde. Grundstoffe, die Elementenfolgen angehören, innerhalb deren eine innere Elektronengruppe vervollständigt wird, zeigen infolge der Asymmetrie des inneren Atombaus häufig Paramagnetismus, mehrfache Valenz und Färbung der Salze. Eine unmittelbare empirische Bestätigung findet die Bohrsche Theorie des periodischen Systems durch den Verlauf der Kurven, die die Quadratwurzeln aus den röntgenspektroskopischen Termen in ihrer Abhängigkeit von der chemischen Ordnungszahl darstellen.

§ 36. Die Strahlung, die ein Körper emittiert, dessen Atome durch primäre Strahlung angeregt wurden, wird als Fluoreszenzstrahlung bezeichnet und im besonderen als Resonanzstrahlung, wenn die sekundäre Wellenlänge mit der primären übereinstimmt. Dies ist bei Alkalimetallen dann der Fall, wenn die primäre Wellenlänge eine des längstwelligen Dubletts der Hauptserie ist. Durch Vermehrung des Drucks kann die Fluoreszenz von Gasen ausgelöscht werden; Beobachtungen hierüber haben für die mittlere Verweilzeit des angeregten Atomzustandes einen Wert von ungefähr 10^{-8} sec ergeben. Die beobachteten Erscheinungen von sensibilisierter Fluoreszenz sind auf eine Übertragung von Anregungsenergie durch molekulare Zusammenstöße zurückzuführen.

§ 37. Die Methode der Elektronenstöße gestattet für viele Grundstoffe eine exakte Bestimmung der Anregungs- und der Ionisierungsspannung. Die derart experimentell ermittelten Werte stimmen vollkommen mit denjenigen überein, die auf Grund der Bohrschen Theorie aus den optischen Spektren errechnet werden.

§ 38. Als metastabil wird ein angeregter Atomzustand bezeichnet, aus dem eine spontane Rückkehr in den Grundzustand infolge des Auswahlprinzips unmöglich erscheint. Ein metastabiler Zustand konnte bei Heliumatomen durch Elektronenstöße herbeigeführt werden.

§ 39. Der Magnetismus der Körper ist auf die magnetischen Momente zurückzuführen, die den einzelnen Elektronenbahnen zukommen; doch können sich diese Momente innerhalb der Atome oder Molekeln gegenseitig ganz oder teilweise aufheben. Die Realität der Molekularströme erscheint durch den Versuch von Einstein und de Haas erwiesen.

§ 40. Während die Bildung positiver Ionen auf eine Abtrennung locker gebundener Elektronen zurückzuführen ist, hat die Bildung negativer Elektronen ihre Ursache vermutlich in einer für einige Grundstoffe eigentümlichen Elektronenaffinität. Durch Vereinigung entgegengesetzter Ionen entstehen heteropolare Molekeln; doch sind offenbar auch homöopolare Bindungen zwischen neutralen Atomen und zwischen ganzen Molekeln möglich. Durch Absorption von Lichtquanten können Molekeln in einen Zustand übergeführt werden, in dem sie infolge ihrer erhöhten Energie zu chemischen Reaktionen befähigt erscheinen, zu denen sie im normalen Zustand nicht fähig sind; hierauf beruhen die photochemischen Phänomene. Nach dem von Einstein aufgestellten photochemischen Äquivalentgesetz soll die Zahl der chemisch reagierenden Molekeln mit der Zahl der absorbierten Lichtquanten übereinstimmen. Die Umkehrung der photochemischen Erscheinungen stellt die Chemilumineszenz dar.

§ 41. Als ein besonderes Beispiel der Molekelbildung ist auch die Kristallbildung anzusehen. Die wichtigsten Kristallgittertypen werden durch das Steinsalz, den Kalkspat, die Zinkblende, den Diamanten und den Graphit repräsentiert.

§ 42. Die Molekularspektren erklären sich durch die Annahme, daß die innere Energie der Molekeln außer der inneren Energie der verbundenen Atome auch noch eine Schwingungsenergie der Atome und eine Rotationsenergie der Molekeln umfaßt, und daß alle drei Arten der Energie nur bestimmte, durch Quantenbeziehungen festgelegte Werte annehmen können. Durch alleinige Veränderung der Rotationsenergie entstehen die weit im Ultraroten liegenden Rotationsspektren, durch Änderungen, die sowohl die Rotations- als auch die Schwingungsenergie betreffen, die im näheren Ultrarot beobachteten Rotationsschwingungsspektren, während auf gleichzeitige Änderungen aller drei Energiearten die optischen Bandenspektren zurückzuführen sind.

§ 43. Wenn durch eine Molekel eine Lichtwelle von einer Frequenz geht, die nicht allzusehr von einer Eigenfrequenz der Molekel verschieden ist, so tritt eine Art Resonanz ein, die sich in den Erscheinungen der Dispersion (und zwar sowohl der normalen als auch der sogenannten anomalen) äußert.

§ 44. Die beiden universellen Strahlungskonstanten, die STEFANsche und die WIENsche Konstante, stehen in einem unmittelbaren Zusammenhang mit dem elementaren Wirkungsquantum und der LOSCHMIDTschen Zahl, so daß diese beiden Größen aus den Strahlungskonstanten berechnet werden können.

Übersicht über die häufigsten Bezeichnungen.

A	Atomgewicht	h	elem. Wirkungsquantum
E	Energie	i	innere Quantenzahl
E	elektr. Feldstärke	k	Nebenquantenzahl
H	magnet. Feldstärke	m	Masse d. neg. Elektrons
J	Trägheitsmoment	m_H	Masse des Wasserstoffatoms
L	LOSCHMIDTsche Zahl	n, s	Quantenzahlen
M	Masse d. pos. Elektrons	v	Geschwindigkeit
R	RYDBERGsche Konstante	z	Kernladungszahl
T	Term		
T	Halbwertszeit	α, β, γ	Richtungskosinus
V	Potential, Spannung	α	Verhältnis d. einquant. Geschwindigkeit im H-Atom zu c
a	Radius	γ	spezifische Ladung
a	Gitterkonstante	ϑ	Gleitwinkel
c	Lichtgeschwindigkeit	λ	Wellenlänge
d	Netzebenenabstand	λ	Zerfallskonstante
e	elektr. Elementarquantum	ν	Frequenz

Die universellen Konstanten der Atomphysik.

e	$4{,}774 \cdot 10^{-10}$ elektrostat. Einh.	M/m	1846
m	$9{,}00 \cdot 10^{-28}$ g	R_∞/c	109737,1 cm^{-1}
m_H	$1{,}662 \cdot 10^{-24}$ g	e/m	$5{,}304 \cdot 10^{17}$ elektrostat. Einh./Gramm
h	$6{,}545 \cdot 10^{-27}$ erg. sec		
c	$2{,}9990 \cdot 10^{10}$ cm/sec	e/m_H	$2{,}871 \cdot 10^{14}$ elektrostat. Einh./Gramm
L	$6{,}062 \cdot 10^{23}$		

Chronologische Übersicht.

Um 400 v. Chr. DEMOKRIT begründet die Atomistik.
1672 NEWTON entdeckt die Dispersion des Lichtes.
1805 DALTONS Gesetz der multiplen Proportionen.
1812 BERZELIUS führt die chemische Affinität auf elektrische Kräfte zurück.
1814 Entdeckung der FRAUNHOFERschen Linien.
1822 AMPÈRES Theorie der Molekularströme.
1833 FARADAY entdeckt die Grundgesetze der Elektrolyse.
1845 FARADAY entdeckt im Magnetismus eine universelle Eigenschaft aller Materie.
1858 PLÜCKER entdeckt die Kathodenstrahlen.
1860 KIRCHHOFF und BUNSEN begründen die Spektralanalyse.
1865 LOSCHMIDT berechnet zuerst die wahre Größe der Molekeln.
1869 HITTORF entdeckt die magnetische Ablenkung der Kathodenstrahlen.
1869 LOTHAR MEYER und MENDELEJEFF entdecken die chemische Periodizität.
1885 Spektroskopische Formel von BALMER.
1886 GOLDSTEIN entdeckt die Kanalstrahlen.
1888 HALLWACHS entdeckt den lichtelektrischen Effekt.
1895 LORENTZ begründet die Elektronentheorie.
1895 Entdeckung der Röntgenstrahlen.
1896 BECQUEREL entdeckt die Radioaktivität.
1896 Entdeckung des ZEEMAN-Effekts.
1897 J. J. THOMSON und KAUFMANN bestimmen Geschwindigkeit und spezifische Ladung der Kathodenstrahlen.
1898 Entdeckung des Radiums durch das Ehepaar CURIE.
1900 PLANCK begründet die Quantentheorie.
1900 Entdeckung der Emanationen durch RUTHERFORD und DORN.
1902 RUTHERFORD und SODDY begründen die Theorie des Atomzerfalls.
1903 RAMSAY und SODDY weisen die Bildung von Helium aus der Emanation nach.
1905 EINSTEIN begründet die Vorstellung der Lichtquanten.
1905 BARKLA entdeckt die Eigenstrahlung.
1910 Exakte Bestimmung des elektrischen Elementarquantums durch MILLIKAN.

1910 Soddy begründet die Vorstellung der Isotopie.
1911 Rutherford begründet die Vorstellung des Kernatoms.
1912 Laue entdeckt die Interferenz der Röntgenstrahlen in den Kristallen.
1913 Bohr begründet die Quantentheorie der Spektren und des Atombaus.
1913 Bohr erklärt die Violettverschiebung der Heliumlinien.
1913 Moseley begründet die Röntgenspektroskopie.
1913 Moseley findet die natürliche Reihe der Grundstoffe.
1913 Van den Broek erkennt die Identität von Kernladungs- und chemischer Ordnungszahl.
1913 W. H. und W. L. Bragg ergründen die Struktur der Kristalle.
1913 Entdeckung des Stark-Effekts.
1913 Soddy und Fajans stellen die Verschiebungssätze der Grundstoffumwandlungen auf.
1913 J. J. Thomson entdeckt die Isotopie des Neons.
1913 Franck und Hertz begründen die Methode der Elektronenstöße.
1915 Sommerfeld führt in die Quantentheorie die Nebenquantenzahlen ein.
1915 Sommerfeld erklärt die Feinstruktur des Wasserstoffspektrums.
1915 Einstein und de Haas erbringen den experimentellen Nachweis der Molekularströme.
1916 Schwarzschild und Epstein begründen die Quantentheorie des Stark-Effekts.
1916 Sommerfeld findet das Gesetz der regulären Röntgendublette.
1918 Auswahlprinzip von Rubinowicz.
1919 Aston begründet die Massenspektroskopie.
1919 Rutherford gelingt die künstliche Zertrümmerung von Grundstoffkernen.
1920 G. Hertz findet das Gesetz der irregulären Röntgendublette.
1921 Bohr leitet die Elektronengruppierung in den Edelgasatomen ab.
1922 Bohrs Theorie des periodischen Systems.

Namenverzeichnis.

(Die Zahlen beziehen sich auf die Seiten.)

Sachverzeichnis.

(Die Zahlen beziehen sich auf die Seiten.)

Metzger & Wittig, Leipzig.

FSC
www.fsc.org
MIX
Papier | Fördert
gute Waldnutzung
FSC® C083411

Kolibri 360 GmbH
Ferdinand-Jühlke-Straße 7
99095 Erfurt, Deutschland
produktsicherheit@kolibri360.de